U0180001

运筹与管理科学丛书 32

凸优化理论与算法

张海斌　张凯丽　编著

科 学 出 版 社

北 京

内 容 简 介

本书系统地阐述了凸优化的理论与算法. 首先介绍必要的凸分析基础知识, 然后讨论对偶理论与最优性条件, 它们作为基础对凸优化算法的理论分析起着十分重要的作用, 最后讲述凸优化算法. 全书基本涵盖了所有的关键性证明, 尽量为读者节省查阅其他文献的时间. 同时也收录了一些相关领域的最新研究成果, 所涉及内容有着广泛的应用前景.

本书内容充实, 可以作为数据处理、机器学习、经济管理等领域从业者的工具参考书, 也可以作为计算、分析、优化以及工程研究等诸多相关领域的理工科高年级本科生、研究生的入门教材, 或是科研工作者及工程技术人员的参考书.

图书在版编目(CIP)数据

凸优化理论与算法/张海斌, 张凯丽编著. —北京: 科学出版社, 2020.7
ISBN 978-7-03-065574-5
(运筹与管理科学丛书; 32)

Ⅰ. ①凸… Ⅱ. ①张… ②张… Ⅲ. ①凸分析–最优化算法 Ⅳ. ①O174.13

中国版本图书馆 CIP 数据核字(2020) 第 108457 号

责任编辑: 李 欣 李 萍 / 责任校对: 彭珍珍
责任印制: 吴兆东 / 封面设计: 陈 敬

科学出版社 出版
北京东黄城根北街 16 号
邮政编码: 100717
http://www.sciencep.com
北京凌奇印刷有限责任公司 印刷
科学出版社发行 各地新华书店经销
*
2020 年 7 月第 一 版 开本: 720 × 1000 1/16
2022 年 1 月第三次印刷 印张: 15 1/4
字数: 307 000
定价: 98.00 元
(如有印装质量问题, 我社负责调换)

《运筹与管理科学丛书》序

运筹学是运用数学方法来刻画、分析以及求解决策问题的科学. 运筹学的例子在我国古已有之, 春秋战国时期著名军事家孙膑为田忌赛马所设计的排序就是一个很好的代表. 运筹学的重要性同样在很早就被人们所认识, 汉高祖刘邦在称赞张良时就说道:“运筹帷幄之中, 决胜千里之外.”

运筹学作为一门学科兴起于第二次世界大战期间, 源于对军事行动的研究. 运筹学的英文名字 Operational Research 诞生于 1937 年. 运筹学发展迅速, 目前已有众多的分支, 如线性规划、非线性规划、整数规划、网络规划、图论、组合优化、非光滑优化、锥优化、多目标规划、动态规划、随机规划、决策分析、排队论、对策论、物流、风险管理等.

我国的运筹学研究始于20世纪50年代, 经过半个世纪的发展, 运筹学研究队伍已具相当大的规模. 运筹学的理论和方法在国防、经济、金融、工程、管理等许多重要领域有着广泛应用, 运筹学成果的应用也常常能带来巨大的经济和社会效益. 由于在我国经济快速增长的过程中涌现出了大量迫切需要解决的运筹学问题, 因而进一步提高我国运筹学的研究水平、促进运筹学成果的应用和转化、加快运筹学领域优秀青年人才的培养是我们当今面临的十分重要、光荣, 同时也是十分艰巨的任务. 我相信,《运筹与管理科学丛书》能在这些方面有所作为.

《运筹与管理科学丛书》可作为运筹学、管理科学、应用数学、系统科学、计算机科学等有关专业的高校师生、科研人员、工程技术人员的参考书, 同时也可作为相关专业的高年级本科生和研究生的教材或教学参考书. 希望该丛书能越办越好, 为我国运筹学和管理科学的发展做出贡献.

袁亚湘

2007 年 9 月

前　言

现代高新技术的发展使得大数据、人工智能及深度学习等, 在诸多领域得到了广泛的研究与应用, 其中许多问题都涉及最优化问题的求解. 凸优化问题是最优化问题的一个最重要的组成部分. 对于凸优化的研究, 已经有了相当成熟的理论和十分有效的算法.

诚然, 近年来需要求解的问题越来越复杂, 很多问题都是非凸的. 那么凸优化方法已经过时了吗? 当然没有过时. 首先, 除了不少问题本身就是凸优化问题外, 还有一些看似非凸的问题可以等价地转化为凸优化问题. 其次, 一些不能转化为凸问题的非凸优化问题, 也可以通过一系列凸的子问题求解, 而且其误差可以达到所需要的精度要求. 再次, 对于某些非凸优化问题, 直接采用凸优化方法, 也可以在高概率意义下求得满意的解. 最后, 针对非凸优化问题专门设计的许多有效的方法, 大都是基于凸优化的思想实现的. 由此可见, 掌握凸优化方法已经变得更加重要了.

第 1 章和第 2 章是凸分析的基础知识, 第 3—5 章是凸优化的核心理论与算法. 考虑到算法收敛速度的重要性, 第 6 章专门讨论了加速和高阶局部收敛算法的全局正则化方法. 第 7 章简单介绍了在线凸优化方法, 以适应目前在线与随机问题的应用.

作者讲述凸优化课程多年, 本书是在不断积累和更新的过程中完成的, 书中包含了经典的和当前比较热点的内容与方法. 我们尽量增强本书的可阅读性, 特别注意做到通俗易懂, 系统完整, 以避免读者翻阅其他参考书籍的麻烦. 在写作过程中, 作者得到了中国农业大学的邓乃扬教授、香港中文大学 (深圳校区) 的罗智泉教授、北京交通大学的修乃华教授、大连理工大学的张立卫教授、英国伯明翰大学的赵云彬教授, 以及北京工业大学的徐大川教授的指导与帮助. 此外, 国内许多同行也给出了许多宝贵意见, 在此一并致谢.

研究生涂凯、李红武、丁彦昀、王宁、王欢、张钰奇和王令昌参与了本书校阅和纠错工作, 特此致谢!

本书得到了国家自然科学基金项目 (11771003) 以及北京工业大学内涵发展经费–研究生课程建设提供的经费支持, 特此致谢.

由于时间仓促, 作者水平有限, 书中肯定有许多不足和可改进之处, 恳请广大读者不吝赐教, 我们不胜感激. 我们的联系邮箱为：zhanghaibin@bjut.edu.cn 或 zh_kaili@emails.bjut.edu.cn.

张海斌　张凯丽

2019 年 12 月 19 日

目 录

符 号 表

$\mathbb{R}$	实数集合
$\mathbb{R}_+$	非负数集合
$\mathbb{R}_{++}$	正数集合
$\mathbb{R}^n$	n 维欧氏空间
$[m]$	整数集合$\{1,2,\cdots,m\}$
$i \in [m]$	表示 $i=1,2,\cdots,m$
$\|x\|$	向量 $x \in \mathbb{R}^n$ 的范数
$\langle x,y \rangle$	向量 $x,y \in \mathbb{R}^n$ 的内积
$\langle \boldsymbol{A},\boldsymbol{B} \rangle$	矩阵 $\boldsymbol{A},\boldsymbol{B}$ 的内积
$\lambda(\boldsymbol{A})$	矩阵 $\boldsymbol{A}$ 的特征值
$\mathrm{tr}(\boldsymbol{A})$	矩阵 $\boldsymbol{A}$ 的迹
$\det(\boldsymbol{A})$	矩阵 $\boldsymbol{A}$ 的行列式
$\mathcal{R}(\boldsymbol{A})$	矩阵 $\boldsymbol{A}$ 的值空间
$\mathcal{N}(\boldsymbol{A})$	矩阵 $\boldsymbol{A}$ 的零空间
$\|C\|$	集合 C 中的元素个数
$\mathrm{bd}\,C$	集合 C 的边界
$\mathrm{int}\,C$	集合 C 的内部
$\mathrm{ri}\,C$	集合 C 的相对内部
$\mathrm{cl}\,C$	集合 C 的闭包
$\mathrm{conv}\,C$	集合 C 的凸包
$\mathrm{cone}\,C$	集合 C 的锥包
$\mathrm{aff}\,C$	集合 C 的仿射包
$T_C(\bar{x})$	集合 C 在点 $\bar{x}$ 处的切锥
$N_C(\bar{x})$	集合 C 在点 $\bar{x}$ 处的法锥
$P_C(x_0)$	点 x_0 到集合 C 的投影
$t \downarrow 0$	表示 $t>0$ 且 $t \to 0$
$\mathrm{epi}\,f$	函数 $f:\mathbb{R}^n \to \mathbb{R}$ 的上镜图 (上图)
$\mathrm{dom}\,f$	函数 $f:\mathbb{R}^n \to \mathbb{R}$ 的有效域
S_α	函数 $f:\mathbb{R}^n \to \mathbb{R}$ 的 α 水平集

$\nabla f(x)$	函数 $f:\mathbb{R}^n\to\mathbb{R}$ 在 x 点的梯度
$\nabla^2 f(x)$	函数 $f:\mathbb{R}^n\to\mathbb{R}$ 在 x 点的 Hessian 矩阵
$f'(x;p)$	函数 $f:\mathbb{R}^n\to\mathbb{R}$ 沿向量 p 的方向导数
f^*	函数 $f:\mathbb{R}^n\to\mathbb{R}$ 的共轭函数
f^{**}	函数 $f:\mathbb{R}^n\to\mathbb{R}$ 的双重共轭函数
$\partial f(\bar{x})$	函数 $f:\mathbb{R}^n\to\mathbb{R}$ 在 $\bar{x}$ 点的次微分

第 1 章　凸集与凸函数

凸集与凸函数是凸优化问题的重要组成部分, 为此我们先引入它们的基础知识, 并进一步研究有关的闭性、连续性和可微性等分析性质, 为凸优化的理论分析与算法研究奠定基础.

1.1　仿射集与凸集

本节主要介绍仿射集与凸集的定义及相关性质, 先回顾一些基础知识.

定义 1.1.1　若集合 $W \subseteq \mathbb{R}^n$ 中任意两个元素对于加法和数乘皆是封闭的, 即任取 $x_1, x_2 \in W$, $\lambda_1, \lambda_2 \in \mathbb{R}$, 皆有

$$\lambda_1 x_1 + \lambda_2 x_2 \in W,$$

则称集合 W 为**线性子空间**.

线性子空间的例子包括二维空间 (平面) 中过原点的直线、三维空间中过原点的平面、n 维欧氏空间 $\mathbb{R}^n$、集合 $\{0\}$、空集 $\varnothing$ 等特殊的线性子空间.

线性子空间定义中的 $\lambda_1 x_1 + \lambda_2 x_2$ 可以看作 x_1, x_2 的线性组合, 然而线性组合并不局限于两点之间, 可以将其扩充到多个点的情况.

定义 1.1.2　任取 $x_i \in \mathbb{R}^n$, $\lambda_i \in \mathbb{R}$, $i \in [m]$, 若向量 $x \in \mathbb{R}^n$ 可以表示为

$$x = \lambda_1 x_1 + \lambda_2 x_2 + \cdots + \lambda_m x_m,$$

则称向量 x 为向量组 $\{x_i \mid i \in [m]\}$ 的**线性组合**.

由线性子空间的定义易得, 子空间中任意多点的线性组合仍然属于该子空间.

定义 1.1.3　若集合 $W \subseteq \mathbb{R}^n$ 由向量组 $\{x_i \mid i \in [m]\}$ 的全体线性组合构成, 即

$$W = \left\{ x \in \mathbb{R}^n \;\middle|\; x = \sum_{i=1}^{m} \lambda_i x_i, \lambda_i \in \mathbb{R},\ i \in [m] \right\},$$

则称向量 $x_1, x_2, \cdots, x_m$ 张成线性空间 W, 同时称 W 为**张成线性空间**.

定义 1.1.4　若线性组合满足

$$\lambda_1 x_1 + \lambda_2 x_2 + \cdots + \lambda_m x_m = 0,$$

当且仅当

$$\lambda_1 = \lambda_2 = \cdots = \lambda_m = 0,$$

则称向量组 $\{x_i \mid i \in [m]\}$ **线性无关**, 否则称其**线性相关**.

线性子空间 W 中极大线性无关的向量组称为线性子空间的**基**, 基中所含向量的个数称为线性子空间 W 的**维数**.

将由范数 $\|\cdot\|$ 定义的半径为 r, 中心为 x 的球记为

$$B(x,r) = \{y \in \mathbb{R}^n \mid \|y - x\| \leqslant r\},$$

其中 $\|\cdot\|$ 可以是任意范数, 在无特别说明时本书中出现的范数一般指 2 范数.

定义 1.1.5　给定集合 $C \subseteq \mathbb{R}^n$ 与点 $x \in C$, 若存在实数 $r > 0$, 使得 $B(x,r) \subseteq C$, 则称 x 为 C 的**内点**. 集合 C 的全体内点构成的集合称为 C 的**内部**, 记为 $\operatorname{int} C$, 即

$$\operatorname{int} C = \{x \in C \mid B(x,r) \subseteq C, \exists\, r \in \mathbb{R}_{++}\}.$$

定义 1.1.6　若对于集合 $C \subseteq \mathbb{R}^n$ 中的任意一点 x, 总存在实数 $r > 0$, 使得 $B(x,r) \subseteq C$, 则称集合 C 为**开集**. 若集合 $C \subseteq \mathbb{R}^n$ 内的任意点列 $\{x_k\}$ 的聚点均属于 C, 则称 C 为**闭集**.

由上述定义显然可得, 给定集合 C 的内部 $\operatorname{int} C$ 为开集. 并且相对于全空间而言, 开集与闭集互为补集.

定义 1.1.7　给定集合 $C \subseteq \mathbb{R}^n$, 将包含集合 C 的最小闭集定义为 C 的**闭包**, 记为 $\operatorname{cl} C$. 进一步, 将属于 $\operatorname{cl} C$ 但不属于 $\operatorname{int} C$ 的点的全体构成的集合称为 C 的**边界**, 记为 $\operatorname{bd} C$.

1.1.1　仿射集

设 x_1, x_2 为 $\mathbb{R}^n$ 空间中不同的两个点, 由下列形式的点

$$y = \lambda x_1 + (1-\lambda) x_2, \quad \lambda \in \mathbb{R}$$

构成过点 x_1, x_2 的直线. 若参数 $\lambda \in [0,1]$, 则 y 表示 x_1, x_2 之间的线段. 若参数 $\lambda = 0$, 则 $y = x_2$; 若 $\lambda = 1$, 相应的 $y = x_1$.

定义 1.1.8　若过集合 $C \subseteq \mathbb{R}^n$ 中任意两点的直线仍然在集合 C 中, 即对任意的 $x_1, x_2 \in C$ 及 $\lambda \in \mathbb{R}$ 皆满足

$$\lambda x_1 + (1-\lambda) x_2 \in C,$$

则称集合 C 为**仿射集**.

换言之, 仿射集 C 包含了 C 中任意两点的系数之和为 1 的线性组合.

定义 1.1.9 给定线性组合 $\lambda_1 x_1 + \lambda_2 x_2 + \cdots + \lambda_m x_m$. 若组合系数 $\lambda_i \in \mathbb{R}$, $i \in [m]$ 满足

$$\lambda_1 + \lambda_2 + \cdots + \lambda_m = 1,$$

则称该组合为点 $x_1, x_2, \cdots, x_m$ 的**仿射组合**.

借助仿射集的定义可得如下结论: 一个仿射集合包含其中任意点的仿射组合, 即若 C 为 $\mathbb{R}^n$ 中的仿射集, 则对任意的 $x_1, x_2, \cdots, x_m \in C$, $\lambda_i \in \mathbb{R}$, $i \in [m]$, 且 $\lambda_1 + \lambda_2 + \cdots + \lambda_m = 1$, 皆有

$$\lambda_1 x_1 + \lambda_2 x_2 + \cdots + \lambda_m x_m \in C.$$

定义 1.1.10 给定集合 $C \subseteq \mathbb{R}^n$, 将由 C 中点的仿射组合全体构成的集合称为 C 的**仿射包**, 记为 aff C:

$$\text{aff } C = \left\{ \sum_{i=1}^{m} \lambda_i x_i \,\middle|\, x_i \in C,\ \lambda_i \in \mathbb{R},\ \sum_{i=1}^{m} \lambda_i = 1,\ i \in [m] \right\}.$$

仿射包是包含集合 C 的最小仿射集, 即若 S 为满足 $C \subseteq S$ 的仿射集合, 则 aff $C \subseteq S$.

定义 1.1.11 给定向量组 $\{x_i \mid i \in [m]\} \subseteq \mathbb{R}^n$, 若存在 $\lambda_i \in \mathbb{R}$, $i \in [m]$ 使得

$$\lambda_1 x_1 + \lambda_2 x_2 + \cdots + \lambda_m x_m = 0, \quad \sum_{i=1}^{m} \lambda_i = 0,$$

当且仅当

$$\lambda_1 = \lambda_2 = \cdots = \lambda_m = 0,$$

则称向量组 $\{x_i \mid i \in [m]\}$ **仿射无关**, 否则称其**仿射相关**.

与极大线性无关向量组和基的概念类似, 仿射集 C 的极大仿射无关向量组称为**仿射基**, 仿射集的**仿射维数**比仿射基中所含向量的个数少一.

不难证明, 向量组 $\{x_i \mid i \in [m]\}$ 仿射相关的充要条件是向量组 $\{x_i - x_j \mid i, j \in [m],\ i \neq j\}$ 线性相关.

例 1.1.1 由 $x_1 = (1, 2, 3)^{\mathrm{T}}$, $x_2 = (4, 5, 6)^{\mathrm{T}}$, $x_3 = (0, 0, 0)^{\mathrm{T}}$ 构成的向量组是仿射无关的, 其仿射包 aff $\{x_1, x_2, x_3\}$ 的仿射维数为 2.

定义 1.1.12 任意给定集合 $C \subseteq \mathbb{R}^n$, 该集合的**仿射维数**定义为其仿射包 aff C 的维数.

由该定义可知, 例 1.1.1 中的集合 $\{x_1, x_2, x_3\}$ 的仿射维数是 2. 下面给出集合相对内部的概念.

定义 1.1.13 若集合 $C \subseteq \mathbb{R}^n$ 的仿射维数小于 n, 则该集合相对于仿射包 $\operatorname{aff} C$ 的内部定义为集合 C 的**相对内部**, 记为 $\operatorname{ri} C$, 即

$$\operatorname{ri} C = \{x \in C \mid B(x,r) \cap \operatorname{aff} C \subseteq C, \exists\, r > 0\}.$$

定理 1.1.1 若集合 $C \subseteq \mathbb{R}^n$ 为仿射集, 向量 $x_0 \in C$, 则集合

$$W = C - x_0 = \{x - x_0 \mid x \in C\}$$

为线性子空间.

证明 任取 $x_1, x_2 \in W$, 则有 $x_1 + x_0 \in C$, $x_2 + x_0 \in C$. 由 C 的仿射性得, 必存在 $\lambda_1, \lambda_2 \in \mathbb{R}$ 且 $\lambda_1 + \lambda_2 = 1$ 使得

$$\lambda_1(x_1 + x_0) + \lambda_2(x_2 + x_0) \in C,$$

即

$$\lambda_1 x_1 + \lambda_2 x_2 + x_0 \in C.$$

从而有 $\lambda_1 x_1 + \lambda_2 x_2 \in W$. □

因此, 线性子空间为过原点的仿射集, 而仿射集 C 可表示为一个线性子空间 W 加上一个偏移量 x_0, 即

$$C = W + x_0 = \{x + x_0 \mid x \in W\}.$$

进一步, 每一个仿射集都由唯一对应的线性子空间偏移得到.

定理 1.1.2 $\mathbb{R}^n$ 中每个非空仿射集 C 都与唯一的一个线性子空间平行.

证明 由定理 1.1.1 易得, 存在线性子空间 $W = C - x_0$, $x_0 \in C$ 与非空仿射集 C 平行, 下证唯一性. 假设仿射集 C 平行于线性子空间 W_1 和 W_2, 则 $W_1 = W_2 + a$, $a \in \mathbb{R}^n$. 因为 W_1, W_2 皆为线性子空间, 故 $0 \in W_1$ 且 $0 \in W_2$. 由 $0 \in W_1$ 得 $0 \in W_2 + a$, 从而 $-a \in W_2$. 根据线性子空间的定义可得 $a \in W_2$, 从而 $W_1 = W_2 + a \subseteq W_2$. 同理可得 $W_2 \subseteq W_1$, 进而有 $W_1 = W_2$, 唯一性得证. □

仿射集可以看成某个线性子空间的平移, 故必存在向量组 $\{x_i\}$, $i \in [m]$ 使得仿射集表示为

$$C = \left\{ x \in \mathbb{R}^n \,\middle|\, x = x_0 + \sum_{i=1}^{m} \lambda_i x_i, \lambda_i \in \mathbb{R},\ i \in [m] \right\}.$$

1.1.2 凸集

定义 1.1.14 若集合 $C \subseteq \mathbb{R}^n$ 中任意两点间的线段仍然在集合 C 中, 即对任意的 $x_1, x_2 \in C$ 及 $\lambda \in [0,1]$ 皆满足

$$\lambda x_1 + (1-\lambda) x_2 \in C,$$

则称集合 C 为**凸集**.

定义 1.1.15 给定集合 $C \subseteq \mathbb{R}^n$, 若 C 既为凸集又为闭集, 则称集合 C 为**闭凸集**.

由于仿射集包含过集合中任意两点的直线, 因此任意两点间的线段自然也在集合中. 从而可得仿射集为凸集.

图 1.1 给出 $\mathbb{R}^2$ 空间中一些简单的凸和非凸集合.

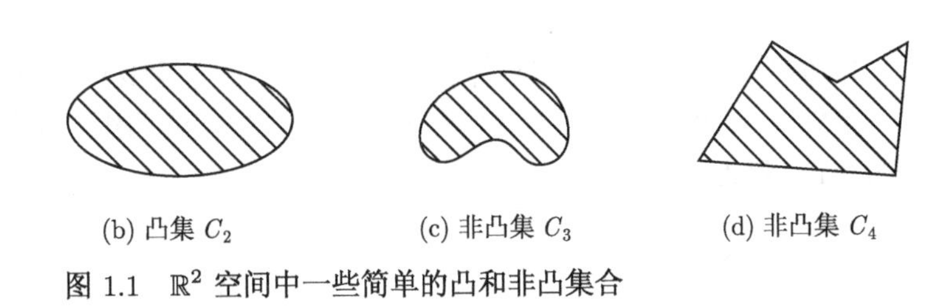

图 1.1 $\mathbb{R}^2$ 空间中一些简单的凸和非凸集合

定义 1.1.16 给定线性组合 $\lambda_1 x_1 + \lambda_2 x_2 + \cdots + \lambda_m x_m$. 若组合系数 $\lambda_i \geqslant 0$, $i \in [m]$, 且满足

$$\lambda_1 + \lambda_2 + \cdots + \lambda_m = 1,$$

则称该组合为点 $x_1, x_2, \cdots, x_m$ 的**凸组合**.

实际上, 给定点列的凸组合可以看作它们的混合或加权平均, 其中组合系数 λ_i 代表混合时 x_i 所占的比例.

引理 1.1.1 设点 $x \in \mathbb{R}^n$ 为 m 个点 $x_1, x_2, \cdots, x_m$ 的凸组合. 若 $m \geqslant n+2$, 则可以从 $x_1, x_2, \cdots, x_m \in \mathbb{R}^n$ 中选出至多 $n+1$ 个点, 使得 x 为其凸组合.

证明 不妨设 $\{x_1, x_2, \cdots, x_k\}$ 为可以将 x 表示为 m 个点 $x_1, x_2, \cdots, x_m$ 的凸组合的最小子集, 其中 $k \leqslant m$. 假设 $k \geqslant n+2$, 则存在 $\alpha_i > 0$, $i \in [k]$ 满足 $\sum\limits_{i=1}^{k} \alpha_i = 1$, 且使得

$$x = \sum_{i=1}^{k} \alpha_i x_i. \tag{1.1}$$

显然, $k-1$ ($\geqslant n+1$) 个向量 $x_i - x_k$, $i \in [k-1]$ 线性相关, 从而存在 $\beta_i \in \mathbb{R}$, $i \in [k-1]$ 满足其中至少存在一个 $\beta_i > 0$, 且使得

$$\sum_{i=1}^{k-1} \beta_i (x_i - x_k) = \sum_{i=1}^{k-1} \beta_i x_i - \left(\sum_{i=1}^{k-1} \beta_i \right) x_k = 0.$$

令 $\beta_k = -\sum\limits_{i=1}^{k-1} \beta_i$, 则有

$$\sum_{i=1}^{k} \beta_i x_i = 0 \quad 且 \quad \sum_{i=1}^{k} \beta_i = 0.$$

从而由式 (1.1) 可得, 对任意 $\theta > 0$ 均有

$$x = \sum_{i=1}^{k}(\alpha_i - \theta\beta_i)x_i \ \text{且}\ \sum_{i=1}^{k}(\alpha_i - \theta\beta_i) = 1.$$

现取 $\bar{\theta} = \min\left\{\frac{\alpha_i}{\beta_i} \;\middle|\; \beta_i > 0\right\}$, 则对任意 $i \in [k]$ 皆有 $\alpha_i - \bar{\theta}\beta_i \geqslant 0$, 且至少存在某个 $j \in [k]$ 使得 $\alpha_j - \bar{\theta}\beta_j = 0$, 这表明 x 可以表示为 $k-1$ 个点的凸组合, 与 k 为最少个数矛盾. □

与仿射集类似, 一个集合是凸集等价于该集合包含其中任意点的凸组合.

定义 1.1.17　给定集合 $C \subseteq \mathbb{R}^n$, 将由 C 中点的凸组合全体构成的集合称为 C 的**凸包**, 记为 conv C:

$$\text{conv}\ C = \left\{\sum_{i=1}^{m}\lambda_i x_i \;\middle|\; x_i \in C,\ \lambda_i \geqslant 0,\ \sum_{i=1}^{m}\lambda_i = 1,\ i \in [m]\right\}.$$

图 1.2 给出了图 1.1 中集合的凸包. 显然可得凸集的凸包为其本身.

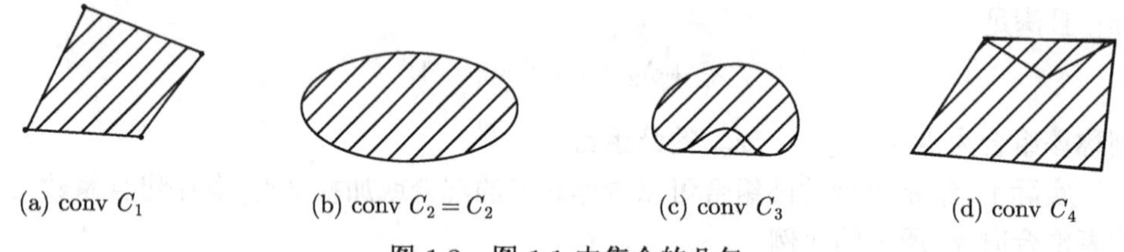

图 1.2　图 1.1 中集合的凸包

凸包 conv C 为包含集合 C 的最小的凸集. 即, 若 B 为包含 C 的凸集, 则 conv $C \subseteq B$. 事实上, 因为集合 $C \subseteq B$, 对任意的 $x \in \text{conv}\ C$, 由定义可知, 存在 $x_i \in C \subseteq B$, $\lambda_i \geqslant 0$, $i \in [m]$, 使得 $x = \sum\limits_{i=1}^{m}\lambda_i x_i$ 且 $\sum\limits_{i=1}^{m}\lambda_i = 1$. 由于集合 B 为凸集, 故 $x \in B$, 从而有 conv $C \subseteq B$.

利用引理 1.1.1 不难证明下述 Carathéodory 定理成立.

定理 1.1.3 (Carathéodory 定理)　任意给定集合 $C \subseteq \mathbb{R}^n$, 凸包 conv C 等于由 C 中至多 $n+1$ 个点的凸组合的全体构成的集合.

由于集合的凸性很重要, 下面我们介绍几种保凸运算.

(1) 若集合 C_1 和 C_2 皆为凸集, 则二者的**和集**

$$C_1 + C_2 = \{x_1 + x_2 \mid x_1 \in C_1,\ x_2 \in C_2\}$$

为凸集.

(2) 若非空集合 C_1 和 C_2 皆为凸集, 则二者的**差集**

$$C_1 - C_2 = \{x_1 - x_2 \mid x_1 \in C_1,\ x_2 \in C_2\}$$

为凸集.

(3) 凸集 C_1 和 C_2 的**直积或 Cartesian 乘积**

$$C_1 \times C_2 = \{(x_1, x_2) \mid x_1 \in C_1,\ x_2 \in C_2\}$$

也为凸集.

(4) 若集合 C_1 和 C_2 皆为凸集, 则二者的**交集** $C_1 \cap C_2$ 为凸集.

该性质可以扩展到无穷个集合的交, 即存在指标集 $I \subseteq \mathbb{R}$, 若对任意的 $i \in I$, C_i 都是凸集, 则 $\bigcap_{i\in I} C_i$ 为凸集. 类似地, 易得任意个闭集的交集也为闭集.

(5) 若集合 $C \subseteq \mathbb{R}^n$ 为凸集, $\alpha \in \mathbb{R}$ 且 $a \in \mathbb{R}^n$, 则如下所示集合 αC 及 $C + a$:

$$\alpha C = \{\alpha x \mid x \in C\}, \quad C + a = \{x + a \mid x \in C\}$$

皆为凸集.

(6) 若集合 $C \subseteq \mathbb{R}^m \times \mathbb{R}^n$ 为凸集, 则集合

$$T = \{x_1 \in \mathbb{R}^m \mid (x_1, x_2) \in C, \exists\ x_2 \in \mathbb{R}^n\}$$

为凸集, 即凸集在其某些坐标下的投影亦为凸集.

(7) 若函数 $f : \mathbb{R}^n \to \mathbb{R}^m$ 可以表示为 $f(x) = \boldsymbol{A}x + b$, 其中 $\boldsymbol{A} \in \mathbb{R}^{m\times n}$, $b \in \mathbb{R}^m$, 则称 f 为仿射函数. 设 $C \subseteq \mathbb{R}^n$ 为凸集, 并且 $f : \mathbb{R}^n \to \mathbb{R}^m$ 是仿射函数, 则 C 在 f 下的象

$$f(C) = \{f(x) \mid x \in C\}$$

为凸集. 类似地, 集合 C 在 f 下的原象

$$f^{-1}(C) = \{x \mid f(x) \in C\}$$

也为凸集.

现在定义几个常用的特殊凸集.

超平面是由一个线性等式定义的集合, 可表示为

$$\{x \in \mathbb{R}^n \mid \langle a, x\rangle = a^{\mathrm{T}}x = b\},$$

其中非零向量 $a \in \mathbb{R}^n$, 实数 $b \in \mathbb{R}$.

半空间是由一个线性不等式定义的集合, 可表示为

$$\{x \in \mathbb{R}^n \mid \langle a, x\rangle = a^{\mathrm{T}}x \leqslant \beta\},$$

其中非零向量 $a \in \mathbb{R}^n$, 实数 $\beta \in \mathbb{R}$.

易验证超平面和半空间都是闭凸集.

多面体是由有限个线性等式和不等式定义的集合, 可表示为

$$\mathcal{P} = \{x \in \mathbb{R}^n \mid a_i^{\mathrm{T}} x \leqslant \beta_i, i \in [s], b_j^{\mathrm{T}} x = \delta_j, j \in [t]\},$$

其中非零向量 $a_i, b_j \in \mathbb{R}^n$, 实数 $\beta_i, \delta_j \in \mathbb{R}$.

由定义得, 多面体是有限个半空间与超平面的交集, 又因为半空间及超平面皆为凸集, 故多面体为凸集.

1.2　分离定理与支撑超平面

本节主要讨论分离定理, 在此之前先给出超平面支撑、分离集合的定义以及投影的相关知识.

定义 1.2.1　设 $C \subseteq \mathbb{R}^n$ 为凸集, 若存在非零向量 $a \in \mathbb{R}^n$, 以及实数 $\beta \in \mathbb{R}$ 满足

$$\langle a, x \rangle \leqslant \beta, \quad \forall x \in C,$$

则称超平面

$$H(a, \beta) = \{x \in \mathbb{R}^n \mid \langle a, x \rangle = \beta\}$$

支撑集合 C, 并称 $H(a, \beta)$ 为**支撑超平面**. 进一步, 若存在点 $x_0 \in \mathrm{cl}\ C$ 满足

$$\langle a, x \rangle \leqslant \beta = \langle a, x_0 \rangle, \quad \forall x \in C,$$

则称超平面 $H(a, \beta)$ 在点 x_0 **支撑集合** C, 并称 $H(a, \beta)$ 为 x_0 处的**支撑超平面**.

定义 1.2.2　给定集合 C, $S \subseteq \mathbb{R}^n$, 若存在非零向量 $a \in \mathbb{R}^n$, 以及实数 $\beta \in \mathbb{R}$ 满足

$$\langle a, x \rangle \leqslant \beta \leqslant \langle a, y \rangle, \quad \forall x \in C, \quad y \in S,$$

则称超平面 $H(a, \beta)$ **分离**集合 C 与 S, 并称 $H(a, \beta)$ 为**分离超平面**. 特别地, 若集合 C 和点 x_0 满足

$$\langle a, x \rangle \leqslant \beta \leqslant \langle a, x_0 \rangle, \quad \forall x \in C,$$

则称超平面 $H(a, \beta)$ **分离**点 x_0 与集合 C, 并称 $H(a, \beta)$ 为 x_0 与 C 的**分离超平面**.

图 1.3 给出了支撑超平面及分离超平面的几何解释, 并由此可以看到支撑超平面为分离超平面的特殊情况, 且分离超平面并不唯一.

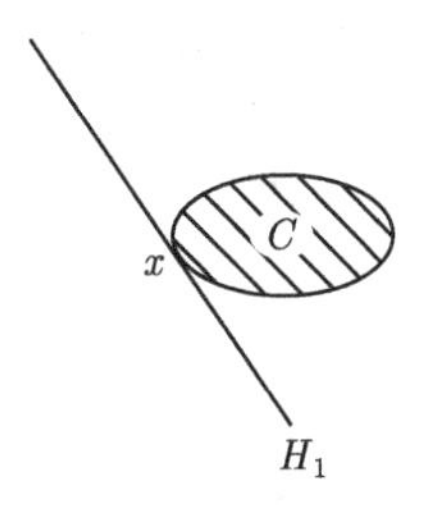

点 x 处的支撑超平面

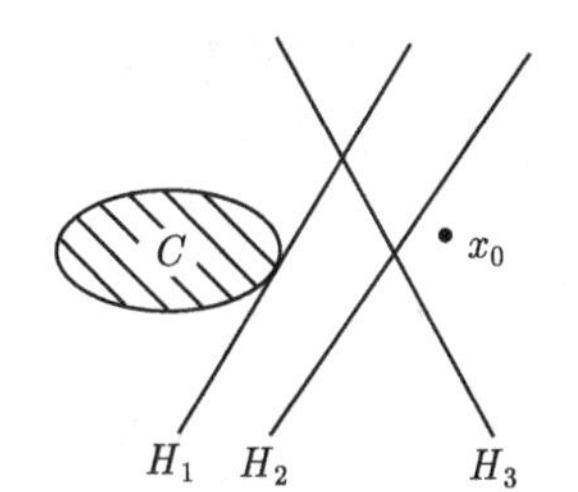

点 x_0 与集合 C 的分离超平面

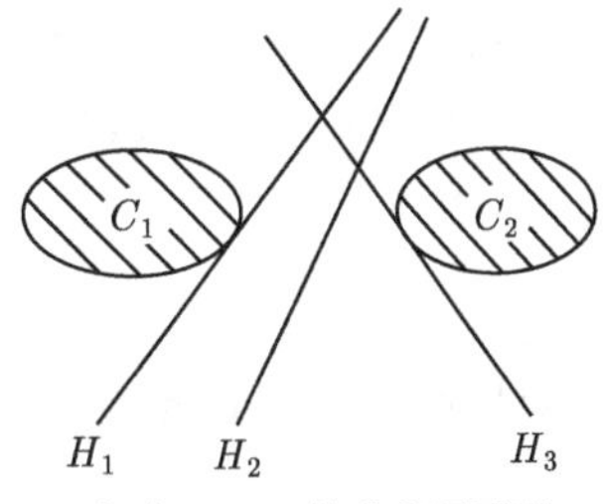

集合 C_1, C_2 的分离超平面

图 1.3 分离超平面与支撑超平面

定义 1.2.3 给定非空闭凸集 $C \subseteq \mathbb{R}^n$, 任取 $x_0 \in \mathbb{R}^n$, 若满足

$$P_C(x_0) = \arg\min\{\|x - x_0\| \mid x \in C\},$$

则称 $P_C(x_0)$ 为点 x_0 到集合 C 上的**投影**, 并称 $P_C(\cdot)$ 为集合 C 的**投影算子**.

给定 $\mathbb{R}^n$ 中的点列 $\{x_k\}$, 若当实数 $k, l \to \infty$ 时, 有 $\|x_k - x_l\| \to 0$ 成立, 则称点列 $\{x_k\}$ 为 **Cauchy 序列**.

在 $\mathbb{R}^n$ 中, 收敛点列一定是 Cauchy 序列, 而 Cauchy 序列必收敛于某个极限.

定理 1.2.1 若集合 $C \subseteq \mathbb{R}^n$ 为非空闭凸集, 则任意点 $x_0 \in \mathbb{R}^n$ 在 C 上的投影 $P_C(x_0)$ 存在且唯一.

证明 先证存在性. 当 $x_0 \in C$ 时, $P_C(x_0) = x_0$, 结论显然成立.

当 $x_0 \notin C$ 时, 对任意 $x \in C$, 令 $\|x_0 - x\|$ 的下确界为 δ, 则有

$$\delta = \inf\{\|x_0 - x\| \mid x \in C\} > 0,$$

且存在点列 $\{x_k\} \subseteq C$ 使得 $\|x_k - x_0\| \to \delta$.

任取 $x_s, x_t \in \{x_k\}$, 则

$$\begin{aligned}\|x_s - x_t\|^2 &= 2\|x_s - x_0\|^2 + 2\|x_t - x_0\|^2 - 4\|x_0 - \frac{1}{2}(x_s + x_t)\|^2 \\ &\leqslant 2\|x_s - x_0\|^2 + 2\|x_t - x_0\|^2 - 4\delta^2 \to 0,\end{aligned}$$

从而可得 $\{x_k\}$ 为 Cauchy 序列, 若令 $\lim\limits_{k\to\infty} x_k = \bar{x}$, 则有 $\|\bar{x} - x_0\| = \delta$, 即 $P_C(x_0)$ 存在.

下证唯一性. 假设存在 $\bar{x} = \tilde{x}$ 同时满足 $\|x_0 - \bar{x}\| = \|x_0 - \tilde{x}\| = \delta$, 则有

$$\|\bar{x} - \tilde{x}\|^2 \leqslant 2\|\bar{x} - x_0\|^2 + 2\|\tilde{x} - x_0\|^2 - 4\delta^2 = 0,$$

即 $\bar{x} = \tilde{x}$, 从而得证 $P_C(x_0)$ 存在且唯一. □

定理 1.2.2 设集合 $C \subseteq \mathbb{R}^n$ 为非空闭凸集, 则向量 $p \in \mathbb{R}^n$ 为 x_0 在集合 C 上的投影 $P_C(x_0)$ 当且仅当对任意的 $x \in C$ 均有

$$\langle x_0 - p, x - p\rangle \leqslant 0.$$

证明 先证必要性. 因为 $p = P_C(x_0) \in C$, 故仅需证

$$\langle x_0 - P_C(x_0), x - P_C(x_0)\rangle \leqslant 0, \quad \forall x \in C.$$

由投影的定义可得, 存在 $\alpha \in (0,1)$ 使得对任意的 $x \in C$ 满足

$$\begin{aligned}
&\|x_0 - P_C(x_0)\|^2 \\
\leqslant & \|x_0 - [\alpha x + (1-\alpha)P_C(x_0)]\|^2 \\
= & \|x_0 - \alpha x - P_C(x_0) + \alpha P_C(x_0)\|^2 \\
= & \|x_0 - P_C(x_0) - \alpha[x - P_C(x_0)]\|^2 \\
= & \|x_0 - P_C(x_0)\|^2 - 2\alpha\langle x_0 - P_C(x_0), x - P_C(x_0)\rangle + \alpha^2\|x - P_C(x_0)\|^2.
\end{aligned}$$

从而可得

$$2\alpha\langle x_0 - P_C(x_0), x - P_C(x_0)\rangle \leqslant \alpha^2\|x - P_C(x_0)\|^2,$$

即

$$\langle x_0 - P_C(x_0), x - P_C(x_0)\rangle \leqslant \frac{1}{2}\alpha\|x - P_C(x_0)\|^2.$$

当 $\alpha \to 0$ 时, $\frac{1}{2}\alpha\|x - P_C(x_0)\|^2 \to 0$, 故有

$$\langle x_0 - P_C(x_0), x - P_C(x_0)\rangle \leqslant 0.$$

下证充分性. 要证向量 p 为 x_0 在集合 C 上的投影, 只需证对任意的 $x \in C$, 皆有 $\|x_0 - p\|^2 \leqslant \|x_0 - x\|^2$ 即可. 因为

$$\begin{aligned}
\|x_0 - x\|^2 &= \|x_0 - p + p - x\|^2 \\
&= \|x_0 - p\|^2 + 2\langle x_0 - p, p - x\rangle + \|p - x\|^2 \\
&= \|x_0 - p\|^2 - 2\langle x_0 - p, x - p\rangle + \|p - x\|^2 \\
&\geqslant \|x_0 - p\|^2,
\end{aligned}$$

从而得证 $p = P_C(x_0)$. □

图 1.4 给出了上述定理的几何意义.

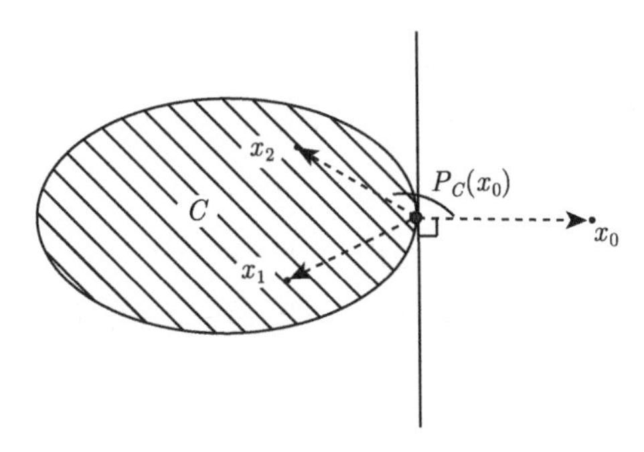

图 1.4 点 x_0 在闭凸集 C 上的投影

由图像可知集合 C 内任意一点 x 与投影点 $P_C(x_0)$ 及 x_0 间的夹角大于等于 90°.

定理 1.2.3 若集合 $C \subseteq \mathbb{R}^n$ 为非空闭凸集, 则对投影算子 $P_C(\cdot)$, 有下述结论成立:

(1) 对任意的 $x, y \in \mathbb{R}^n$, 满足

$$\langle P_C(x) - P_C(y), x - y \rangle \geqslant \|P_C(x) - P_C(y)\|^2.$$

(2) 对任意的 $x, y \in \mathbb{R}^n$, 满足

$$\|P_C(x) - P_C(y)\|^2 \leqslant \|x - y\|^2 - \|P_C(x) - x + y - P_C(y)\|^2.$$

(3) 任取 $x \in C$, 对任意的 $x_0 \in \mathbb{R}^n$, 皆满足

$$\langle P_C(x_0) - x_0, x - x_0 \rangle \geqslant \|P_C(x_0) - x_0\|^2.$$

证明 (1) 由定理 1.2.2 的必要性可得

$$\langle P_C(x_0) - x_0, x - P_C(x_0) \rangle \geqslant 0, \quad \forall x_0 \in \mathbb{R}^n, \quad x \in C. \tag{1.2}$$

从而对任意 $x, y \in \mathbb{R}^n$ 均有

$$\langle P_C(x) - x, P_C(y) - P_C(x) \rangle \geqslant 0,$$
$$\langle P_C(y) - y, P_C(x) - P_C(y) \rangle \geqslant 0.$$

两式相加得

$$\langle P_C(x) - P_C(y), P_C(y) - y + x - P_C(x) \rangle \geqslant 0,$$

从而有

$$\langle P_C(x) - P_C(y), x - y \rangle \geqslant \|P_C(x) - P_C(y)\|^2.$$

(2) 对任意 $x, y \in \mathbb{R}^n$, 由 (1) 得

$$\begin{aligned}\|P_C(x)-P_C(y)\|^2 &\leqslant \langle P_C(x)-P_C(y), x-y\rangle \\ &= \|x-y\|^2+\langle P_C(x)-x+y-P_C(y), x-y\rangle \\ &= \|x-y\|^2-\|P_C(x)-x+y-P_C(y)\|^2 \\ &\quad +\langle P_C(x)-P_C(y)-x+y, P_C(x)-P_C(y)\rangle \\ &\leqslant \|x-y\|^2-\|P_C(x)-x+y-P_C(y)\|^2,\end{aligned}$$

即

$$\|P_C(x)-P_C(y)\|^2 \leqslant \|x-y\|^2-\|P_C(x)-x+y-P_C(y)\|^2.$$

(3) 任取 $x \in C$, 对任意的 $x_0 \in \mathbb{R}^n$, 由式 (1.2) 得

$$\begin{aligned}&\langle P_C(x_0)-x_0, x-x_0\rangle \\ =&\langle P_C(x_0)-x_0, x-P_C(x_0)+P_C(x_0)-x_0\rangle \\ =&\langle P_C(x_0)-x_0, x-P_C(x_0)\rangle+\langle P_C(x_0)-x_0, P_C(x_0)-x_0\rangle \\ \geqslant&\|P_C(x_0)-x_0\|^2.\end{aligned}$$

□

定理 1.2.4　若非空集合 $C \subseteq \mathbb{R}^n$ 为闭凸集, 向量 $x_0 \in \mathbb{R}^n$, 则对任意的 $x \in C$, 均有

$$\|x-P_C(x_0)\|^2+\|P_C(x_0)-x_0\|^2 \leqslant \|x-x_0\|^2.$$

证明　由向量的内积及范数的性质可得

$$\begin{aligned}&\|x-P_C(x_0)\|^2-\|x-x_0\|^2 \\ =&\langle x_0-P_C(x_0), 2x-P_C(x_0)-x_0\rangle \\ =&\langle x_0-P_C(x_0), 2(x-P_C(x_0))+P_C(x_0)-x_0\rangle \\ =&2\langle x_0-P_C(x_0), x-P_C(x_0)\rangle-\|x_0-P_C(x_0)\|^2.\end{aligned}$$

由定理 1.2.2 得 $\langle x_0-P_C(x_0), x-P_C(x_0)\rangle \leqslant 0$, 故

$$\|x-P_C(x_0)\|^2-\|x-x_0\|^2 \leqslant -\|x_0-P_C(x_0)\|^2,$$

即

$$\|x-P_C(x_0)\|^2+\|P_C(x_0)-x_0\|^2 \leqslant \|x-x_0\|^2.$$

□

下面给出与分离定理相关的两个引理.

引理 1.2.1　若集合 $C \subseteq \mathbb{R}^n$ 为非空凸集且 $x_0 \notin \operatorname{cl} C$, 则存在超平面 $H(a,\beta)$ 严格分离 x_0 与 C, 即成立

$$\langle a, x\rangle \leqslant \beta < \langle a, x_0\rangle, \quad \forall x \in C,$$

其中 $a = x_0 - P_{\operatorname{cl} C}(x_0) \neq 0,\ \beta = \langle x_0 - P_{\operatorname{cl} C}(x_0), P_{\operatorname{cl} C}(x_0)\rangle$.

证明 由定理 1.2.2 可得, x 点到 $\mathrm{cl}\,C$ 上的投影 $P_{\mathrm{cl}\,C}(x_0)$ 对任意的 $x \in C$ 满足

$$\begin{aligned}\langle x_0 - P_{\mathrm{cl}\,C}(x_0), x\rangle &\leqslant \langle x_0 - P_{\mathrm{cl}\,C}(x_0), P_{\mathrm{cl}\,C}(x_0)\rangle \\ &= \langle x_0 - P_{\mathrm{cl}\,C}(x_0), x_0\rangle - \|x_0 - P_{\mathrm{cl}\,C}(x_0)\|^2 \\ &< \langle x_0 - P_{\mathrm{cl}\,C}(x_0), x_0\rangle.\end{aligned}$$

□

引理 1.2.2 若集合 $C \subseteq \mathbb{R}^n$ 为非空凸集且 $x_0 \in \mathrm{bd}\,C$, 则存在超平面 $H(a,\beta)$ 在点 x_0 支撑集合 C, 即成立

$$\langle a, x\rangle \leqslant \beta = \langle a, x_0\rangle, \quad \forall x \in C.$$

证明 由 $x_0 \in \mathrm{bd}\,C$ 可得, 存在序列 $\{y_k\}$, $k=1,2,\cdots$, 其中 $y_k \notin \mathrm{cl}\,C$ 且 $y_k \to x_0$, 令 $a_k = \dfrac{y_k - P_{\mathrm{cl}\,C}(y_k)}{\|y_k - P_{\mathrm{cl}\,C}(y_k)\|}$, $\beta_k = \langle a_k, P_{\mathrm{cl}\,C}(y_k)\rangle$. 由引理 1.2.1 可得, 对任意 $x \in C$ 均有

$$\langle a_k, x\rangle \leqslant \beta_k < \langle a_k, y_k\rangle.$$

因为 $\|a_k\| = 1$, $\{\beta_k\}$ 有界, 从而可假设 $a_k \to a^*$, $\beta_k \to \beta^*$, 进而

$$\langle a^*, x\rangle \leqslant \beta^* \leqslant \langle a^*, x_0\rangle,$$

令 $\beta = \langle a^*, x_0\rangle$, 从而结论成立. □

结合上述两个结论易得下述分离定理.

定理 1.2.5 若集合 $C \subseteq \mathbb{R}^n$ 为非空凸集且 $x_0 \notin C$, 则必存在超平面分离点 x_0 与集合 C.

定理 1.2.6 若集合 $C_1, C_2 \subseteq \mathbb{R}^n$ 皆为非空凸集且 $C_1 \cap C_2 = \varnothing$, 则必存在超平面分离集合 C_1 与 C_2.

证明 令集合 C_1, C_2 的差集如下:

$$S = C_1 - C_2 = \{x \in \mathbb{R}^n \mid x = x_1 - x_2, x_1 \in C_1, x_2 \in C_2\},$$

则由凸集运算的性质可得集合 S 为凸集. 由 $C_1 \cap C_2 = \varnothing$ 得 $0 \notin S$, 从而借助定理 1.2.5 可得, 存在超平面 $H(a,0)$ 分离点 0 与集合 S, 即存在 $a \in \{\mathbb{R}^n \backslash 0\}$, 使得

$$\langle a, x\rangle \leqslant 0, \quad \forall x \in S.$$

由集合 S 的定义可得上式等价于

$$\langle a, x_1 - x_2\rangle \leqslant 0, \quad \forall x_1 \in C_1, \quad \forall x_2 \in C_2,$$

即

$$\langle a, x_1 \rangle \leqslant \langle a, x_2 \rangle, \quad \forall x_1 \in C_1, \quad \forall x_2 \in C_2,$$

从而可得存在集合 C_1, C_2 间的分离超平面. □

1.3　凸函数及其性质

本节主要介绍凸函数的定义及相关性质, 在此之前先给出函数的上图及有效域的概念.

我们称函数 $f : \mathbb{R}^n \to \mathbb{R}$ 为实值函数, $f : \mathbb{R}^n \to \mathbb{R} \cup \{\pm\infty\}$ 为广义实值函数. 如无特别说明, 本节所有函数均为定义在集合 $S \subseteq \mathbb{R}^n$ 上的广义实值函数.

定义 1.3.1　给定函数 $f(x)$, 称函数图像上方的所有点构成的集合

$$\mathrm{epi}\, f = \{(x, \mu) \in \mathbb{R}^n \times \mathbb{R} \mid f(x) \leqslant \mu, x \in S\}$$

为函数 $f(x)$ 的**上图**.

定义 1.3.2　给定函数 $f(x)$, 称使函数值小于正无穷的点的全体构成的集合

$$\mathrm{dom}\, f = \{x \in \mathbb{R}^n \mid f(x) < +\infty,\ x \in S\}$$

为函数 $f(x)$ 的**有效域**.

若函数 $f(x)$ 为实值函数, 则有 $\mathrm{dom}\, f = S$. 我们通过将定义域 S 之外的点相应的函数值定义为正无穷, 可以把函数的定义域扩充到全空间上, 即

$$f(x) = \begin{cases} f(x), & x \in S, \\ +\infty, & x \notin S. \end{cases}$$

下述函数如无特别说明均表示定义在 $\mathbb{R}^n$ 上的函数.

特别地, 函数 $f(x)$ 的有效域也可以看成其上图 $\mathrm{epi}\, f$ 在 $\mathbb{R}^n$ 上的投影, 即

$$\mathrm{dom}\, f = \{x \mid \exists\ \mu \in \mathbb{R},\ (x, \mu) \in \mathrm{epi}\, f\}.$$

如图 1.5 所示, 我们给出两个函数的上图及其有效域.

基于函数的上图及有效域的凸性, 可以定义函数的凸性如下.

定义 1.3.3　设函数的有效域 $\mathrm{dom}\, f$ 为凸集. 若函数 $f(x)$ 的上图 $\mathrm{epi}\, f$ 为凸集, 则称 $f(x)$ 为 $\mathrm{dom}\, f$ 上的**凸函数**.

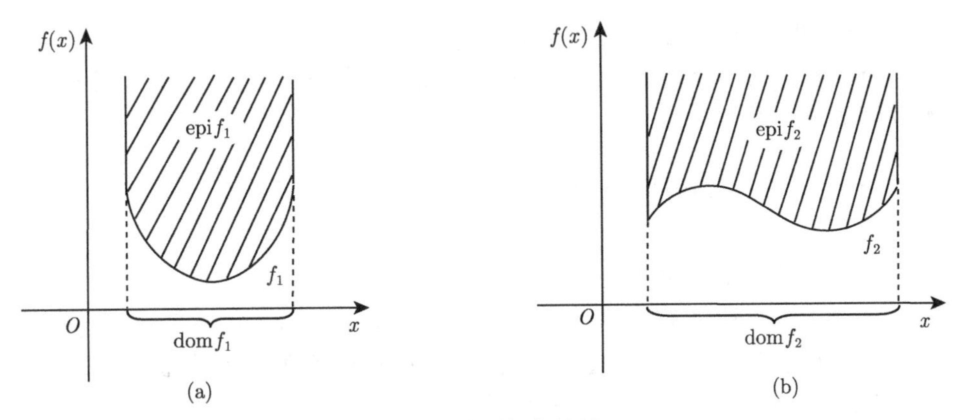

图 1.5 上图与有效域

若 $-f$ 为凸函数, 则称 f 为凹函数. 由于凹凸函数仅有符号之差, 且凹函数的相关性质可由凸函数的性质直接推出, 因此本书将重点介绍凸函数的相关性质及结论. 另外, 需要注意仿射函数既是凸函数又是凹函数.

下面将给出几个有关函数凸性的等价定理.

定理 1.3.1 设函数 $f(x)$ 的有效域 $\mathrm{dom}\, f$ 为凸集, 则 $f(x)$ 为凸函数当且仅当对任意的 $x, y \in \mathrm{dom}\, f$, $\theta \in [0,1]$ 均有

$$f(\theta x + (1-\theta)y) \leqslant \theta f(x) + (1-\theta)f(y). \tag{1.3}$$

证明 先证必要性. 任取 $(x, f(x))$, $(y, f(y)) \in \mathrm{epi}\, f$, $\theta \in [0,1]$, 由凸函数的上图 $\mathrm{epi}\, f$ 为凸集可得

$$\theta(x, f(x)) + (1-\theta)(y, f(y)) = (\theta x + (1-\theta)y,\ \theta f(x) + (1-\theta)f(y)) \in \mathrm{epi}\, f,$$

即

$$f(\theta x + (1-\theta)y) \leqslant \theta f(x) + (1-\theta)f(y).$$

下证充分性. 若不等式 (1.3) 成立, 即对任意的 $x, y \in \mathrm{dom}\, f$, $\theta \in [0,1]$, 均有

$$f(\theta x + (1-\theta)y) \leqslant \theta f(x) + (1-\theta)f(y)$$

成立. 现任取 (x, s), $(y, t) \in \mathrm{epi}\, f$, 由上图的定义可得 $f(x) \leqslant s$, $f(y) \leqslant t$. 从而有

$$f(\theta x + (1-\theta)y) \leqslant \theta f(x) + (1-\theta)f(y) \leqslant \theta s + (1-\theta)t,$$

进而可得

$$(\theta x + (1-\theta)y,\ \theta s + (1-\theta)t) \in \mathrm{epi}\, f,$$

故 $\operatorname{epi} f$ 为凸集, 从而函数 $f(x)$ 为凸函数. □

上述定理中的不等式 (1.3) 是 Jensen 不等式的特殊情况, Jensen 不等式的一般情况可表述如下:

$$f\Big(\sum_{i=1}^{m}\alpha_i x_i\Big) \leqslant \sum_{i=1}^{m}\alpha_i f(x_i), \quad \forall x_i \in \mathbb{R}^n, \quad i \in [m], \tag{1.4}$$

其中, $\alpha_i \geqslant 0,\ i \in [m]$, 且满足 $\sum\limits_{i=1}^{m}\alpha_i = 1$.

事实上, 定理 1.3.1 中的结论可以推广到一般的 Jensen 不等式. 即, 有效域 $\operatorname{dom} f$ 为凸集的函数 $f(x)$ 为凸函数当且仅当对任意自然数 m, 均有 Jensen 不等式 (1.4) 成立. 本书在不至引起混淆的前提下, 将定理 1.3.1 中的不等式 (1.3) 也称为 Jensen 不等式.

定理 1.3.2　设函数 $f(x)$ 的有效域 $\operatorname{dom} f$ 为凸集, 则 $f(x)$ 为凸函数当且仅当对任意的 $x, y \in \operatorname{dom} f$, $\alpha \geqslant 0$ 且 $y + \alpha(y - x) \in \operatorname{dom} f$ 均有

$$f(y + \alpha(y - x)) \geqslant f(y) + \alpha[f(y) - f(x)].$$

证明　先证必要性. 令 $z = y + \alpha(y - x)$, 则 $y = \dfrac{1}{1+\alpha}z + \dfrac{\alpha}{1+\alpha}x$. 由于 $f(x)$ 为凸函数, 借助定理 1.3.1 可得

$$f(y) = f\left(\frac{1}{1+\alpha}z + \frac{\alpha}{1+\alpha}x\right) \leqslant \frac{1}{1+\alpha}f(z) + \frac{\alpha}{1+\alpha}f(x),$$

即

$$f(z) \geqslant (1+\alpha)f(y) - \alpha f(x) = f(y) + \alpha[f(y) - f(x)].$$

下证充分性. 任取 $x, y \in \operatorname{dom} f$, $\theta \in (0, 1]$, 令 $z = \theta x + (1-\theta)y$, 则

$$x = \frac{1}{\theta}z + \frac{\theta - 1}{\theta}y = y + \frac{1}{\theta}(z - y).$$

由已知可得 $f(x) \geqslant f(y) + \dfrac{1}{\theta}(f(z) - f(y))$, 从而有

$$f(z) \leqslant \theta f(x) + (1-\theta)f(y),$$

即

$$f(\theta x + (1-\theta)y) \leqslant \theta f(x) + (1-\theta)f(y),$$

故由定理 1.3.1 得 $f(x)$ 为凸函数. □

定理 1.3.3　设函数 $f(x)$ 的有效域 $\operatorname{dom} f$ 为凸集, 则 $f(x)$ 为凸函数当且仅当对任意的 $x \in \operatorname{dom} f$, $p \in \mathbb{R}^n$, 由满足 $x + tp \in \operatorname{dom} f$ 的非负实数 t 构造的, 关于 t 的一元函数 $g_p(t) = f(x + tp)$ 为凸函数.

证明 先证必要性. 对任意 $x \in \operatorname{dom} f$, $p \in \mathbb{R}^n$, 令 $t_1, t_2 \geqslant 0$ 且满足 $x + t_1 p$, $x + t_2 p \in \operatorname{dom} f$, 任取 $\theta \in [0,1]$, 由 $f(x)$ 为凸函数可得

$$\begin{aligned} g_p(\theta t_1 + (1-\theta)t_2) &= f(x + [\theta t_1 + (1-\theta)t_2]p) \\ &= f(\theta(x + t_1 p) + (1-\theta)(x + t_2 p)) \\ &\leqslant \theta f(x + t_1 p) + (1-\theta) f(x + t_2 p) \\ &= \theta g_p(t_1) + (1-\theta) g_p(t_2), \end{aligned}$$

从而可得 $g_p(t)$ 为凸函数.

下证充分性. 任取 $x, y \in \operatorname{dom} f$, $\theta \in [0,1]$, 令 $p = x - y$, 则

$$f(\theta x + (1-\theta)y) = f(y + \theta(x-y)) = g_p(\theta),$$

从而有 $f(x) = g_p(1)$, $f(y) = g_p(0)$. 因为函数 $g_p(t)$ 为凸函数, 故

$$g_p(\theta) = g_p(\theta \cdot 1 + (1-\theta) \cdot 0) \leqslant \theta g_p(1) + (1-\theta) g_p(0),$$

即

$$f(y + \theta(x-y)) = f(\theta x + (1-\theta)y) \leqslant \theta f(x) + (1-\theta) f(y),$$

从而可得函数 $f(x)$ 为凸函数. □

在函数可微的条件下, 凸函数还存在如下的等价刻画.

定理 1.3.4 若函数 $f(x)$ 可微且 $\operatorname{dom} f$ 为凸集, 则 $f(x)$ 为凸函数当且仅当对任意的 $x, y \in \operatorname{dom} f$, 均有

$$f(x) \geqslant f(y) + \nabla f(y)^{\mathrm{T}}(x-y).$$

证明 先证必要性. 借助定理 1.3.1 可得, $f(x)$ 为凸函数当且仅当 Jensen 不等式成立, 而由 Jensen 不等式可得, 对任意的 $x, y \in \operatorname{dom} f$, $\theta \in (0,1]$, 均有

$$\frac{f(y + \theta(x-y)) - f(y)}{\theta} \leqslant f(x) - f(y).$$

当 $\theta \to 0$ 时, 有

$$\nabla f(y)^{\mathrm{T}}(x-y) \leqslant f(x) - f(y),$$

从而可得 $f(x) \geqslant f(y) + \nabla f(y)^{\mathrm{T}}(x-y)$.

下证充分性. 任取 $x, y \in \operatorname{dom} f$, $\theta \in [0,1]$, 令 $z = \theta x + (1-\theta)y$, 则

$$f(x) \geqslant f(z) + \nabla f(z)^{\mathrm{T}}(x-z),$$

$$f(y) \geqslant f(z) + \nabla f(z)^{\mathrm{T}}(y-z).$$

第一个式子乘以 θ 再加上第二个式子与 $(1-\theta)$ 的乘积整理可得 Jensen 不等式

$$\theta f(x)+(1-\theta)f(y)\geqslant f(z)=f(\theta x+(1-\theta)y),$$

从而有 $f(x)$ 为凸函数. □

定理 1.3.5　若函数 $f(x)$ 二阶连续可微且 $\operatorname{dom} f$ 为凸集, 则 $f(x)$ 为凸函数当且仅当对任意的 $x\in\operatorname{dom} f$, 均有

$$\nabla^2 f(x)\succeq 0,$$

其中 $\nabla^2 f(x)\succeq 0$ 表示 Hessian 矩阵 $\nabla^2 f(x)$ 半正定.

证明　首先证明当 $n=1$ 时结论成立. 由于一元函数 $f(x)$ 二阶连续可微, 且对任意 $z\in\operatorname{dom} f$ 均有 $f''(z)\geqslant 0$ 成立, 因此任取 $x,y\in\operatorname{dom} f$, 由中值定理可得存在 x, y 之间的点 ξ, 满足 $f''(\xi)\geqslant 0$, 从而有

$$f(y)=f(x)+f'(x)(y-x)+\frac{1}{2}f''(\xi)(y-x)^2\geqslant f(x)+f'(x)(y-x),$$

故由定理 1.3.4 可得 $f(x)$ 为凸函数.

反之, 若函数 $f(x)$ 为凸, 下证对任意 $x\in\operatorname{dom} f$ 均有 $f''(x)\geqslant 0$ 成立. 假设存在 $x_0\in\operatorname{dom} f$ 使得 $f''(x_0)<0$, 则存在实数 $\delta>0$, 使得对任意 $x\in B(x_0,\delta)$ 均有 $f''(x)<0$ 成立. 现任取 $x,y\in B(x_0,\delta)$, 由中值定理可得

$$f(y)-f(x)-f'(x)(y-x)=\frac{1}{2}f''(\xi)(y-x)^2<0,$$

其中 ξ 位于 x, y 之间且满足 $f''(\xi)<0$, 由于上式与 $f(x)$ 为凸函数矛盾, 故对任意 $x\in\operatorname{dom} f$ 均有 $f''(x)\geqslant 0$ 成立.

接下来证明对任意的 $x\in\operatorname{dom} f$, $\nabla^2 f(x)\succeq 0$ 当且仅当对任意 $t\geqslant 0$, $p\in\mathbb{R}^n$, 满足 $x+tp\in\operatorname{dom} f$ 有 $g_p''(t)\geqslant 0$ 成立, 其中 $g_p(t)=f(x+tp)$.

由 $\nabla^2 f(x)\succeq 0$ 显然可得 $g_p''(t)=p^{\mathrm{T}}\nabla^2 f(x+tp)p\geqslant 0$, 从而可得必要性成立.

下证充分性. 对任意 $p\in\mathbb{R}^n$, $x,x+tp\in\operatorname{dom} f$ 均有 $g_p''(t)\geqslant 0$, 要证 $\nabla^2 f(x)\succeq 0$ 对任意 $x\in\operatorname{dom} f$ 成立. 现假设存在 $x_0\in\operatorname{dom} f$ 使得 $\nabla^2 f(x_0)\not\succeq 0$, 即存在特征值 $\lambda<0$ 及相应的特征向量 v 满足 $x_0+tv\in\operatorname{dom} f$, 使得

$$g_v''(0)=v^{\mathrm{T}}\nabla^2 f(x_0)v=\lambda v^{\mathrm{T}}v<0,$$

这与已知矛盾, 从而二者等价性得证.

综上所述, 再结合定理 1.3.3 可得结论成立. □

接下来我们首先介绍函数水平集的概念, 然后说明凸函数的水平集为凸集.

定义 1.3.4 设 $f(x)$ 为定义在 $\mathbb{R}^n$ 上的广义实值函数, 给定实数 $\alpha \in \mathbb{R}$, 称使得函数值不大于 α 的点 x 的全体构成的集合

$$S_\alpha = \{x \in \operatorname{dom} f \mid f(x) \leqslant \alpha\}$$

为函数 $f(x)$ 的 α **水平集**.

如图 1.6 所示, 我们给出两个函数的水平集.

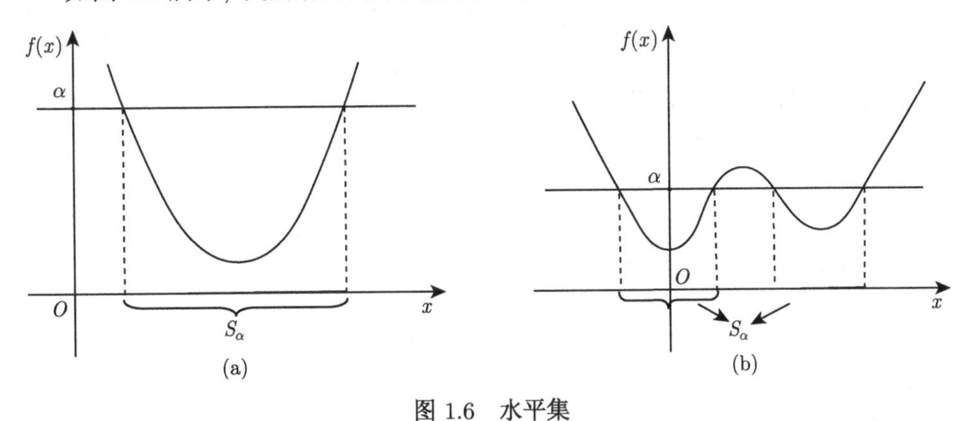

图 1.6 水平集

定理 1.3.6 凸函数的所有水平集均为凸集.

证明 若水平集为空集, 显然为凸集, 对任意的非空水平集 S_α, 任取 $x, y \in S_\alpha$, $\theta \in [0,1]$, 由凸函数及水平集的定义可得

$$\begin{aligned} f(\theta x + (1-\theta)y) &\leqslant \theta f(x) + (1-\theta)f(y) \\ &\leqslant \theta\alpha + (1-\theta)\alpha \\ &= \alpha, \end{aligned}$$

故 $\theta x + (1-\theta)y \in S_\alpha$, 从而可得 S_α 为凸集. □

1.4 函数的凸性与闭性

本节主要研究函数的凸性与闭性, 首先给出闭凸函数的定义.

定义 1.4.1 给定函数 $f(x)$, 若其上图 $\operatorname{epi} f$ 为闭集, 则称 $f(x)$ 为**闭函数**, 也称函数 $f(x)$ 为闭的. 进一步, 若函数 $f(x)$ 的上图 $\operatorname{epi} f$ 为闭凸集, 则称 $f(x)$ 为**闭凸函数**.

定理 1.4.1 若函数 $f(x)$ 为闭函数, 则 $f(x)$ 的所有水平集皆为闭集.

证明 若水平集为空集, 显然满足闭集的条件. 取函数 $f(x)$ 的任意非空水平集

$$S_\alpha(f) = \{x \mid x \in \operatorname{dom} f,\ f(x) \leqslant \alpha\},$$

将水平集中的所有点分别与 α 构成点对, 并将所有点对构成的集合记为 $(S_\alpha(f),\alpha)$, 即

$$(S_\alpha(f),\alpha)=\{(x,\alpha)\mid x\in S_\alpha(f),\ \alpha\in\mathbb{R}\}.$$

显然可得

$$(S_\alpha(f),\alpha)=\operatorname{epi} f\cap\{(x,\alpha)\mid x\in\mathbb{R}^n\}.$$

由函数 $f(x)$ 为闭函数可得上图 $\operatorname{epi} f$ 为闭集, 又因为集合 $\{(x,\alpha)\mid x\in\mathbb{R}^n\}$ 也为闭集, 故二者的交集亦为闭集, 从而易得 $S_\alpha(f)$ 为闭集. □

需要注意的是, 若凸函数 $f(x)$ 为连续函数, 且有效域 $\operatorname{dom} f$ 为闭集, 则 $f(x)$ 必为闭的; 反之, 闭凸函数未必连续.

下面给出几个闭凸函数的例子.

例 1.4.1　仿射函数为闭凸函数.

例 1.4.2　绝对值函数

$$f(x)=|x|,\quad \forall x\in\mathbb{R}$$

为闭凸函数.

事实上, 该函数的上图

$$\begin{aligned}\operatorname{epi} f&=\{(x,\mu)\mid |x|\leqslant\mu,\ x\in\mathbb{R}\}\\&=\{(x,\mu)\mid x\leqslant\mu,\ -x\leqslant\mu,\ x\in\mathbb{R}\}\end{aligned}$$

是两个闭凸集 $\{(x,\mu)\mid x\leqslant\mu,\ x\in\mathbb{R}\}$ 与 $\{(x,\mu)\mid -x\leqslant\mu,\ x\in\mathbb{R}\}$ 的交集, 故上图 $\operatorname{epi} f$ 为闭凸集, 从而可得 $f(x)=|x|$ 为闭凸函数.

例 1.4.3　反比例函数

$$f(x)=\frac{1}{x},\quad \forall x\in\mathbb{R}_{++}$$

为闭凸函数.

事实上, 该函数的上图 $\operatorname{epi} f=\left\{(x,\mu)\ \middle|\ \frac{1}{x}\leqslant\mu,\ x\in\mathbb{R}_{++}\right\}$ 为闭凸集, 故易得函数 $f(x)$ 为闭凸函数.

注意: 反比例函数的有效域 $\operatorname{dom} f=(0,+\infty]$ 为开集.

例 1.4.4　二元函数

$$f(x,y)=\begin{cases}0, & x^2+y^2<1,\\ g(x,y), & x^2+y^2=1,\end{cases}$$

其中函数 $g(x,y)$ 是定义在 $x^2+y^2=1$ 上的非负函数, 则 $f(x,y)$ 为凸函数; 若 $g(x,y)$ 恒为 0, 则 $f(x,y)$ 为闭凸函数.

例 1.4.5 范数函数

$$f(x) = \|x\|_p, \quad \forall x \in \mathbb{R}^n, \quad p \in [1, +\infty]$$

为闭凸函数, 即任何 p 范数下定义的函数皆为闭凸函数.

定理 1.4.2 若将 p 范数 $\|\cdot\|_p$ 下, 以 $x_0 \in \mathbb{R}^n$ 为球心, r 为半径的球, 记为 $B_p(x_0, r) = \{x \in \mathbb{R}^n \mid \|x - x_0\|_p \leqslant r\}$, 则有

$$B_1(x_0, r) \subset B_2(x_0, r) \subset B_1(x_0, r\sqrt{n}).$$

证明 设 $x = (x_1, x_2, \cdots, x_n)^{\mathrm{T}} \in \mathbb{R}^n$, 由于 $\sum\limits_{i=1}^{n} x_i^2 \leqslant \left(\sum\limits_{i=1}^{n} |x_i|\right)^2$, 故有 $\|x\|_2 \leqslant \|x\|_1$. 现任取 $y \in B_1(x_0, r)$ 均有

$$\|y - x_0\|_2 \leqslant \|y - x_0\|_1 \leqslant r,$$

从而有 $y \in B_2(x_0, r)$, 进而可得

$$B_1(x_0, r) \subset B_2(x_0, r).$$

又因为

$$\langle e, |x| \rangle^2 \leqslant \|e\|_2^2 \cdot \|x\|_2^2,$$

其中 e 为元素全为 1 的 n 维向量, 即 $e = (1, 1, \cdots, 1)$, 向量 $|x|$ 的元素由向量 x 相应元素的绝对值构成, 即 $|x| = (|x_1|, |x_2|, \cdots, |x_n|)$, 故

$$\left(\sum_{i=1}^{n} 1 \cdot |x_i|\right)^2 \leqslant n \cdot \sum_{i=1}^{n} |x_i|^2,$$

即 $\|x\|_1 \leqslant \sqrt{n}\|x\|_2$. 现任取 $y \in B_2(x_0, r)$ 均有 $\|y - x_0\|_2 \leqslant r$ 成立, 从而有

$$\frac{1}{\sqrt{n}}\|y - x_0\|_1 \leqslant r,$$

即 $\|y - x_0\|_1 \leqslant r\sqrt{n}$, 进而 $y \in B_1(x_0, r\sqrt{n})$, 从而有

$$B_2(x_0, r) \subset B_1(x_0, r\sqrt{n}).$$

□

现在给出闭凸函数的一些性质定理.

定理 1.4.3 若函数 $f_1(x)$, $f_2(x)$ 均为闭凸函数, 且 $\lambda \geqslant 0$, 则有下列结论成立:

(1) 函数 $f(x) = \lambda f_1(x)$ 为闭凸函数, 且有效域为 $\operatorname{dom} f = \operatorname{dom} f_1$.

(2) 函数 $f(x) = f_1(x) + f_2(x)$ 为闭凸函数, 且有效域为 $\operatorname{dom} f = \operatorname{dom} f_1 \cap \operatorname{dom} f_2$.

(3) 函数 $f(x) = \max\{f_1(x), f_2(x)\}$ 为闭凸函数, 且有效域为 $\operatorname{dom} f = \operatorname{dom} f_1 \cap \operatorname{dom} f_2$.

证明　(1) 由函数的正齐次性易得.

(2) 对任意 $x_1, x_2 \in \operatorname{dom} f_1 \cap \operatorname{dom} f_2$, $\theta \in [0,1]$, 由函数 f_1, f_2 的凸性可得

$$
\begin{aligned}
& f_1(\theta x_1 + (1-\theta)x_2) + f_2(\theta x_1 + (1-\theta)x_2) \\
\leqslant & \theta f_1(x_1) + (1-\theta) f_1(x_2) + \theta f_2(x_1) + (1-\theta) f_2(x_2) \\
= & \theta[f_1(x_1) + f_2(x_1)] + (1-\theta)[f_1(x_2) + f_2(x_2)],
\end{aligned}
$$

故 $f(x)$ 为凸函数.

下证 $f(x)$ 为闭函数. 任取 $\{(x_k, t_k)\} \subset \operatorname{epi} f$, 由上图的定义可得

$$f_1(x_k) + f_2(x_k) \leqslant t_k.$$

令 $\lim\limits_{k\to\infty} x_k = \bar{x} \in \operatorname{dom} f$, $\lim\limits_{k\to\infty} t_k = \bar{t}$. 由函数 $f_1(x), f_2(x)$ 的闭性可得

$$\liminf_{k\to+\infty} f_1(x_k) \geqslant f_1(\bar{x}), \quad \liminf_{k\to+\infty} f_2(x_k) \geqslant f_2(\bar{x}),$$

从而有

$$\bar{t} = \lim_{k\to+\infty} t_k \geqslant \liminf_{k\to+\infty} f_1(x_k) + \liminf_{k\to+\infty} f_2(x_k) \geqslant f_1(\bar{x}) + f_2(\bar{x}),$$

故 $(\bar{x}, \bar{t}) \in \operatorname{epi} f$, 即 $f(x)$ 为闭函数.

(3) 函数 $f(x) = \max\{f_1(x), f_2(x)\}$ 在有效域 $\operatorname{dom} f = \operatorname{dom} f_1 \cap \operatorname{dom} f_2$ 上的上图为

$$\operatorname{epi} f = \{(x,t) \mid f_1(x) \leqslant t,\ f_2(x) \leqslant t,\ x \in \operatorname{dom} f_1 \cap \operatorname{dom} f_2\} = \operatorname{epi} f_1 \cap \operatorname{epi} f_2.$$

由函数 $f_1(x)$, $f_2(x)$ 的闭凸性可得 $\operatorname{epi} f_1$, $\operatorname{epi} f_2$ 为闭凸集, 从而得 $\operatorname{epi} f$ 为闭凸集, 即函数 $f(x)$ 为闭凸函数. □

定理 1.4.4　若对任意的 $x \in \mathbb{R}^n$, $y \in \mathbb{R}^m$, 函数 $\phi(y)$ 为闭凸函数, 则任意 $\mathbb{R}^n \to \mathbb{R}^m$ 上的仿射映射 $\mathcal{A}(x) = \boldsymbol{A}x + b$, 均使得复合函数

$$f(x) = \phi(\mathcal{A}(x))$$

为闭凸函数, 且有效域为 $\operatorname{dom} f = \{x \in \mathbb{R}^n \mid \mathcal{A}(x) \in \operatorname{dom} \phi\}$.

证明　任取 $x_1, x_2 \in \mathbb{R}^n$, 令 $y_i = \mathcal{A}(x_i)$, $i = 1, 2$, $\theta \in [0,1]$, 由凸函数及仿射函数的性质可得

$$
\begin{aligned}
\phi(\mathcal{A}(\theta x_1 + (1-\theta)x_2)) &= \phi(\theta \mathcal{A}(x_1) + (1-\theta)\mathcal{A}(x_2)) \\
&= \phi(\theta y_1 + (1-\theta) y_2) \\
&\leqslant \theta \phi(y_1) + (1-\theta)\phi(y_2) \\
&= \theta \phi(\mathcal{A}(x_1)) + (1-\theta)\phi(\mathcal{A}(x_2)),
\end{aligned}
$$

故函数 $f(x)$ 为凸函数. 由仿射函数 $\mathcal{A}(x)$ 的连续性易得其上图 $\operatorname{epi} f$ 是闭集, 即函数 $f(x)$ 为闭的, 从而得证函数 $f(x)$ 为闭凸函数. □

定理 1.4.5 若函数 $\phi(x,y)$ 关于 $y \in Y \subset \mathbb{R}^n$ 为闭凸函数, 则函数

$$f(x) = \sup_{y\in Y}\{\phi(x,y)\}$$

为闭凸函数, 且其有效域为

$$\operatorname{dom} f = \left\{ x \in \bigcap_{y\in Y} \operatorname{dom}\phi(\cdot,y) \,\middle|\, \exists \alpha : \phi(x,y) \leqslant \alpha, \forall y \in Y \right\}.$$

证明 函数 $f(x) = \sup\limits_{y\in Y}\{\phi(x,y)\}$ 中等式右端的 x 显然满足 $f(x) \leqslant \infty$, 因而 $x \in \operatorname{dom} f$. 事实上, 若 x 不属于上式右端, 则必存在 $\{y_k\}$ 使得 $\phi(x,y_k) \to \infty$, 从而有 $x \notin \operatorname{dom} f$.

又因为 $(x,t) \in \operatorname{epi} f$ 等价于对任意 $y \in Y$, $x \in \operatorname{dom}\phi(\cdot\ ,y)$, 均有 $\phi(x,y) \leqslant t$ 成立, 即

$$(x,t) \in \bigcap_{y\in Y} \operatorname{epi}\phi(\cdot\ ,y).$$

由函数 $\phi(x,y)$ 的闭凸性可得其上图 $\operatorname{epi}\phi$ 为闭凸集, 又因为闭凸集的交集仍然为闭凸集, 从而函数 $f(x) = \sup\limits_{y\in Y}\{\phi(x,y)\}$ 为闭凸函数. □

基于上述结论可以直接对函数的闭凸性进行判断, 下面给出几个例子.

例 1.4.6 对任意 $x = (x_1, x_2, \cdots, x_n) \in \mathbb{R}^n$, 函数

$$f(x) = \max_{1\leqslant i\leqslant n}\{x_i\}$$

为闭凸函数.

例 1.4.7 对任意 $y = (y_1, y_2, \cdots, y_n) \in Y \subset \mathbb{R}^m_+$, 若对任意的 $i \in [m]$, 函数 $f_i(x)$ 为闭凸函数, 则函数

$$f(x) = \sup_{y\in Y}\sum_{i=1}^{n} y_i f_i(x)$$

亦为闭凸函数.

事实上, 对任意的 $y \in Y$, 令 $\phi(x,y) = \sum\limits_{i=1}^{m} y_i f_i(x)$, 由定理 1.4.3 易得 $\phi(x,y)$ 为闭凸函数. 再借助定理 1.4.5 可得函数 $f(x)$ 为闭凸函数.

例 1.4.8 设集合 C 为凸集, 则 C 上的支撑函数

$$\delta^*_C(x) = \sup_{c\in C}\langle c, x\rangle$$

为闭凸函数. 进一步, 若凸集 C 有界, 则该函数的有效域 $\operatorname{dom}\delta_C^*(x)=\mathbb{R}^n$. 此外, 支撑函数还满足正齐次性, 即对任意 $t\geqslant 0$, 均有 $\delta_C^*(tx)=t\delta_C^*(x)$.

特别地, 若集合 C 为闭凸集, 则 C 上的支撑函数可以写成

$$\delta_C^*(x)=\max_{c\in C}\langle c,x\rangle.$$

例 1.4.9　设集合 $C\subset\mathbb{R}^n$, $x,y\in\mathbb{R}^n$, $r\in\mathbb{R}$, 若定义函数

$$\phi(x,y,r)=x^{\mathrm{T}}y-\frac{r}{2}\|x\|^2$$

和函数

$$\psi(y,r)=\sup_{x\in C}\phi(x,y,r),$$

则 $\psi(y,r)$ 为闭凸函数. 显然该函数在原点处不连续, 即

$$\lim_{r\downarrow 0}\psi(\sqrt{r}y,r)=\frac{1}{2}\|y\|^2\neq 0,\quad y\neq 0.$$

此外, 若集合 C 有界, 则该函数的有效域 $\operatorname{dom}\psi=\mathbb{R}^{n+1}$. 若集合 $C=\mathbb{R}^n$, 则针对 r 的不同取值, 分别考虑该函数的有效域 $\operatorname{dom}\psi$:

(1) 若 $r<0$, 对任意 $y\neq 0$, 取 $x_\alpha=\alpha y$, 则当 $\alpha\to\infty$ 时, 函数 $\phi(x_\alpha,y,r)\to\infty$, 故有效域 $\operatorname{dom}\psi$ 只包含 $r\geqslant 0$ 的点.

(2) 若 $r=0$, 则函数 $\phi(x,y,0)=x^{\mathrm{T}}y$ 在 $y\neq 0$ 时无界, 故 $\operatorname{dom}\psi$ 只包含 $y=0$ 的点.

(3) 若 $r>0$, 则函数 $\phi(x,y,r)=x^{\mathrm{T}}y-\dfrac{r}{2}\|x\|^2$ 关于 x 的上确界 $\sup\phi(x,y,r)$ 的极大值点满足 $y-rx=0$, 即 $x=\dfrac{1}{r}y$. 极大值为

$$\phi\left(\frac{1}{r}y,y,r\right)=\frac{1}{r}\|y\|^2-\frac{r}{2}\cdot\frac{1}{r^2}\|y\|^2=\frac{\|y\|^2}{2r},$$

从而函数 $\psi(y,r)$ 可重新写为

$$\psi(y,r)=\begin{cases}0, & y=0,\ r=0,\\ \dfrac{\|y\|^2}{2r}, & r>0,\end{cases}$$

其有效域 $\operatorname{dom}\psi=(\mathbb{R}^n\times\{r>0\})\cup(0,0)$ 为凸集, 非闭集也非开集.

例 1.4.10　设 S^n 为 $n\times n$ 的对称矩阵的集合, 对任意 $\boldsymbol{A}\in S^n$, 令 $\lambda_i(\boldsymbol{A})$ 为矩阵 $\boldsymbol{A}$ 的第 i 个特征值, 且 $\lambda_1(\boldsymbol{A})\geqslant\lambda_2(\boldsymbol{A})\geqslant\cdots\geqslant\lambda_n(\boldsymbol{A})$. 现定义函数 $f_m(\boldsymbol{A}):S^n\to\mathbb{R}$ 为矩阵 $\boldsymbol{A}$ 最大的 m 个特征值之和, 即

$$f_m(\boldsymbol{A})=\sum_{j=1}^{m}\lambda_j(\boldsymbol{A}),$$

其中 $m \leqslant n$.

由 S^n 中内积的定义可得

$$\langle \boldsymbol{A}, \boldsymbol{B} \rangle = \mathrm{tr}(\boldsymbol{AB}) = \sum_{i,j=1}^{n} a_{ij} b_{ij},$$

其中 a_{ij}, b_{ij} 分别为矩阵 $\boldsymbol{A}, \boldsymbol{B}$ 的第 i 行, 第 j 列的元素, 从而函数 $f_m(\boldsymbol{A})$ 可重新写为

$$f_m(\boldsymbol{A}) = \sup\{\langle \boldsymbol{Q}\boldsymbol{Q}^{\mathrm{T}}, \boldsymbol{A} \rangle \mid \boldsymbol{Q} \in \Omega\},$$

其中 $\Omega = \{\boldsymbol{Q} \in \mathbb{R}^{n \times m} \mid \boldsymbol{Q}^{\mathrm{T}}\boldsymbol{Q} = \boldsymbol{I}_m\}$ 且矩阵 $\boldsymbol{Q}$ 的 m 个列是标准正交的. 集合 $\{\langle \boldsymbol{Q}\boldsymbol{Q}^{\mathrm{T}}, \boldsymbol{A} \rangle \mid \boldsymbol{Q} \in \Omega\}$ 为紧集, 且其上确界是由矩阵 $\boldsymbol{A}$ 的 m 个特征值 $\lambda_1, \lambda_2, \cdots, \lambda_m$ 相应的标准特征向量作为列向量组成的.

现在给出关于函数 $f_m(\boldsymbol{A})$ 的几个结论:

(1) 函数 $f_m(\boldsymbol{A})$ 为凸函数, 事实上, 它是由集合 S^n 上关于矩阵 $\boldsymbol{A}$ 的线性函数的上确界构成的.

(2) 当 $m = 1$ 时, 函数 $f_1(\boldsymbol{A})$ 的函数值为矩阵 $\boldsymbol{A}$ 的最大特征值.

(3) 当 $m = n$ 时, 函数 $f_n(\boldsymbol{A})$ 的函数值为矩阵 $\boldsymbol{A}$ 的所有特征值之和, 即 $f_n(\boldsymbol{A}) = \langle \boldsymbol{I}, \boldsymbol{A} \rangle = \mathrm{tr}(\boldsymbol{A})$, 其中 $\boldsymbol{I}$ 为 n 阶单位阵.

(4) 函数 $f_n(\boldsymbol{A}) - f_m(\boldsymbol{A})$ 的函数值为矩阵 $\boldsymbol{A}$ 的最小的 $n - m$ 个特征值之和, 该函数为集合 S^n 上的凹函数.

(5) 函数 $f_n(\boldsymbol{A}) - f_{n-1}(\boldsymbol{A}) = \lambda_n(\boldsymbol{A})$ 的函数值为矩阵 $\boldsymbol{A}$ 的最小特征值, 该函数亦为集合 S^n 上的凹函数.

例 1.4.11 设 S^n_{++} 为 $n \times n$ 的对称正定矩阵的集合, 任取 $\boldsymbol{X} \in S^n_{++}$, $|\boldsymbol{X}|$ 表示其行列式, 则矩阵函数

$$f(\boldsymbol{X}) = -\log(|\boldsymbol{X}|)$$

为凸函数.

事实上, 由于矩阵函数 $f(\boldsymbol{X})$ 的梯度为 $\nabla f(\boldsymbol{X}) = -\boldsymbol{X}^{-1}$, 根据凸函数性质定理 1.3.4, 仅需证明

$$\langle \boldsymbol{X}^{-1}, \boldsymbol{X} - \boldsymbol{Y} \rangle \leqslant \log \frac{|\boldsymbol{X}|}{|\boldsymbol{Y}|},$$

其中 $\log(\cdot)$ 表示以 e 为底的对数函数, 书中如无特殊说明, 均可按此理解.

显然对任意的矩阵 $\boldsymbol{C} \in S^n_{++}$, 记其特征值分别为 $\lambda_1(\boldsymbol{C}), \lambda_2(\boldsymbol{C}), \cdots, \lambda_n(\boldsymbol{C})$, 则

$$\begin{aligned}
\langle \boldsymbol{X}^{-1}, \boldsymbol{X} - \boldsymbol{Y} \rangle &= \mathrm{tr}(\boldsymbol{X}^{-1}(\boldsymbol{X} - \boldsymbol{Y})) \\
&= \mathrm{tr}(\boldsymbol{X}^{-\frac{1}{2}}(\boldsymbol{X} - \boldsymbol{Y})\boldsymbol{X}^{-\frac{1}{2}}) \\
&= \mathrm{tr}(\boldsymbol{I} - \boldsymbol{X}^{-\frac{1}{2}}\boldsymbol{Y}\boldsymbol{X}^{-\frac{1}{2}})
\end{aligned}$$

$$
\begin{aligned}
&= \sum_{i=1}^{n}[1 - \lambda_i(\boldsymbol{X}^{-\frac{1}{2}}\boldsymbol{Y}\boldsymbol{X}^{-\frac{1}{2}})] \\
&\leqslant -\sum_{i=1}^{n}\log[\lambda_i(\boldsymbol{X}^{-\frac{1}{2}}\boldsymbol{Y}\boldsymbol{X}^{-\frac{1}{2}})] \\
&= -\log\left[\prod_{i=1}^{n}\lambda_i(\boldsymbol{X}^{-\frac{1}{2}}\boldsymbol{Y}\boldsymbol{X}^{-\frac{1}{2}})\right] \\
&= -\log|\boldsymbol{X}^{-\frac{1}{2}}\boldsymbol{Y}\boldsymbol{X}^{-\frac{1}{2}}| \\
&= \log\frac{|\boldsymbol{X}|}{|\boldsymbol{Y}|},
\end{aligned}
$$

上述不等号成立是因为对任意的 $x>0$ 均有 $1-x \leqslant -\log x$ 成立.

1.5　函数的连续性与可微性

本节研究函数的连续性与可微性, 并分析函数的闭凸性与连续性、可微性间的关系.

1.5.1　函数的连续性

定义 1.5.1　给定函数 $f:\mathbb{R}^n \to \mathbb{R}\cup\{+\infty\}$, 若对任意的 $x\in\mathbb{R}^n$, 均有

$$
\liminf_{y\to x} f(y) \geqslant f(x),
$$

则称 $f(x)$ 为**下半连续函数**, 或称函数 $f(x)$ 是下半连续的.

图 1.7 给出两个下半连续函数的例子.

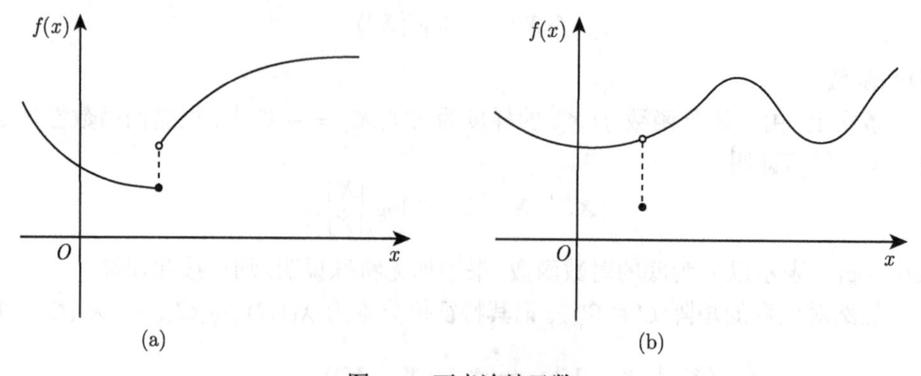

图 1.7　下半连续函数

定理 1.5.1　设函数 $f:\mathbb{R}^n \to \mathbb{R}\cup\{+\infty\}$, 则下列三个结论等价:

(1) 函数 $f(x)$ 在 $\mathbb{R}^n$ 上是下半连续的.

(2) 函数的上图 $\operatorname{epi} f$ 为 $\mathbb{R}^n \times \mathbb{R}$ 上的闭集.

(3) 对任意的 $p \in \mathbb{R}$, 函数 $f(x)$ 的水平集 $S_p(f)$ 皆为闭集.

证明 首先证由性质 (1) 可以推出性质 (2), 任取 $\{(y_k, p_k)\} \subseteq \operatorname{epi} f$, 满足当 $k \to +\infty$ 时, $(y_k, p_k) \to (y, p)$. 由上图的定义得, 对任意的 k 均有 $f(y_k) \leqslant p_k$, 又因为函数 $f(x)$ 下半连续, 故

$$p = \lim_{k \to +\infty} p_k \geqslant \liminf_{k \to +\infty} f(y_k) \geqslant f(y),$$

从而有 $(y, p) \in \operatorname{epi} f$, 进而可得 $\operatorname{epi} f$ 为闭集.

下证由性质 (2) 可以推出性质 (3). 对任意 $p \in \mathbb{R}$, 若函数 $f(x)$ 的水平集 $S_p(f)$ 非空, 则 $S_p(f)$ 可看作 $\operatorname{epi} f \cap (\mathbb{R}^n \times \{p\})$ 在 $\mathbb{R}^n$ 上的投影. 又因为闭集的交集仍为闭集, 且投影作为线性算子保持凸性不变, 从而可得性质 (3) 成立.

最后证由性质 (3) 可以推出性质 (1). 假设函数 $f(x)$ 在某点 x 上非下半连续, 即存在子列 $\{y_k\}$, 当 $k \to +\infty$ 时,

$$y_k \to x, \quad \text{且} \quad f(y_k) \to r < f(x) \leqslant +\infty.$$

取 $p \in (r, f(x))$, 存在充分大的 N, 使得当 $k > N$ 时, $f(y_k) \leqslant p$, 即 $y_k \subset S_p(f)$. 又因为 $x \notin S_p(f)$, 这与 $S_p(f)$ 为闭集矛盾, 从而结论得证. □

由上述定理易得若函数 $f(x)$ 处处下半连续, 则函数 $f(x)$ 为闭函数.

定义 1.5.2 给定函数 $f(x)$, 若其函数值不恒为 $+\infty$, 恒不为 $-\infty$, 即 $f: \mathbb{R}^n \to (-\infty, +\infty]$ 且 $\operatorname{dom} f \neq \varnothing$, 则称 $f(x)$ 为**正常函数**. 进一步, 若正常函数 $f(x)$ 为凸函数且下半连续, 则称 $f(x)$ 为**闭正常凸函数.**

定义 1.5.3 给定正常凸函数 $f(x)$, 定义

$$\operatorname{cl} f(x) = \liminf_{y \to x} f(y),$$

称 $\operatorname{cl} f(x)$ 为**函数** $f(x)$ **的闭包**, (此时也就是**下半连续包**).

由上述定义易知, 正常凸函数 f 的闭包的上图等于上图的闭包, 即

$$\operatorname{epi}(\operatorname{cl} f) = \operatorname{cl}(\operatorname{epi} f).$$

定理 1.5.2 若函数 $f(x)$ 为正常凸函数, 则存在 $x' \in \operatorname{ri}(\operatorname{dom} f)$, 使得对任意的 $x \in \mathbb{R}^n$ 均有

$$\operatorname{cl} f(x) = \lim_{\alpha \downarrow 0} f(x + \alpha(x' - x)).$$

证明　令 $x_\alpha = x + \alpha(x' - x)$, 当 $\alpha \to 0$ 时, $x_\alpha \to x$, 从而有

$$\mathrm{cl}\, f(x) \leqslant \liminf_{\alpha \downarrow 0} f(x + \alpha(x' - x)).$$

下证对任意的 $r \geqslant \mathrm{cl}\, f(x)$ 均有 $\limsup\limits_{\alpha \downarrow 0} f(x + \alpha(x' - x)) \leqslant r$ 成立. 对任意 $(x, r) \in \mathrm{epi}\,(\mathrm{cl}\, f) = \mathrm{cl}\,(\mathrm{epi}\, f)$, 取 $r' > f(x')$, 则有

$$(x', r') \in \mathrm{ri}\,(\mathrm{epi}\, f).$$

从而对任意的 $\alpha \in (0, 1]$, 均有

$$\alpha(x', r') + (1 - \alpha)(x, r) \in \mathrm{ri}\,(\mathrm{epi}\, f),$$

进而有

$$f(x + \alpha(x' - x)) \leqslant \alpha r' + (1 - \alpha) r.$$

故当 $\alpha \to 0$ 时, 有

$$\limsup_{\alpha \downarrow 0} f(x + \alpha(x' - x)) \leqslant r.$$

综上所述结论得证. □

引理 1.5.1　若函数 $f(x)$ 为凸函数, 则对任意的 $x_0 \in \mathrm{ri}\,(\mathrm{dom}\, f)$, 存在平行于有效域的仿射集 $\mathrm{aff}\,(\mathrm{dom}\, f)$ 的子空间 V 中的元素 s, 使得对任意的 $x \in \mathbb{R}^n$ 均有

$$f(x) \geqslant f(x_0) + \langle s, x - x_0 \rangle.$$

证明　由函数 $f(x)$ 的有效域与上图的关系可得 $\mathrm{dom}\, f = P_{\mathbb{R}^n}(\mathrm{epi}\, f)$ 且 $\mathrm{aff}\,(\mathrm{epi}\, f) = \mathrm{aff}\,(\mathrm{dom}\, f) \times \mathbb{R}$. 又因为线性子空间 V 与 $\mathrm{aff}\,(\mathrm{dom}\, f)$ 平行, 故对任意的 $x_0 \in \mathrm{dom}\, f$, 均有 $\mathrm{aff}\,(\mathrm{dom}\, f) = \{x_0\} + V$, 从而 $\mathrm{aff}\,(\mathrm{epi}\, f) = \{x_0 + V\} \times \mathbb{R}$.

因为 $(x_0, f(x_0)) \in \mathrm{bd}\,(\mathrm{epi}\, f)$, 故由引理 1.2.2 可得, 存在 $s \in V$, $\alpha \in \mathbb{R}$ 满足 $(s, \alpha) \neq 0$, 使得对任意的 $(x, r) \in \mathrm{epi}\, f$ 均有

$$\langle s, x \rangle + \alpha r \leqslant \langle s, x_0 \rangle + \alpha f(x_0),$$

显然 $\alpha \leqslant 0$. 事实上, 若 $\alpha > 0$, 则当 $r \to +\infty$ 时上式不可能成立.

又因为 $x_0 \in \mathrm{ri}\,(\mathrm{dom}\, f) = \{\mathrm{aff}\,(\mathrm{dom}\, f) \cap B(x_0, r)\} = \left\{ \sum\limits_{i=1}^{n} \lambda_i x_i \,\middle|\, x_i \in \mathrm{dom}\, f \right\}$, 故存在 $\delta > 0$ 使得 $x_0 + \delta s \in \mathrm{dom}\, f$, 从而有

$$\langle s, x_0 + \delta s \rangle + \alpha f(x_0 + \delta) \leqslant \langle s, x_0 \rangle + \alpha f(x_0),$$

即

$$\delta \|s\|^2 \leqslant \alpha [f(x_0) - f(x_0 + \delta s)] < +\infty.$$

由此可得 $\alpha \neq 0$, 事实上, 若 $\alpha = 0$, 则 $s = 0$, 这与 $(s, \alpha) \neq 0$ 矛盾.

综上所述, $\alpha < 0$, 不失一般性, 令 $\alpha = -1$, 则有

$$\langle s, x\rangle - r \leqslant \langle s, x_0\rangle - f(x_0).$$

又因为 $(x, f(x)) \in \operatorname{epi} f$, 从而有

$$\langle s, x - x_0\rangle + f(x_0) \leqslant f(x). \qquad \square$$

定理 1.5.3 若函数 $f(x)$ 为正常凸函数, 则该函数的闭包 $\operatorname{cl} f(x)$ 也是正常凸函数.

证明 先证闭包函数的凸性. 由函数 $f(x)$ 的凸性可得其上图 $\operatorname{epi} f$ 为凸集. 从而有上图的闭包 $\operatorname{cl}(\operatorname{epi} f)$ 亦为凸集, 又因为 $\operatorname{epi}(\operatorname{cl} f) = \operatorname{cl}(\operatorname{epi} f)$, 故 $\operatorname{epi}(\operatorname{cl} f)$ 为凸集, 即函数的闭包 $\operatorname{cl} f$ 为凸函数.

下证该函数为正常函数. 首先, 说明 $\operatorname{cl} f \leqslant f$. 事实上, 由于 $\operatorname{epi} f \subseteq \operatorname{cl}(\operatorname{epi} f) = \operatorname{epi}(\operatorname{cl} f)$, 故任取 $(x, r) \in \operatorname{epi} f$, 均有 $(x, r) \in \operatorname{epi}(\operatorname{cl} f)$ 成立, 即由 $f(x) \leqslant r$ 可得 $\operatorname{cl} f(x) \leqslant r$, 故有 $\operatorname{cl} f \leqslant f$ 成立, 从而可得函数的闭包不恒为 $+\infty$. 其次, 由于 $\operatorname{ri}(\operatorname{dom} f) \neq \varnothing$, 现取 $x_0 \in \operatorname{ri}(\operatorname{dom} f)$, 由引理 1.5.1 可得存在 $s \in \mathbb{R}^n$ 使得对任意的 $y \in \mathbb{R}^n$ 皆有 $f(y) \geqslant f(x_0) + \langle s, y - x_0\rangle > -\infty$. 又

$$\begin{aligned}
\operatorname{cl} f(x) &= \liminf_{y \to x} f(y) \\
&\geqslant \liminf_{y \to x} [f(x_0) + \langle s, y - x_0\rangle] \\
&= f(x_0) + \langle s, x - x_0\rangle \\
&> -\infty.
\end{aligned}$$

综上所述, 函数的闭包 $\operatorname{cl} f(x)$ 为正常凸函数. $\square$

对于闭正常凸函数显然有下述两个定理成立.

定理 1.5.4 设函数 $f_i : \mathbb{R}^n \to (-\infty, +\infty]$, $i \in [k]$ 均为闭正常凸函数. 若有效域的交集非空, 即 $\bigcap\limits_{i=1}^{k} \operatorname{dom} f_i \neq \varnothing$, 则对任意的 $\alpha_i \geqslant 0$, 由函数 $f_i(x)$ 的线性组合定义的函数

$$f(x) = \alpha_1 f_1(x) + \alpha_2 f_2(x) + \cdots + \alpha_k f_k(x)$$

也是闭正常凸函数.

定理 1.5.5 设 I 为任意的非空指标集, 若对任意的 $i \in I$, 均有 $f_i : \mathbb{R}^n \to (-\infty, +\infty]$ 为闭正常凸函数, 则由闭正常凸函数族定义的函数

$$f(x) = \sup\{f_i(x) \mid i \in I\}$$

在存在 x 满足 $f(x) < +\infty$ 的条件下亦为闭正常凸函数.

下述定理将给出凸函数闭包的等价刻画.

定理 1.5.6　若函数 $f(x)$ 为凸函数, 则其闭包可以看作由所有不大于 $f(x)$ 的仿射函数的逐点上确界构成, 即

$$\mathrm{cl}\, f(x) = \sup\{\langle s, x\rangle - b \mid \langle s, x\rangle - b \leqslant f(x),\ \ \forall x \in \mathbb{R}^n,\ (s, b) \in \mathbb{R}^n \times \mathbb{R}\}.$$

证明　由函数的凸性可得 $\mathrm{epi}\, f$ 为凸集, 且对任意的 $(x, r) \in \mathrm{epi}\, f$, 存在非零的 $(s, \alpha) \in \mathbb{R}^n \times \mathbb{R}$, $b \in \mathbb{R}$ 使得

$$\langle s, x\rangle + \alpha r \leqslant b. \tag{1.5}$$

令

$$\Sigma = \{\sigma = (s, \alpha, b) \in \mathbb{R}^n \times \mathbb{R} \times \mathbb{R} \mid \langle s, x\rangle + \alpha r \leqslant b, \forall (x, r) \in \mathrm{epi}\, f\},$$

$$H_\sigma^- = \{(x, r) \in \mathbb{R}^n \times \mathbb{R} \mid \langle s, x\rangle + \alpha r \leqslant b\},$$

我们首先证

$$\mathrm{cl}\,(\mathrm{epi}\, f) = \bigcap_{\sigma\in\Sigma} H_\sigma^-.$$

一方面, 对任意的 $(x, r) \in \mathrm{cl}\,(\mathrm{epi}\, f)$, 任取 $\sigma \in \Sigma$, 皆有 $\langle s, x\rangle + \alpha r \leqslant b$, 故 $(x, r) \in H_\sigma^-$, 即

$$\mathrm{cl}\,(\mathrm{epi}\, f) \subseteq \bigcap_{\sigma\in\Sigma} H_\sigma^-.$$

另一方面, 对任意的 $(x, r) \in \bigcap\limits_{\sigma\in\Sigma} H_\sigma^-$, 假设存在 $(x_0, r_0) \in \bigcap\limits_{\sigma\in\Sigma} H_\sigma^-$ 且 $(x_0, r_0) \notin \mathrm{cl}\,(\mathrm{epi}\, f)$, 则由分离定理可得, 存在 (s_0, α_0, b_0) 使得对任意的 $(x, r) \in \mathrm{cl}\,(\mathrm{epi}\, f)$ 均有

$$\langle s_0, x_0\rangle + \alpha_0 r_0 > b_0 \geqslant \langle s_0, x\rangle + \alpha_0 r.$$

这与 $(x_0, r_0) \in \bigcap\limits_{\sigma\in\Sigma} H_\sigma^-$ 矛盾, 故

$$\mathrm{cl}\,(\mathrm{epi}\, f) \supseteq \bigcap_{\sigma\in\Sigma} H_\sigma^-.$$

从而有

$$\mathrm{cl}\,(\mathrm{epi}\, f) = \bigcap_{\sigma\in\Sigma} H_\sigma^-$$

成立. 又因为 $\mathrm{epi}\,(\mathrm{cl}\, f) = \mathrm{cl}\,(\mathrm{epi}\, f)$, 故

$$\mathrm{epi}\,(\mathrm{cl}\, f) = \bigcap_{\sigma\in\Sigma} H_\sigma^-.$$

由 Σ 的定义可得 $\alpha \leqslant 0$, 不失一般性, 分为 $\alpha = 0$, $\alpha = -1$ 两种情况, 相应地

$$\Sigma_0 = \{\sigma_0 = (s, 0, b) \mid \langle s, x\rangle \leqslant b, \forall (x, r) \in \operatorname{epi} f\},$$

$$\Sigma_1 = \{\sigma_1 = (s, -1, b) \mid \langle s, x\rangle - r \leqslant b, \forall (x, r) \in \operatorname{epi} f\}.$$

$$H_{\sigma_0}^- = \{(x, r) \in \mathbb{R}^n \times \mathbb{R} \mid \langle s, x\rangle \leqslant b\},$$

$$H_{\sigma_1}^- = \{(x, r) \in \mathbb{R}^n \times \mathbb{R} \mid \langle s, x\rangle - r \leqslant b\}.$$

下证

$$H_{\sigma_0}^- \cap H_{\sigma_1}^- = \bigcap_{\sigma \in \Sigma_1} H_\sigma^-.$$

一方面, 对任意的 $\sigma_0 = (s_0, 0, b_0) \in \Sigma_0$, $\sigma_1 = (s_1, -1, b_1) \in \Sigma_1$, 令 $\sigma(t) = \sigma_0 + t\sigma_1 = (s_1 + ts_0, -1, b_1 + tb_0) \in \Sigma_1$, 其中 $t \geqslant 0$. 对任意的 $(x, r) \in H_{\sigma_0}^- \cap H_{\sigma_1}^-$ 均有

$$\langle s_1 + ts_0, x\rangle - (b_1 + tb_0) \leqslant r, \quad t \geqslant 0, \tag{1.6}$$

故 $(x, r) \in \bigcap_{\sigma \in \Sigma_1} H_\sigma^-$, 即

$$H_{\sigma_0}^- \cap H_{\sigma_1}^- \subseteq \bigcap_{\sigma \in \Sigma_1} H_\sigma^-.$$

另一方面, 对任意的 $(x, r) \in \bigcap_{\sigma \in \Sigma_1} H_\sigma^-$, 令式 (1.6) 中的 $t = 0$, 则有

$$\langle s_1, x\rangle - b_1 \leqslant r,$$

即 $(x, r) \in H_{\sigma_1}^-$. 式 (1.6) 两边同时乘以 $\dfrac{1}{t}$ $(t > 0)$, 则当 $t \to +\infty$ 时, 有

$$\langle s_0, x\rangle - b_0 \leqslant 0,$$

即 $(x, r) \in H_{\sigma_0}^-$. 从而有 $(x, r) \in H_{\sigma_0}^- \cap H_{\sigma_1}^-$, 即

$$\bigcap_{\sigma \in \Sigma_1} H_\sigma^- \subseteq H_{\sigma_0}^- \cap H_{\sigma_1}^-.$$

故

$$H_{\sigma_0}^- \cap H_{\sigma_1}^- = \bigcap_{\sigma \in \Sigma_1} H_\sigma^-.$$

因为 $\bigcap_{\sigma \in \Sigma} H_\sigma^- = H_{\sigma_0}^- \cap H_{\sigma_1}^-$, 所以

$$\bigcap_{\sigma \in \Sigma} H_\sigma^- = \bigcap_{\sigma \in \Sigma_1} H_\sigma^-.$$

综上可得

$$\mathrm{epi}\,(\mathrm{cl}\ f) = \bigcap_{\sigma\in\Sigma_1} H_\sigma^-.$$

又因为 $\bigcap\limits_{\sigma\in\Sigma_1} H_\sigma^-$ 可以看作函数 $\sup\{\langle s,x\rangle - b \mid \langle s,x\rangle - b \leqslant f(x), \forall x\in\mathbb{R}^n,\ (s,b)\in \mathbb{R}^n\times\mathbb{R}\}$ 的上图, 从而易得

$$\mathrm{cl}\ f(x) = \sup\{\langle s,x\rangle - b \mid \langle s,x\rangle - b \leqslant f(x), \forall x\in\mathbb{R}^n,\ (s,b)\in\mathbb{R}^n\times\mathbb{R}\},$$

结论得证. □

下面通过两个特殊函数说明函数的闭凸性与有效域的闭凸性密切相关.

例 1.5.1　给定非空子集 $S\subset\mathbb{R}^n$, 如果函数 $\delta_S(x)$ 满足

$$\delta_S(x) = \begin{cases} 0, & x\in S, \\ +\infty, & x\notin S, \end{cases}$$

则称函数 $\delta_S(x)$ 为集合 S 的**指示函数**.

特别地, 指示函数 $\delta_S(x)$ 的闭凸性与其有效域 $\mathrm{dom}\,\delta_S = S$ 的闭凸性一致. 此外, 指示函数的上图 $\mathrm{epi}\,\delta_S = S\times\mathbb{R}^+$.

例 1.5.2　给定非空集合 C, 定义函数 $\psi(x)$ 如下:

$$\psi(x) = \begin{cases} f(x), & x\in C, \\ +\infty, & x\notin C. \end{cases}$$

该函数可记为 $\psi(x) = f(x) + \delta_C$, 且当 $\mathrm{dom}\,f\cap C\neq\varnothing$ 时, 有下列结论:

若函数 $f(x)$ 为凸函数且集合 C 为凸集, 则函数 $\psi(x)$ 也为凸函数.

若函数 $f(x)$ 为闭函数且集合 C 为闭集, 则函数 $\psi(x)$ 也为闭函数.

凸函数的优良性质尤其体现在函数有效域的内部, 下述定理说明凸函数在有效域的内点局部有上界.

定理 1.5.7　若函数 $f(x)$ 为凸函数且 $x_0\in\mathrm{int}\,(\mathrm{dom}\,f)$, 则函数 $f(x)$ 在 x_0 点处是局部有上界的.

证明　任取 $x_0\in\mathrm{int}\,(\mathrm{dom}\,f)$, 存在 $\epsilon>0$ 使得 $x_0\pm\epsilon e_i\in\mathrm{int}\,(\mathrm{dom}\,f)$, 其中 e_i 为第 i 个元素为 1, 其他元素为 0 的 n 维向量. 由函数的凸性可得有效域的内部 $\mathrm{int}\,(\mathrm{dom}\,f)$ 为凸集, 从而有

$$\Delta = \mathrm{conv}\,\{x_0\pm\epsilon e_i,\ i\in[n]\}\subset\mathrm{int}\,(\mathrm{dom}\,f).$$

进而存在 $\alpha_i,\beta_i\geqslant 0,\ i\in[n],\ \sum\limits_{i=1}^n(\alpha_i+\beta_i) = 1$, 且

$$x = \sum_{i=1}^{n} \alpha_i (x_0 + \epsilon e_i) + \sum_{i=1}^{n} \beta_i (x_0 - \epsilon e_i),$$

使得

$$\begin{aligned} f(x) &= f\left(\sum_{i=1}^{n} \alpha_i (x_0 + \epsilon e_i) + \sum_{i=1}^{n} \beta_i (x_0 - \epsilon e_i)\right) \\ &\leqslant \sum_{i=1}^{n} [\alpha_i f(x_0 + \epsilon e_i) + \beta_i f(x_0 - \epsilon e_i)] \\ &\leqslant \max_{1 \leqslant i \leqslant n} \{f(x_0 + \epsilon e_i), f(x_0 - \epsilon e_i)\}, \end{aligned}$$

即函数 $f(x)$ 在 x_0 处是局部有上界的. □

进一步, 我们将说明凸函数在有效域的内点处是局部 Lipschitz 连续的, 先给出函数 Lipschitz 连续的定义如下.

定义 1.5.4 给定函数 $f(x) : X \to \mathbb{R}, X \subset \mathbb{R}^n$, 若存在常数 L, 使得对任意的 $x, y \in X$, 皆有

$$|f(x) - f(y)| \leqslant L\|x - y\|,$$

则称函数 $f(x)$ 是 ***L*-Lipschitz 连续**的, 称 L 为 Lipschitz 常数. 并称最小的 L 为最好的 Lipschitz 常数.

注意任何定义在集合 $X \subset \mathbb{R}$ 上的 Lipschitz 连续函数 $f(x)$, 皆可扩充为 $\mathbb{R}^n$ 上的 Lipschitz 连续函数 $F(x)$, 且满足当 $x \in X$ 时, $F(x) = f(x)$.

定义 1.5.5 给定函数 $f(x) : X \to \mathbb{R}$, $X \subset \mathbb{R}^n$, 对于点 $x_0 \in X$, 若存在 $\epsilon > 0, L > 0$, 使得对任意的 $x, y \in B_2(x_0, \epsilon)$, 皆有

$$|f(x) - f(y)| \leqslant L\|x - y\|,$$

则称函数 $f(x)$ 在 x_0 点处是**局部 *L*-Lipschitz 连续**的, 简称**局部 Lipschitz 连续**. 进一步, 若任取点 $x_0 \in X \subset \mathbb{R}^n$, 函数 $f(x)$ 在 x_0 点处皆是局部 L-Lipschitz 连续的, 则称函数 $f(x)$ 是**局部 *L*-Lipschitz 连续**的, 简称**局部 Lipschitz 连续**.

定理 1.5.8 若函数 $f(x)$ 为凸函数且 $x_0 \in \operatorname{int}(\operatorname{dom} f)$, 则函数 $f(x)$ 在 x_0 点处是局部 Lipschitz 连续的.

证明 任取 $x_0 \in \operatorname{int}(\operatorname{dom} f)$, 存在 $\epsilon > 0$ 使得 $B_2(x_0, \epsilon) \subseteq \operatorname{dom} f$. 由定理 1.5.7 可得存在 $M \in \mathbb{R}$ 使得 $\sup\{f(x) \mid x \in B_2(x_0, \epsilon)\} \leqslant M$.

任取 $x, y \in B_2(x_0, \epsilon)$, 且 $y \neq x$, 记 $\alpha = \frac{1}{\epsilon}\|y - x\|$, 首先令 $z = x + \frac{1}{\alpha}(y - x)$, 显

然 $\alpha \leqslant 1$, $\|z-x\| = \dfrac{1}{\alpha}\|y-x\| = \epsilon$, 且 $y = \alpha z + (1-\alpha)x$. 由函数 $f(x)$ 的凸性可得

$$
\begin{aligned}
f(y) &= f(\alpha z + (1-\alpha)x) \\
&\leqslant \alpha f(z) + (1-\alpha) f(x) \\
&= f(x) + \alpha[f(z) - f(x)] \\
&\leqslant f(x) + \alpha[M - f(x)] \\
&= f(x) + \frac{M - f(x)}{\epsilon}\|y-x\|.
\end{aligned}
$$

下令 $w = x_0 + \dfrac{1}{\alpha}(x-y)$, 同理可得 $\|w-x\| = \epsilon$, 且 $y = x + \alpha(x-w)$. 由定理 1.3.2 可得

$$
\begin{aligned}
f(y) &= f(x + \alpha(x-w)) \\
&\geqslant f(x) + \alpha[f(x) - f(w)] \\
&\geqslant f(x) - \alpha[M - f(x)] \\
&= f(x) - \frac{M - f(x)}{\epsilon}\|y-x\|.
\end{aligned}
$$

综上所述, 可得

$$
|f(y) - f(x)| \leqslant \frac{M - f(x)}{\epsilon}\|y-x\|.
$$

从而可知函数 $f(x)$ 在 x_0 点处是局部 Lipschitz 连续的. □

1.5.2　函数的可微性

我们将主要讨论凸函数的可微性, 首先回顾一些函数可微的基础知识.

设函数 $f(x): \mathbb{R}^n \to \mathbb{R} \cup \{+\infty\}$ 在点 $x \in \mathbb{R}^n$ 的某个邻域内取有限值, 且在 x 点处存在偏导数

$$
\frac{\partial f(x)}{\partial x_i} = \lim_{t \to 0} \frac{f(x + te_i) - f(x)}{t}, \quad i \in [n],
$$

其中 e_i 为第 i 个分量为 1, 其他分量均为 0 的 n 维单位向量, 记

$$
\nabla f(x) = \left(\frac{\partial f(x)}{\partial x_1}, \frac{\partial f(x)}{\partial x_2}, \cdots, \frac{\partial f(x)}{\partial x_n}\right)^{\mathrm{T}}.
$$

若对任意的 $h \in \mathbb{R}^n$, 向量 $\nabla f(x) \in \mathbb{R}^n$ 满足

$$
f(x+h) = f(x) + \langle \nabla f(x), h \rangle + o(\|h\|),
$$

其中 $o(\|h\|)$ 表示 $\|h\|$ 的高阶无穷小量, 则称 $f(x)$ 在 x 处**可微**, 并称 $\nabla f(x)$ 为函数 $f(x)$ 在 x 处的**梯度**.

易知, 若函数 $f(x)$ 在 x 处可微, 则必在 x 处连续.

设函数 $f(x)$ 在 x 点处可微且存在二阶偏导数, 记

$$\nabla^2 f(x)=\begin{bmatrix} \dfrac{\partial^2 f(x)}{\partial^2 x_1} & \dfrac{\partial^2 f(x)}{\partial x_1\partial x_2} & \cdots & \dfrac{\partial^2 f(x)}{\partial x_1\partial x_n} \\ \dfrac{\partial^2 f(x)}{\partial x_2\partial x_1} & \dfrac{\partial^2 f(x)}{\partial^2 x_2} & \cdots & \dfrac{\partial^2 f(x)}{\partial x_2\partial x_n} \\ \vdots & \vdots & & \vdots \\ \dfrac{\partial^2 f(x)}{\partial x_n\partial x_1} & \dfrac{\partial^2 f(x)}{\partial x_n\partial x_2} & \cdots & \dfrac{\partial^2 f(x)}{\partial^2 x_n} \end{bmatrix},$$

若对任意的 $h\in\mathbb{R}^n$, n 阶方阵 $\nabla^2 f(x)$ 满足

$$f(x+h)=f(x)+\langle\nabla f(x),h\rangle+\frac{1}{2}\langle h,\nabla^2 f(x)h\rangle+o(\|h\|^2),$$

则称 $f(x)$ 在 x 处**二阶可微**, 并称 $\nabla^2 f(x)$ 为 $f(x)$ 在 x 处的 **Hessian 矩阵**.

给定函数 $f(x)$, 若梯度 $\nabla f(x)$ 存在且关于 x 连续, 则称 $f(x)$ **连续可微**, 进一步, 若 Hessian 矩阵 $\nabla^2 f(x)$ 存在且关于 x 连续, 则称 $f(x)$ **二阶连续可微**.

易知, 二阶连续可微函数 $f(x)$ 的 Hessian 矩阵 $\nabla^2 f(x)$ 必为对称矩阵.

注意: 已知函数 $f(x)$ 在 x 点处存在偏导数, 却未必可知 $f(x)$ 可微.

下面基于方向导数的定义来刻画函数的可微性.

给定点 $x\in\operatorname{dom} f\subseteq\mathbb{R}^n$, 若函数 $f(x)$ 在点 x 处沿向量 p 方向满足

$$f'(x;p)=\lim_{t\downarrow 0}\frac{f(x+tp)-f(x)}{t},$$

则称 $f(x)$ 在 x 点处**沿向量 p 方向可微**, 并称极限值 $f'(x;p)$ 为函数 $f(x)$ 在 x 点处沿向量 p 的**方向导数**.

定理 1.5.9 若函数 $f(x)$ 为凸函数且 $x_0\in\operatorname{int}(\operatorname{dom} f)$, 则函数 $f(x)$ 在 x_0 点处沿任何向量都是方向可微的.

证明 任取 $x_0\in\operatorname{int}(\operatorname{dom} f)$, 存在 $\epsilon>0$ 使得 $B(x_0,\epsilon)\subseteq\operatorname{dom} f$. 任意取定向量 $p\in\mathbb{R}^n$, 现取 $t>0$ 满足 x_0+tp, $x_0-tp\in B(x_0,\epsilon)$. 令函数

$$\phi(t)=\frac{1}{t}[f(x_0+tp)-f(x_0)],\qquad \psi(t)=\frac{1}{t}[f(x_0)-f(x_0-tp)].$$

取 $\theta\in(0,1]$, $t\in(0,\ \epsilon]$, 则

$$\begin{aligned} f(x_0+t\theta p)&=f((1-\theta)x_0+\theta(x_0+tp))\\ &\leqslant(1-\theta)f(x_0)+\theta f(x_0+tp). \end{aligned}$$

从而有

$$\begin{aligned}\phi(t\theta) &= \frac{1}{t\theta}[f(x_0+t\theta p)-f(x_0)] \\ &\leqslant \frac{1}{t\theta}[(1-\theta)f(x_0)+\theta f(x_0+tp)-f(x_0)] \\ &= \frac{1}{t}[f(x_0+tp)-f(x_0)] \\ &= \phi(t),\end{aligned}$$

故函数 $\phi(t)$ 的值随着 $t\to 0$ 而减小. 又因为

$$\begin{aligned}f(x_0-t\theta p) &= f((1-\theta)x_0+\theta(x_0-tp)) \\ &\leqslant (1-\theta)f(x_0)+\theta f(x_0-tp),\end{aligned}$$

从而有

$$\begin{aligned}\psi(t\theta) &= \frac{1}{t\theta}[f(x_0)-f(x_0-t\theta p)] \\ &\geqslant \frac{1}{t\theta}[f(x_0)-(1-\theta)f(x_0)-\theta f(x_0-tp)] \\ &= \frac{1}{t\theta}[\theta f(x_0)-\theta f(x_0-tp)] \\ &= \frac{1}{t}[f(x_0)-f(x_0-tp)] \\ &= \psi(t),\end{aligned}$$

故函数 $\psi(t)$ 的值随着 $t\to 0$ 而增大. 又由 $f(x)$ 为凸函数可得

$$f(x_0)\leqslant \frac{1}{2}f(x_0-tp)+\frac{1}{2}f(x_0+tp),$$

即

$$f(x_0)-f(x_0-tp)\leqslant f(x_0+tp)-f(x_0).$$

上式两端同时除以正实数 t 可得

$$\frac{f(x_0)-f(x_0-tp)}{t}\leqslant\frac{f(x_0+tp)-f(x_0)}{t},\quad t>0,$$

即

$$\psi(t)\leqslant\phi(t),\quad t>0.$$

又因为当 $t\to 0$ 时, 函数 $\psi(t)$ 逐渐增大, $\phi(t)$ 逐渐减小, 故函数 $\phi(t)$ 的极限存在, 即极限 $\lim\limits_{t\to 0}\frac{1}{t}[f(x_0+tp)-f(x_0)]$ 存在. 从而结论得证. □

定理 1.5.10 任意给定点 $x\in \text{int}\,(\text{dom}\, f)$, 若函数 $f(x)$ 为凸函数, 则方向导数 $f'(x;p)$ 为关于向量 p 的凸齐次函数, 且对任意的 $y\in \text{dom}\, f$ 均有

$$f(y)\geqslant f(x)+f'(x;y-x).$$

证明 先证方向导数 $f'(x;p)$ 是关于向量 p 的齐次函数. 任取 $p\in\mathbb{R}^n$, $\tau>0$, 则

$$\begin{aligned}f'(x;\tau p)&=\lim_{t\downarrow 0}\frac{1}{t}[f(x+\tau tp)-f(x)]\\&=\tau\lim_{\tau t\downarrow 0}\frac{1}{\tau t}[f(x+\tau tp)-f(x)]\\&=\tau f'(x;p).\end{aligned}$$

下证方向导数 $f'(x;p)$ 是关于向量 p 的凸函数. 对任意的 $p_1,p_2\in\mathbb{R}^n$, $\theta\in[0,1]$, 满足

$$\begin{aligned}f'(x;\theta p_1+(1-\theta)p_2)&=\lim_{t\downarrow 0}\frac{1}{t}[f(x+t\,[\theta p_1+(1-\theta)p_2])-f(x)]\\&\leqslant\lim_{t\downarrow 0}\frac{\theta}{t}[f(x+tp_1)-f(x)]+\frac{1-\theta}{t}[f(x+tp_2)-f(x)]\\&=\theta f'(x;p_1)+(1-\theta)f'(x;p_2).\end{aligned}$$

最后证 $f(y)\geqslant f(x)+f'(x;y-x)$, 取 $\theta\in(0,1]$, $y\in\text{dom}\, f$, 令 $y_\theta=x+\theta(y-x)$, 则 $y=y_\theta+\left(\dfrac{1}{\theta}-1\right)(y_\theta-x)$. 从而由定理 1.3.2 可得

$$\begin{aligned}f(y)&=f\left(y_\theta+\left(\frac{1}{\theta}-1\right)(y_\theta-x)\right)\\&\geqslant f(y_\theta)+\left(\frac{1}{\theta}-1\right)[f(y_\theta)-f(x)]\\&=f(x)+\frac{1}{\theta}[f(y_\theta)-f(x)]\\&=f(x)+\frac{1}{\theta}[f(x+\theta(y-x))-f(x)].\end{aligned}$$

当 $\theta\to 0$ 时, 有

$$f(y)\geqslant f(x)+f'(x;y-x).$$

□

1.6 共轭函数

本节介绍共轭函数的定义及相关性质, 首先给出共轭函数的定义如下.

定义 1.6.1 给定函数 $f:\mathbb{R}^n\to(-\infty,+\infty]$, 若存在函数 $f^*:\mathbb{R}^n\to[-\infty,+\infty]$ 满足

$$f^*(y)=\sup\{x^{\mathrm{T}}y-f(x)\mid x\in\mathbb{R}^n\},$$

则称 $f^*(y)$ 为函数 $f(x)$ 的**共轭函数**.

由共轭函数的定义可得, 对任意的 x,y, 均有

$$f(x)+f^*(y)\geqslant x^{\mathrm{T}}y.$$

称上述不等式为 Fenchel 不等式.

如图 1.8 所示, $f(x)$ 为定义在实数域 $\mathbb{R}$ 上的一元函数, 过原点的直线 yx 是斜率为 y 的一元函数. 由图像可得 $f(x)-yx$ 恰为函数 $f(x)$ 在 x 处的切线在纵轴上的截距.

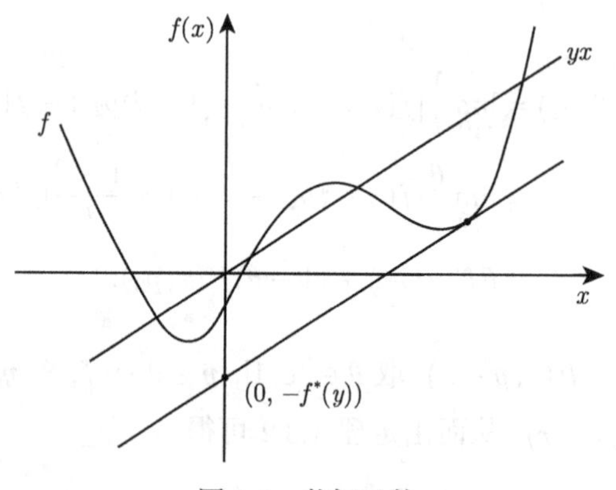

图 1.8 共轭函数

由此可得共轭函数 $f^*(y)$ 的几何意义: 任取点 $x\in\mathbb{R}^n$, 在 x 点处由斜率为 y 的 $f(x)$ 的切线在纵轴上的截距的负值所定义的函数. 如果 $f(x)$ 为可微函数, 则在满足 $f'(x)=y$ 的点 x 处差值最大.

因为共轭函数 $f^*(y)$ 是一系列关于 y 的凸函数的逐点上确界, 故无论函数 $f(x)$ 是否为凸函数, 其共轭函数 $f^*(y)$ 一定是凸函数. 通过下述定理可知, 正常凸函数 $f(x)$ 的共轭函数 $f^*(y)$ 为闭正常凸函数.

定理 1.6.1 若函数 $f:\mathbb{R}^n\to(-\infty,+\infty]$ 为正常凸函数, 则其共轭函数 f^* 为闭正常凸函数.

证明 由共轭函数 $f^*(y)$ 的定义可得, 上确界 sup 仅需对 x 取遍有效域 $\mathrm{dom}\,f$ 即可. 现在任意给定点 $x\in\mathrm{dom}\,f$, 则 $x^{\mathrm{T}}y-f(x)$ 为关于 y 的仿射函数, 故为闭正常凸函数. 由定理 1.5.5 可知, 欲证 f^* 为闭正常凸函数, 仅需证明存在点 y 使得 $f^*(y)<+\infty$.

任取 $\hat{x} \in \mathrm{dom}\, f$, 若 $\hat{\alpha}$ 满足 $\hat{\alpha} < f(\hat{x})$, 则 $(\hat{x}, \hat{\alpha}) \notin \mathrm{cl}\,(\mathrm{epi}\, f)$. 因为 $\mathrm{epi}\, f$ 为凸集, 故由引理 1.2.1 可得, 存在超平面

$$H = \{(x, \alpha) \in \mathbb{R}^{n+1} \mid \langle x, z \rangle + \alpha\beta = \gamma\},$$

其中 $(z, \beta) \in \{\mathbb{R}^{n+1} \backslash (0, 0)\}$, $\gamma \in \mathbb{R}$, 使得

$$x^{\mathrm{T}} z + \alpha\beta \leqslant \gamma < \hat{x}^{\mathrm{T}} z + \hat{\alpha}\beta, \quad \forall (x, \alpha) \in \mathrm{epi}\, f. \tag{1.7}$$

从而由 $(\hat{x}, f(\hat{x})) \in \mathrm{epi}\, f$ 可得

$$\hat{x}^{\mathrm{T}} z + f(\hat{x})\beta \leqslant \gamma < \hat{x}^{\mathrm{T}} z + \hat{\alpha}\beta,$$

即 $f(\hat{x})\beta < \hat{\alpha}\beta$. 又因为 $f(\hat{x}) > \hat{\alpha}$, 故有 $\beta < 0$. 令 $y = -\frac{z}{\beta}$, $\delta = -\frac{\gamma}{\beta}$. 则由式 (1.7) 得, 对任意 $(x, \alpha) \in \mathrm{epi}\, f$ 均有 $x^{\mathrm{T}} y - \alpha \leqslant \delta$, 从而有

$$\begin{aligned} f^*(y) &= \sup\{x^{\mathrm{T}} y - f(x) \mid x \in \mathbb{R}^n\} \\ &= \sup\{x^{\mathrm{T}} y - \alpha \mid (x, \alpha) \in \mathrm{epi}\, f\} \\ &\leqslant \delta, \end{aligned}$$

故 $f^*(y)$ 为闭正常凸函数. □

我们将共轭函数的共轭函数称为双重共轭函数, 现给出其定义如下.

定义 1.6.2 给定函数 $f(x)$ 及其共轭函数 $f^*(y)$, 若存在函数 $f^{**}: \mathbb{R}^n \to (-\infty, +\infty]$ 满足

$$f^{**}(x) = \sup\{x^{\mathrm{T}} y - f^*(y) \mid y \in \mathbb{R}^n\},$$

则称 $f^{**}(x)$ 为函数 $f(x)$ 的**双重共轭函数**.

由双重共轭函数 $f^{**}(x)$ 的定义及定理 1.6.1 易得, $f^{**}(x)$ 亦为闭正常凸函数.

定理 1.6.2 若函数 $f: \mathbb{R}^n \to (-\infty, +\infty]$ 为正常凸函数, 则 $f(x)$ 的双重共轭函数 $f^{**}(x) = \mathrm{cl}\, f(x)$. 进一步, 若函数 $f(x)$ 为闭正常凸函数, 则有 $f^{**}(x) = f(x)$.

证明 由双重共轭函数的定义可得

$$\begin{aligned} f^{**}(x) &= \sup\{x^{\mathrm{T}} y - f^*(y) \mid y \in \mathbb{R}^n\} \\ &= \sup\{x^{\mathrm{T}} y - \beta \mid (y, \beta) \in \mathrm{epi}\, f^*\}. \end{aligned}$$

又因为 $(y, \beta) \in \mathrm{epi}\, f^*$, 当且仅当

$$\beta \geqslant f^*(y) \geqslant x^{\mathrm{T}} y - f(x), \quad \forall x \in \mathbb{R}^n,$$

上式又等价于

$$f(x) \geqslant x^{\mathrm{T}} y - \beta, \quad \forall x \in \mathbb{R}^n,$$

从而可得

$$f^{**}(x)=\sup\{x^{\mathrm T}y-\beta \mid f(x)\geqslant x^{\mathrm T}y-\beta,\forall x\in\mathbb{R}^n\}.$$

由于对正常凸函数 $f(x)$, 任取 $x\in\mathrm{ri}\,(\mathrm{dom}\,f)$, 均有 $f(x)=\mathrm{cl}\,f(x)$ 成立, 又由定理 1.5.6 可得

$$\mathrm{cl}\,f(x)=\sup\{x^{\mathrm T}y-\beta \mid f(x)\geqslant x^{\mathrm T}y-\beta,\forall x\in\mathbb{R}^n\},$$

从而有 $f^{**}(x)=\mathrm{cl}\,f(x)$. 进一步, 当 $f(x)$ 为闭正常凸函数时, 显然有 $f(x)=\mathrm{cl}\,f$, 进而可得定理的后半部分成立. □

下面首先给出一些实数域 $\mathbb{R}$ 上的函数的共轭函数的例子, 然后介绍几个特殊函数的共轭函数的求解示例.

例 1.6.1　仿射函数

$$f(x)=ax+b.$$

其作为关于 x 的一元函数, 当且仅当 $y=a$, 即 y 为常数时, $yx-ax-b$ 有界.

因此, 仿射函数 $f(x)$ 的共轭函数 $f^*(y)$ 的定义域为单点集 $\{a\}$, 且

$$f^*(y)=f^*(a)=-b.$$

例 1.6.2　负对数函数

$$f(x)=-\log x,$$

其有效域为 $\mathrm{dom}\,f=\mathbb{R}_{++}$.

当 $y\geqslant 0$ 时, 函数 $xy+\log x$ 无上界; 当 $y<0$ 时, 在 $x=-\dfrac{1}{y}$ 处达到最大值. 因此, 负对数函数 $f(x)$ 的共轭函数为

$$f^*(y)=-\log(-y)-1,\quad y<0,$$

且有效域为 $\mathrm{dom}\,f^*=\{y\mid y<0\}=-\mathbb{R}_{++}$.

例 1.6.3　指数函数

$$f(x)=e^x.$$

当 $y<0$ 时, 函数 $xy-e^x$ 无界; 当 $y>0$ 时, 函数 $xy-e^x$ 在 $x=\log y$ 处达到最大值, 从而 $f^*(y)=y\log y-y$; 当 $y=0$ 时, $f^*(y)=\sup\limits_x\{-e^x\}=0$. 现规定 $0\log 0=0$, 则综上可得指数函数 $f(x)$ 的共轭函数为

$$f^*(y)=y\log y-y,$$

且有效域为 $\mathrm{dom}\,f^*=\mathbb{R}_+$.

例 1.6.4 负熵函数

$$f(x) = x\log x,$$

其有效域为 $\mathrm{dom}\, f = \mathbb{R}_+$.

类似规定 $f(0) = 0$. 对任意点 y, 函数 $xy - x\log x$ 关于 x 在 $\mathbb{R}_+$ 上有上界, 且在 $x = e^{y-1}$ 处, 函数达到最大值. 从而负熵函数 $f(x)$ 的共轭函数为

$$f^*(y) = e^{y-1},$$

且有效域为 $\mathrm{dom}\, f^* = \mathbb{R}$.

例 1.6.5 反比例函数

$$f(x) = \frac{1}{x}, \quad x \in \mathbb{R}_{++}.$$

当 $y > 0$ 时, $yx - \dfrac{1}{x}$ 无上界; 当 $y = 0$ 时, 函数有上确界 0; 当 $y < 0$ 时, 在 $x = \dfrac{1}{\sqrt{-y}}$ 处达到上确界. 从而反比例函数 $f(x)$ 的共轭函数为

$$f^*(y) = -2\sqrt{-y},$$

且有效域 $\mathrm{dom}\, f^* = -\mathbb{R}_+$.

例 1.6.6 严格凸的二次函数

$$f(x) = \frac{1}{2}x^{\mathrm{T}}\boldsymbol{Q}x,$$

其中 $\boldsymbol{Q}$ 为对称正定矩阵.

对所有 y, x, 函数 $y^{\mathrm{T}}x - \dfrac{1}{2}x^{\mathrm{T}}\boldsymbol{Q}x$ 都有上界, 并且在 $x = \boldsymbol{Q}^{-1}y$ 处达到上确界. 从而严格凸的二次函数 $f(x)$ 的共轭函数为

$$f^*(x) = \frac{1}{2}y^{\mathrm{T}}\boldsymbol{Q}^{-1}y.$$

例 1.6.7 给定正定矩阵 $\boldsymbol{X} \succ 0$, 考虑函数

$$f(\boldsymbol{X}) = \log\det \boldsymbol{X}^{-1}.$$

由共轭函数的定义得

$$f^*(\boldsymbol{Y}) = \sup_{\boldsymbol{X}\succ 0}\{\langle \boldsymbol{Y}, \boldsymbol{X}\rangle - \log\det \boldsymbol{X}^{-1}\}.$$

若矩阵 $\boldsymbol{Y}$ 为非负定矩阵, 即 $\boldsymbol{Y} \nprec 0$, 则存在特征值 $\lambda \geqslant 0$, 记相应的特征向量为 v, 且 $\|v\|^2=1$. 现在令 $\boldsymbol{X}=\boldsymbol{I}+tvv^{\mathrm{T}}$, 其中 $\boldsymbol{I}$ 为单位阵, $t>0$. 则

$$
\begin{aligned}
\langle \boldsymbol{Y},\boldsymbol{X}\rangle-\log\det\boldsymbol{X}^{-1} &= \langle \boldsymbol{Y},\boldsymbol{I}+tvv^{\mathrm{T}}\rangle-\log\det(\boldsymbol{I}+tvv^{\mathrm{T}})^{-1}\\
&= \langle \boldsymbol{Y},\boldsymbol{I}\rangle+\langle \boldsymbol{Y},tvv^{\mathrm{T}}\rangle+\log(t+1)\\
&= \mathrm{tr}\boldsymbol{Y}+\mathrm{tr}(t\boldsymbol{Y}vv^{\mathrm{T}})+\log(t+1).\\
&= \mathrm{tr}\boldsymbol{Y}+t\lambda+\log(t+1).
\end{aligned}
$$

当 $t\to\infty$ 时, 上式趋于正无穷, 故有

$$
f^*(\boldsymbol{Y})=+\infty.
$$

若矩阵 $\boldsymbol{Y}$ 为负定矩阵, 即 $\boldsymbol{Y}\prec 0$, 则对相应于 $\boldsymbol{X}$ 的共轭函数关于 $\boldsymbol{X}$ 求偏导并令为 0, 即

$$
\begin{aligned}
[\langle \boldsymbol{Y},\boldsymbol{X}\rangle-\log\det\boldsymbol{X}^{-1}]'_{\boldsymbol{X}} &= \boldsymbol{Y}+(\log\det\boldsymbol{X})'_{\boldsymbol{X}}\\
&= \boldsymbol{Y}+\frac{\boldsymbol{X}^*}{\det X}\\
&= \boldsymbol{Y}+\boldsymbol{X}^{-1}\\
&= 0,
\end{aligned}
$$

其中 $\boldsymbol{X}^*$ 称为矩阵 $\boldsymbol{X}$ 的伴随矩阵. 从而由上式可得最优值点 $\boldsymbol{X}=-\boldsymbol{Y}^{-1}$, 进而有

$$
\begin{aligned}
f^*(\boldsymbol{Y}) &= \sup_{\boldsymbol{X}\succ 0}\{\langle \boldsymbol{Y},\boldsymbol{X}\rangle-\log\det\boldsymbol{X}^{-1}\}\\
&= \langle \boldsymbol{Y},-\boldsymbol{Y}^{-1}\rangle-\log\det\left(-\boldsymbol{Y}^{-1}\right)^{-1}\\
&= -n-\log\det(-\boldsymbol{Y}).
\end{aligned}
$$

综上可得, 函数 $f(\boldsymbol{X})$ 的共轭函数为

$$
f^*(\boldsymbol{Y})=\begin{cases}-n-\log\det(-\boldsymbol{Y}), & \boldsymbol{Y}\prec 0,\\ +\infty, & \boldsymbol{Y}\nprec 0.\end{cases}
$$

1.7　凸函数的次微分

本节首先研究不可微情况下凸函数的微分性质, 然后介绍单调映射的相关知识, 最后给出凸函数的中值定理及与次微分相关的结论.

定义 1.7.1　设函数 $f(x)$ 为凸函数. 给定点 $x_0\in\mathrm{dom}f$, 若存在向量 s 使得对任意的 $x\in\mathrm{dom}\,f$, 均有

$$
f(x)\geqslant f(x_0)+\langle s,x-x_0\rangle, \tag{1.8}
$$

则称向量 s 为函数 $f(x)$ 在 x_0 处的**次梯度**. 将函数 $f(x)$ 在点 x_0 处次梯度的全体构成的集合称为 $f(x)$ 在 x_0 处的**次微分**, 记为 $\partial f(x_0)$.

显然 $\partial f(x_0)$ 为闭凸集. 下述定理说明函数凸性可由函数的次可微刻画.

定理 1.7.1　给定函数 $f(x)$, 若对任意的 $x_0 \in \mathrm{dom}\, f$ 均有 $\partial f(x_0) \neq \varnothing$, 则函数 $f(x)$ 为凸函数.

证明　对任意的 $x, y \in \mathrm{dom}\, f$, $\theta \in [0,1]$, 令 $y_\theta = x + \theta(y-x)$. 若 $s \in \partial f(y_\theta)$, 则

$$f(y) \geqslant f(y_\theta) + \langle s, y - y_\theta\rangle = f(y_\theta) + (1-\theta)\langle s, y - x\rangle,$$

$$f(x) \geqslant f(y_\theta) + \langle s, x - y_\theta\rangle = f(y_\theta) - \theta\langle s, y - x\rangle.$$

上述两式分别与 θ 与 $1-\theta$ 相乘并相加可得

$$\theta f(y) + (1-\theta) f(x) \geqslant f(y_\theta) = f(x + \theta(y-x)) = f(\theta y + (1-\theta)x),$$

故函数 $f(x)$ 为凸函数. □

定理 1.7.2　设函数 $f(x)$ 为闭凸函数, 若 $x_0 \in \mathrm{int}\,(\mathrm{dom}\, f)$, 则 $\partial f(x_0)$ 为非空有界集.

证明　先证集合 $\partial f(x_0)$ 非空, 任取 $x_0 \in \mathrm{int}\,(\mathrm{dom}\, f)$, 由上图的定义得 $(x_0, f(x_0)) \in \mathrm{bd}\,(\mathrm{epi}\, f)$. 借助引理 1.2.2 可得, 存在超平面 $H(a,\beta)$ 在点 $(x_0, f(x_0))$ 处支撑上图 $\mathrm{epi}\, f$, 即对任意的 $(x,\mu) \in \mathrm{epi}\, f$, 均有

$$\langle a\ , x\rangle + \beta\mu \leqslant \langle a, x_0\rangle + \beta f(x_0).$$

不妨限定 $\|a\|^2 + \beta^2 = 1$, 由于任意满足 $f(x_0) \leqslant \mu$ 的点均属于上图 $\mathrm{epi}\, f$, 故由上式可得 $\beta \leqslant 0$.

由定理 1.5.8 得函数 $f(x)$ 在 $x_0 \in \mathrm{int}\,(\mathrm{dom}\, f)$ 处局部是 Lipschitz 连续的, 即存在 $\epsilon > 0$, $M > 0$, 使得对任意的 $x \in B(x_0, \epsilon) \subseteq \mathrm{dom}\, f$, 皆满足

$$f(x) - f(x_0) \leqslant M\|x - x_0\|.$$

因为任取 $x \in B(x_0,\epsilon)$, $(x, f(x)) \in \mathrm{epi}\, f$ 均有

$$\langle a, x\rangle + \beta f(x) \leqslant \langle a, x_0\rangle + \beta f(x_0),$$

所以

$$\langle a, x - x_0\rangle \leqslant -\beta[f(x) - f(x_0)] \leqslant -\beta M\|x - x_0\|.$$

取 $x = x_0 + \epsilon a$, 则由上式整理可得 $\|a\| \leqslant -\beta M$. 又因为 $\|a\|^2 + \beta^2 = 1$, 故 $\beta^2 = 1 - \|a\|^2 \geqslant 1 - \beta^2 M^2$, 即 $-\beta \geqslant \dfrac{1}{\sqrt{1+M^2}}$. 现在取定 $s = -\dfrac{a}{\beta}$, 则对任意的 $x \in \mathrm{dom}\, f$ 均有

$$f(x) \geqslant f(x_0) + \langle s, x - x_0\rangle,$$

从而可得 $\partial f(x_0) \neq \varnothing$.

下证集合 $\partial f(x_0)$ 有界. 任取 $s \in \partial f(x_0)$, 当 $s = 0$ 时有界; 若 $s \neq 0$, 取 $x = x_0 + \epsilon \dfrac{s}{\|s\|}$, 则

$$\epsilon\|s\| = \langle s, x - x_0\rangle \leqslant f(x) - f(x_0) \leqslant M\|x - x_0\| = M\epsilon,$$

即 $\|s\| \leqslant M$. 从而可得 $\partial f(x_0)$ 有界. □

上述定理说明闭凸函数在其有效域的内点处次微分非空且有界, 下面给出两个求解函数次微分的例子.

例 1.7.1 函数 $f(x) = |x|$ 在点 0 处的次微分为 $[-1, 1]$.

例 1.7.2 函数 $f(x) = -\sqrt{x}$ 的有效域为 $\operatorname{dom} f = \mathbb{R}_+$. 此函数为闭凸函数, 但在点 0 处的次微分为 $\varnothing$.

给定凸函数 $f(x)$, 令 $x^* \in \underset{x\in\operatorname{dom} f}{\arg\min} f(x)$ 为有效域 $\operatorname{dom} f$ 内部使函数 $f(x)$ 取到极小值的点. 借助次微分的知识可得如下结论.

定理 1.7.3 若函数 $f(x)$ 为凸函数且 $x^* \in \operatorname{int}(\operatorname{dom} f)$, 则 $x^* \in \underset{x\in\operatorname{dom} f}{\arg\min} f(x)$ 当且仅当 $0 \in \partial f(x^*)$.

证明 由次微分的定义可得, $0 \in \partial f(x^*)$ 当且仅当对任意的 $x \in \operatorname{dom} f$ 皆有

$$f(x) \geqslant f(x^*) + \langle 0, x - x^*\rangle = f(x^*),$$

即 $x^* \in \underset{x\in\operatorname{dom} f}{\arg\min} f(x)$. □

结合共轭函数与次微分的定义可得如下结论.

定理 1.7.4 若函数 $f(x)$ 为闭凸函数, 则 $y \in \partial f(x)$ 当且仅当 $x \in \partial f^*(y)$.

证明 若 $\hat{y} \in \partial f(\hat{x})$, 则由次微分的定义可得

$$f(x) \geqslant f(\hat{x}) + \langle \hat{y}, x - \hat{x}\rangle, \quad \forall x \in \operatorname{dom} f,$$

即

$$\langle \hat{y}, x\rangle - f(x) \leqslant \langle \hat{y}, \hat{x}\rangle - f(\hat{x}), \quad \forall x \in \operatorname{dom} f.$$

从而可得 $\hat{x}$ 为 $\langle \hat{y}, x\rangle - f(x)$ 的极大值点, 进而由共轭函数的定义可得

$$f^*(\hat{y}) = \sup_x\{\langle \hat{y}, x\rangle - f(x)\} = \langle \hat{y}, \hat{x}\rangle - f(\hat{x}),$$

即

$$f(\hat{x}) = \langle \hat{y}, \hat{x}\rangle - f^*(\hat{y}).$$

根据双重共轭函数的定义可得

$$f^{**}(\hat{x}) = \sup_y\{\langle y, \hat{x}\rangle - f^*(y)\}.$$

因为函数 $f(x)$ 为闭凸函数, 故 $f^{**}(\hat{x})=f(\hat{x})$, 即

$$\langle \hat{y},\hat{x}\rangle - f^*(\hat{y}) = \sup_y\{\langle y,\hat{x}\rangle - f^*(y)\}.$$

从而可得

$$\langle \hat{y},\hat{x}\rangle - f^*(\hat{y}) \geqslant \langle y,\hat{x}\rangle - f^*(y),$$

即

$$f^*(y) \geqslant f^*(\hat{y}) + \langle \hat{x}, y-\hat{y}\rangle.$$

进而有 $\hat{x}\in\partial f^*(\hat{y})$.

反之, 由 $f(x)$ 为闭凸函数可得 $f^{**}(x)=f(x)$, 故根据上述证明可得, 若 $x\in\partial f^*(y)$, 则 $y\in\partial f^{**}(x)=\partial f(x)$, 从而结论得证. □

由上述结论可得, 对于闭凸函数 $f(x)$, 以下三种表述等价:

$$\boxed{x^{\mathrm{T}}y = f(x)+f^*(y) \Longleftrightarrow y\in\partial f(x) \Longleftrightarrow x\in\partial f^*(y)}$$

我们将讨论函数次微分与方向导数间的联系, 首先给出如下两个引理.

引理 1.7.1 若函数 $f(x)$ 为闭凸函数且 $x_0\in\operatorname{dom} f$, 则对任意的向量 $s\in\mathbb{R}^n$, 满足 $s\in\partial f(x_0)$ 当且仅当 $s\in\partial_p f'(x_0;0)$.

证明 对任意 $s\in\partial f(x_0)$, 均有

$$\begin{aligned} f'(x_0;p) &= \lim_{t\downarrow 0}\frac{1}{t}[f(x_0+tp)-f(x_0)] \\ &\geqslant \lim_{t\downarrow 0}\frac{1}{t}\langle s, tp\rangle \\ &= \langle s,p\rangle. \end{aligned} \tag{1.9}$$

上式中的不等号由次梯度的定义易得. 又由方向导数的定义可得 $f'(x_0;0)=0$, 故

$$f'(x_0;p)\geqslant f'(x_0;0)+\langle s,p\rangle,$$

即 $s\in\partial_p f'(x_0;0)$. 由此可得 $\partial f(x_0)\subseteq\partial_p f'(x_0;0)$.

根据上面的证明可得, 对任意的 $s\in\partial_p f'(x_0;0)$, 均有

$$f'(x_0;y-x_0)\geqslant f'(x_0;0)+\langle s, y-x_0-0\rangle = \langle s, y-x_0\rangle,$$

借助定理 1.5.10 可得方向导数 $f'(x_0;p)$ 为关于 p 的凸齐次函数, 且对任意的 $y\in\operatorname{dom} f$ 均有

$$f(y)\geqslant f(x_0)+f'(x_0;y-x_0)\geqslant f(x_0)+\langle s,y-x_0\rangle.$$

从而可得 $s\in\partial f(x_0)$, 即 $\partial_p f'(x_0;0)\subseteq\partial f(x_0)$. 故

$$\partial f(x_0)\equiv\partial_p f'(x_0;0).$$

□

引理 1.7.2　设函数 $f(x)$ 为闭凸函数, 且在点 x_0 处沿向量 p 方向可微, 即 $f'(x_0;p)$ 存在, 任取方向次梯度 $s_p \in \partial_p f'(x_0;p)$, 皆有 $s_p \in \partial f(x_0)$ 成立, 且满足

$$f'(x_0;p) = \langle s_p, p\rangle.$$

证明　由定理 1.5.10 可得, 取 $s_p \in \partial_p f'(x_0;p)$, 则对任意 $v \in \mathbb{R}^n$, $\tau \in \mathbb{R}_{++}$, 均有

$$\tau f'(x_0;v) = f'(x_0;\tau v) \geqslant f'(x_0;p) + \langle s_p, \tau v - p\rangle, \tag{1.10}$$

即

$$f'(x_0;v) \geqslant \frac{1}{\tau} f'(x_0;p) + \left\langle s_p, v - \frac{p}{\tau}\right\rangle.$$

因此当 $\tau \to +\infty$ 时, 由上式可得

$$f'(x_0;v) \geqslant \langle s_p, v\rangle.$$

又由引理 1.7.1 的证明可知 $f'(x_0;0) = 0$, 故

$$f'(x_0;v) \geqslant f'(x_0;0) + \langle s_p, v\rangle,$$

从而可得 $s_p \in \partial_p f'(x_0;0)$. 进而由引理 1.7.1 得 $s_p \in \partial f(x_0)$.

又在式 (1.10) 中, 当 $\tau \to 0$ 时, 有

$$f'(x_0;p) \leqslant \langle s_p, p\rangle.$$

结合引理 1.7.1 证明中的式 (1.9) 得

$$f'(x_0;p) = \langle s_p, p\rangle.$$

□

定理 1.7.5　若函数 $f(x)$ 为闭凸函数, 则对任意的 $x_0 \in \operatorname{dom} f$, $p \in \mathbb{R}^n$ 均有

$$f'(x_0;p) = \max_{s \in \partial f(x_0)} \langle s, p\rangle.$$

证明　任取 $s \in \partial f(x_0)$, $t > 0$, 皆有

$$f(x_0 + tp) \geqslant f(x_0) + \langle s, tp\rangle,$$

即

$$\frac{1}{t}[f(x_0 + tp) - f(x_0)] \geqslant \langle s, p\rangle.$$

对于上述不等式的左边, 当 $t \downarrow 0$ 时, 由方向导数的定义可得

$$f'(x_0;p) \geqslant \langle s, p\rangle,$$

又由引理 1.7.2 可知对任意的 $s_p \in \partial_p f'(x_0;p)$, 皆有 $s_p \in \partial f(x_0)$, 且 $f'(x_0;p) = \langle s_p, p\rangle$, 从而有

$$\langle s_p, p\rangle \geqslant \langle s, p\rangle, \quad \forall s \in \partial f(x_0),$$

进而由 $s \in \partial f(x_0)$ 的任意性可得

$$\langle s_p, p\rangle = \max_{s\in\partial f(x_0)} \langle s, p\rangle,$$

因此

$$f'(x_0;p) = \max_{s\in\partial f(x_0)} \langle s, p\rangle,$$

结论得证. □

下述定理基于水平集的定义给出次梯度的优良性质.

定理 1.7.6 设函数 $f(x)$ 为凸函数, 若给定 $x_0 \in \operatorname{dom} f$ 及函数的水平集

$$S_0 = \{x \in \operatorname{dom} f \mid f(x) \leqslant f(x_0)\},$$

则对任意的 $x \in S_0$, $s \in \partial f(x_0)$, 均有

$$\langle s, x - x_0\rangle \leqslant 0. \tag{1.11}$$

进一步, 若闭凸集 $C \subseteq \operatorname{dom} f$ 且 $x^* = \arg\min_{x\in C} f(x)$, 则对任意的 $x \in C$, $s \in \partial f(x)$ 均有

$$\langle s, x^* - x\rangle \leqslant 0. \tag{1.12}$$

证明 先证第一个结论. 对任意的 $x \in S_0$, 由水平集 S_0 的定义可得

$$f(x) \leqslant f(x_0), \quad \forall x \in \operatorname{dom} f.$$

对任意的 $s \in \partial f(x_0)$, 由次微分的定义可得

$$f(x_0) + \langle s, x - x_0\rangle \leqslant f(x), \quad \forall x \in \operatorname{dom} f.$$

从而有

$$f(x_0) + \langle s, x - x_0\rangle \leqslant f(x) \leqslant f(x_0), \quad \forall x \in \operatorname{dom} f,$$

即 $\langle s, x - x_0\rangle \leqslant 0$.

下证第二个结论. 因为 $x^* = \arg\min_{x\in C} f(x)$, 故对任意的 $x \in C$, $s \in \partial f(x)$ 均有

$$f(x^*) \geqslant f(x) + \langle s, x^* - x\rangle \geqslant f(x^*) + \langle s, x^* - x\rangle,$$

即 $\langle s, x^* - x\rangle \leqslant 0$. □

通过下述结论可以得知, 可微闭凸函数在有效域内点处的次微分为该点处的梯度构成的单点集.

定理 1.7.7 设函数 $f(x)$ 为闭凸函数, 若 $f(x)$ 可微, 则对任意的 $x \in \text{int}\,(\text{dom}\,f)$ 均有 $\partial f(x) = \{\nabla f(x)\}$.

证明 任取 $x \in \text{int}\,(\text{dom}\,f)$, $p \in \mathbb{R}^n$, 对每个次梯度 $s \in \partial f(x)$, 由定理 1.7.5 得

$$f'(x;p) \geqslant \langle s, p \rangle.$$

现取 $-p \in \mathbb{R}^n$, 则由定理 1.7.5 类似可得

$$f'(x;-p) \geqslant \langle s, -p \rangle.$$

由 $f'(x;p)$ 的齐次性得

$$f'(x;p) \leqslant \langle s, p \rangle.$$

从而可得

$$f'(x;p) = \langle s, p \rangle.$$

又因为函数可微, 故

$$\langle \nabla f(x), p \rangle = f'(x;p).$$

进而可得对任意的 $p \in \mathbb{R}^n$ 均有

$$\langle \nabla f(x), p \rangle = \langle s, p \rangle.$$

故 $\nabla f(x) = s$, 即

$$\partial f(x) = \{\nabla f(x)\}.$$

□

接下来我们讨论复合函数的次微分, 先给出如下引理.

引理 1.7.3 设集合 C_1, C_2 为闭凸集, $\delta^*_{C_1}$, $\delta^*_{C_2}$ 分别为 C_1, C_2 上的支撑函数, 即

$$\delta^*_{C_1}(x) = \max_{s \in C_1} \langle s, x \rangle, \quad \delta^*_{C_2}(x) = \max_{s \in C_2} \langle s, x \rangle,$$

则有下列结论成立:

(1) 若对任意的 $x \in \text{dom}\,\delta^*_{C_2}$ 均有 $\delta^*_{C_1}(x) \leqslant \delta^*_{C_2}(x)$, 则 $C_1 \subseteq C_2$.

(2) 设 $\text{dom}\,\delta^*_{C_1} = \text{dom}\,\delta^*_{C_2}$, 若对任意的 $x \in \text{dom}\,\delta^*_{C_1}$ 均有 $\delta^*_{C_1}(x) = \delta^*_{C_2}(x)$, 则 $C_1 = C_2$.

证明 由 $\delta^*_{C_1}$, $\delta^*_{C_2}$ 的定义显然可得它们为闭凸且正齐次的函数, 下面先证结论 (1). 假设存在 $s_0 \in C_1$ 但 $s_0 \notin C_2$, 则由引理 1.2.1 可得存在 $a \in \mathbb{R}^n$, $\beta \in \mathbb{R}$ 满足对任意的 $s \in C_2$ 均有

$$\langle a, s \rangle \leqslant \beta < \langle a, s_0 \rangle.$$

故 $a \in \text{dom}\,\delta^*_{C_2}$ 但 $\delta^*_{C_1}(a) > \delta^*_{C_2}(a)$, 这与题设矛盾. 从而可得 $C_1 \subseteq C_2$.

下证结论 (2). 由于 $\operatorname{dom}\delta_{C_1}^* = \operatorname{dom}\delta_{C_2}^*$ 且对任意的 $x \in \operatorname{dom}\delta_{C_1}^*$ 均有 $\delta_{C_1}^*(x) = \delta_{C_2}^*(x)$, 故由结论 (1) 可得 $C_1 \subseteq C_2$ 且 $C_2 \subseteq C_1$, 故 $C_1 = C_2$. □

定理 1.7.8 设函数 $f(x)$ 为闭凸函数且有效域为 $\operatorname{dom} f \subseteq \mathbb{R}^m$, 仿射函数 $\mathcal{A} : \mathbb{R}^n \to \mathbb{R}^m$ 定义为

$$\mathcal{A}(x) = \boldsymbol{A}x + b,$$

其中 $x \in \mathbb{R}^n$, $\boldsymbol{A} \in \mathbb{R}^{m\times n}$, $b \in \mathbb{R}^m$. 若复合函数

$$g(x) = f(\mathcal{A}(x))$$

满足 $\operatorname{dom} g \neq \varnothing$, 则函数 $g(x)$ 为闭凸函数, 有效域 $\operatorname{dom} f = \{x \mid \mathcal{A}(x) \in \operatorname{dom} f\}$, 且对任意的 $x \in \operatorname{int}(\operatorname{dom} g)$, 有下式成立

$$\partial g(x) = \boldsymbol{A}^{\mathrm{T}} \partial f(\mathcal{A}(x)).$$

证明 定理的前半部分由定理 1.4.4 易证, 此处略去. 现证定理的后半部分. 对任意的 $x \in \operatorname{int}(\operatorname{dom} g)$, 令 $y = \mathcal{A}(x) = \boldsymbol{A}x + b$, 则任取 $p \in \mathbb{R}^n$, 由方向导数的定义及定理 1.7.5 可得

$$\begin{aligned} g'(x;p) &= \lim_{t\downarrow 0} \frac{1}{t}[f(\boldsymbol{A}x + b + t\boldsymbol{A}p) - f(\boldsymbol{A}x + b)] \\ &= \lim_{t\downarrow 0} \frac{1}{t}[f(y + t\boldsymbol{A}p) - f(y)] \\ &= f'(y; \boldsymbol{A}p) \\ &= \max_{s\in\partial f(y)} \langle s, \boldsymbol{A}p\rangle \\ &= \max_{\bar{s}\in \boldsymbol{A}^{\mathrm{T}}\partial f(y)} \langle \bar{s}, p\rangle. \end{aligned}$$

又由定理 1.7.5 知

$$g'(x;p) = \max_{\hat{s}\in\partial g(x)} \langle \hat{s}, p\rangle,$$

故对任意的 $p \in \mathbb{R}^n$, 均有

$$\max_{\hat{s}\in\partial g(x)} \langle \hat{s}, p\rangle = \max_{\bar{s}\in \boldsymbol{A}^{\mathrm{T}}\partial f(y)} \langle \bar{s}, p\rangle = \max_{\bar{s}\in \boldsymbol{A}^{\mathrm{T}}\partial f(\boldsymbol{A}(x))} \langle \bar{s}, p\rangle.$$

从而由引理 1.7.3 得

$$\partial g(x) = \boldsymbol{A}^{\mathrm{T}} \partial f(\boldsymbol{A}(x)).$$

□

通过下述定理可知, 闭凸函数及其在有效域的内点处的次微分对于加法和非负数乘运算封闭.

定理 1.7.9　若函数 $f_1(x), f_2(x)$ 皆为闭凸函数, 且 $\alpha_1, \alpha_2 > 0$, 则函数

$$f(x) = \alpha_1 f_1(x) + \alpha_2 f_2(x)$$

为闭凸函数, 且对任意的 $x \in \text{int}\ (\text{dom} f) = \text{int}\ (\text{dom} f_1) \cap \text{int}\ (\text{dom} f_2)$, 均有

$$\partial f(x) = \alpha_1 \partial f_1(x) + \alpha_2 \partial f_2(x).$$

证明　定理的前半部分由定理 1.4.3 易得, 现对定理后半部分进行证明. 对任意的 $x \in \text{int}\ (\text{dom} f) = \text{int}\ (\text{dom} f_1) \cap \text{int}\ (\text{dom} f_2)$, 由方向导数的定义及定理 1.7.5 可得

$$\begin{aligned} f'(x;p) &= \alpha_1 f_1'(x;p) + \alpha_2 f_2'(x;p) \\ &= \alpha_1 \max_{s_1 \in \partial f_1(x)} \langle s_1, p\rangle + \alpha_2 \max_{s_2 \in \partial f_2(x)} \langle s_2, p\rangle \\ &= \max_{s_1 \in \partial f_1(x)} \langle \alpha_1 s_1, p\rangle + \max_{s_2 \in \partial f_2(x)} \langle \alpha_2 s_2, p\rangle \\ &= \max\{\langle \alpha_1 s_1 + \alpha_2 s_2, p\rangle \mid s_1 \in \partial f_1(x),\ s_2 \in \partial f_2(x)\} \\ &= \max\{\langle s, p\rangle \mid s \in \alpha_1 \partial f_1(x) + \alpha_2 \partial f_2(x)\}. \end{aligned}$$

又因为

$$f'(x;p) = \max_{s \in \partial f(x)} \langle s, p\rangle,$$

故由引理 1.7.3 可得

$$\partial f(x) = \alpha_1 \partial f_1(x) + \alpha_2 \partial f_2(x).$$

□

现在定义一个特殊的函数, 并讨论其闭凸性及次微分性质.

定理 1.7.10　定义函数

$$f(x) = \sup\{g(y, x),\ y \in C\},$$

其中 C 为集合. 若对任意的 $y \in C$, 函数 $g(y, x)$ 为关于 x 的闭凸函数, 则有下列结论成立:

(1) 函数 $f(x)$ 为闭凸函数.

(2) 对任意的 $x \in \text{dom} f,\ I(x) = \{y \mid g(y, x) = f(x)\}$, 均有

$$\partial f(x) \supseteq \text{conv}\ \{\partial g_x(y, x) \mid y \in I(x)\}.$$

(3) 若集合 C 为有限集, 则

$$\partial f(x) = \text{conv}\ \{\partial g_x(y, x) \mid y \in I(x)\}.$$

证明 (1) 由函数 $f(x)$ 的定义以及 $g(y,x)$ 为关于 x 的闭凸函数可得函数 $f(x)$ 闭凸.

(2) 任取 $x \in \operatorname{dom} f$, $y \in I(x)$, 对任意的 $s \in \partial g_x(y,x)$, $x' \in \operatorname{dom} f$, 均有

$$f(x') \geqslant g(y,x') \geqslant g(y,x) + \langle s, x'-x\rangle = f(x) + \langle s, x'-x\rangle.$$

由此可得 $s \in \partial f(x)$.

(3) 因为集合 C 为有限集, 故函数 $f(x)$ 可重写为

$$f(x) = \max\{g_i(x) \mid i \in [m]\}.$$

现在只需证 $\partial f(x) = \operatorname{conv}\{\partial g_i(x) \mid i \in [k],\ k \leqslant m\}$, 对任意的 $x \in \mathbb{R}^n$, 记

$$\Delta = \left\{(\lambda_i)_{i=1}^k \;\middle|\; \lambda_i \geqslant 0,\ \sum_{i=1}^k \lambda_i = 1,\ i \in [k]\right\}.$$

则

$$\begin{aligned}
f'(x;p) &= \max_{i \in I(x)} g_i'(x;p)\\
&= \max_{i \in I(x)} \max\{\langle s_i, p\rangle \mid s_i \in \partial g_i(x)\}\\
&= \max_{(\lambda_i)_{i=1}^k \in \Delta}\left[\sum_{i=1}^k \lambda_i \max_{s_i \in \partial g_i(x)} \langle s_i, p\rangle\right]\\
&= \max\left\{\left\langle \sum_{i=1}^k \lambda_i s_i, p\right\rangle \;\middle|\; s_i \in \partial g_i(x),\ (\lambda_i)_{i=1}^k \in \Delta\right\}\\
&= \max\left\{\langle s, p\rangle \;\middle|\; s = \sum_{i=1}^k \lambda_i s_i,\ s_i \in \partial g_i(x),\ (\lambda_i)_{i=1}^k \in \Delta\right\}\\
&= \max\{\langle s, p\rangle \mid s \in \operatorname{conv}\{\partial g_i(x),\ i \in I(x)\}\}.
\end{aligned}$$

□

我们接下来将说明任意凸函数在其有效域上的次微分为单调映射, 首先给出与单调映射相关的定义如下.

定义 1.7.2 设集合 $C \subseteq \mathbb{R}^n$ 为凸集, 映射 $F:\ C \to \mathbb{R}^n$.

(1) 若对任意的 $x_1, x_2 \in C$, 满足

$$\langle F(x_2) - F(x_1), x_2 - x_1\rangle \geqslant 0,$$

则称 F 在 C 上是**单调的**.

(2) 若对任意的 $x_1, x_2 \in C$ 且 $x_1 \neq x_2$, 满足

$$\langle F(x_2) - F(x_1), x_2 - x_1\rangle > 0,$$

则称 F 在 C 上是**严格单调的**.

(3) 若存在 $c>0$, 对任意的 $x_1,x_2\in C$, 满足

$$\langle F(x_2)-F(x_1),x_2-x_1\rangle\geqslant c\|x_2-x_1\|^2,$$

则称 F 在 C 上是**模 c 强单调的**.

定理 1.7.11　任意凸函数 $f(x)$ 在其有效域上的次微分为单调映射, 即对任意的 $x_1,x_2\in\operatorname{dom}f$, 任取次梯度 $s_1\in\partial f(x_1)$, $s_2\in\partial f(x_2)$, 均有

$$\langle s_2-s_1,x_2-x_1\rangle\geqslant 0.$$

证明　对任意的 $x_1,x_2\in\operatorname{dom}f$, $s_1\in\partial f(x_1)$, $s_2\in\partial f(x_2)$, 由次微分的定义可得

$$f(x_2)\geqslant f(x_1)+\langle s_1,x_2-x_1\rangle,$$

$$f(x_1)\geqslant f(x_2)+\langle s_2,x_1-x_2\rangle.$$

两式相加整理可得

$$\langle s_2-s_1,x_2-x_1\rangle\geqslant 0.$$ □

由上述定理易知, 可微凸函数的梯度映射也是单调的.

下面我们将给出凸函数的中值定理. 首先, 对任意的 $x_1,x_2\in C$ 及任意的 $\theta\in[0,1]$, 记

$$x_\theta=\theta x_2+(1-\theta)x_1,$$

$$\phi(\theta)=f(\theta x_2+(1-\theta)x_1)=f(x_1+\theta(x_2-x_1))=f(x_\theta).$$

由定理 1.3.3 可得, 若函数 $f(x)$ 为凸函数, 则 $\phi(\theta)$ 为关于 θ 的一元凸函数. 下述引理将讨论该一元函数的次微分.

引理 1.7.4　对任意的 $x_1,x_2\in\operatorname{dom}f$, 由闭凸函数 $f(x)$ 定义的一元函数 $\phi(\theta)$ 的次微分可以表示为

$$\partial\phi(\theta)=\{\langle s_\theta,x_2-x_1\rangle\mid s_\theta\in\partial f(x_\theta)\}.$$

证明　由方向导数的定义可得

$$\begin{aligned}f'(x_\theta;x_2-x_1)&=\lim_{\tau\downarrow 0}\frac{f(x_\theta+\tau(x_2-x_1))-f(x_\theta)}{\tau}\\&=\lim_{\tau\downarrow 0}\frac{\phi(\theta+\tau)-\phi(\theta)}{\tau}\\&=\phi'(\theta+0),\end{aligned}$$

其中 $\phi'(\theta+0)$ 称为一元函数 $\phi(\theta)$ 在 0 点处的右导数. 根据定理 1.7.5 均有

$$f'(x_\theta;x_2-x_1)=\max_{s_\theta\in\partial f(x_\theta)}\langle s_\theta,x_2-x_1\rangle.$$

从而有

$$\phi'(\theta+0)=\max_{s_\theta\in\partial f(x_\theta)}\langle s_\theta,x_2-x_1\rangle.$$

类似地, 函数 $f(x_\theta)$ 在方向 x_1-x_2 上的方向导数为

$$\begin{aligned}f'(x_\theta;-(x_2-x_1))&=\lim_{\tau\uparrow 0}\frac{f(x_\theta+\tau(x_2-x_1))-f(x_\theta)}{-\tau}\\&=\lim_{\tau\uparrow 0}\frac{\phi(\theta+\tau)-\phi(\theta)}{-\tau}\\&=-\lim_{-\tau\downarrow 0}\frac{\phi(\theta)-\phi(\theta+\tau)}{-\tau}\\&=-\phi'(\theta-0),\end{aligned}$$

其中 $\phi'(\theta-0)$ 称为一元函数 $\phi(\theta)$ 在 0 点处的左导数. 再次借助定理 1.7.5 可得

$$f'(x_\theta;-(x_2-x_1))=\max_{s_\theta\in\partial f(x_\theta)}\langle s_\theta,-(x_2-x_1)\rangle.$$

从而可得

$$\phi'(\theta-0)=-\max_{s_\theta\in\partial f(x_\theta)}\langle s_\theta,-(x_2-x_1)\rangle=\min_{s_\theta\in\partial f(x_\theta)}\langle s_\theta,x_2-x_1\rangle.$$

由一元凸函数次微分的求法可得

$$\begin{aligned}\partial\phi(\theta)&=[\phi'(\theta-0),\phi'(\theta+0)]\\&=\left[\min_{s_\theta\in\partial f(x_\theta)}\langle s_\theta,x_2-x_1\rangle,\ \max_{s_\theta\in\partial f(x_\theta)}\langle s_\theta,x_2-x_1\rangle\right]\\&=\{\langle s_\theta,x_2-x_1\rangle\mid s_\theta\in\partial f(x_\theta)\}.\end{aligned}$$

□

基于上述引理, 可得凸函数的中值定理如下.

定理 1.7.12 (中值定理) 设函数 $f:\mathbb{R}^n\to\mathbb{R}$ 为凸函数, 则对任意的 $x_1,x_2\in\mathbb{R}^n$ 且 $x_1\neq x_2$, 存在 $\theta\in(0,1)$ 及 $s_\theta\in\partial f(x_\theta)$ 使得

$$f(x_2)-f(x_1)=\langle s_\theta,x_2-x_1\rangle.$$

证明 因为 $f(x)$ 为凸函数, 故由定理 1.3.3 可得 $\phi(\theta)=f(x_\theta)=f(\theta x_2+(1-\theta)x_1)$ 为凸函数. 现令

$$\psi(\theta)=\phi(\theta)-\phi(0)-\theta(\phi(1)-\phi(0)),$$

则函数 $\psi(\theta)$ 亦为凸函数, 且 $\partial\psi(\theta) = \partial\phi(\theta) - [\phi(1) - \phi(0)]$. 又因为函数 $\psi(\theta)$ 在 $[0,1]$ 上连续, 且 $\psi(0) = \psi(1) = 0$, 故由 $\psi(\theta)$ 为凸函数可得, 对任意的 $\lambda \in (0,1)$ 皆有

$$\psi(0\lambda + 1(1-\lambda)) \leqslant \lambda\psi(0) + (1-\lambda)\psi(1) = 0.$$

从而存在 $\bar{\theta} \in (0,1)$ 使得 $\psi(\bar{\theta})$ 取到 $[0,1]$ 上的最小值. 进而由定理 1.7.3 可得 $0 \in \partial\psi(\bar{\theta})$, 即

$$\phi(1) - \phi(0) \in \partial\phi(\bar{\theta}) = \{\langle s_\theta, x_2 - x_1\rangle \mid s_\theta \in \partial f(x_\theta)\}.$$

故存在 $s_\theta \in \partial f(x_\theta)$ 使得

$$\phi(1) - \phi(0) = \langle s_\theta, x_2 - x_1\rangle,$$

即

$$f(x_2) - f(x_1) = \langle s_\theta, x_2 - x_1\rangle.$$

□

定理 1.7.13　设函数 $f: \mathbb{R}^n \to \mathbb{R}$ 为凸函数, 则对其有效域内的任意两个不同的点 $x_1, x_2 \in \mathbb{R}^n$, 存在 $\theta \in (0,1)$ 及 $s_\theta \in \partial f(x_\theta)$ 使得

$$f(x_2) - f(x_1) = \int_0^1 \langle s_\theta, x_2 - x_1\rangle d\theta.$$

证明　因为 $f(x)$ 为凸函数, 故由定理 1.3.3 及定理 1.5.8 可得

$$\phi(\theta) = f(x_\theta) = f(\theta x_2 + (1-\theta)x_1)$$

在 $[0,1]$ 上为连续凸函数. 根据次微分函数的单调性, 可得 $\partial\phi(\theta) = [\phi'(\theta-0), \phi'(\theta+0)]$ 在 $\theta \in [0,1]$ 上是单调非减的. 由 Lebesgue 单调函数可微性定理知 $\partial\phi(\theta)$ 在 $[0,1]$ 上几乎处处可微, 即 $\phi'(\theta-0) = \phi'(\theta+0)$, 从而存在至多可列个点使得 $\phi'(\theta-0) < \phi'(\theta+0)$, 将这些点构成的数列记为 $\{\theta_k\}$, $k = 1, 2, \cdots$, 且使其满足当 $i < j$ 时成立 $\theta_i < \theta_j$. 由于函数 $\phi(\theta)$ 在区间 (θ_k, θ_{k+1}) 可微, 在 $[\theta_k, \theta_{k+1}]$ 连续, 故由牛顿–莱布尼茨定理可得

$$\int_{\theta_k}^{\theta_{k+1}} \phi'(\theta)d\theta = \phi(\theta_{k+1}) - \phi(\theta_k), \quad k = 1, 2, \cdots,$$

从而有

$$\begin{aligned}
&\left(\int_0^{\theta_1} + \sum_{k=1}^{+\infty}\int_{\theta_k}^{\theta_{k+1}} + \int_{\theta_{+\infty}}^1\right)\phi'(\theta)d\theta \\
=&\phi(\theta_1) - \phi(0) + \phi(\theta_2) - \phi(\theta_1) + \cdots + \phi(1) \\
=&\phi(1) - \phi(0) \\
=&f(x_2) - f(x_1).
\end{aligned}$$

又因为在 $\theta \in [0,1]$ 中几乎处处有 $\nabla f(x_\theta) = s_\theta$, 取 $s_{\theta_k} \in \partial f(x_{\theta_k})$, $k = 1, 2, \cdots$, 令 $\phi'(\theta_k) = s_{\theta_k}^{\mathrm{T}}(x_2 - x_1)$, $\phi'(\theta) = \langle s_\theta, x_2 - x_1 \rangle$, 则有

$$f(x_2) - f(x_1) = \int_0^1 \langle s_\theta, x_2 - x_1 \rangle \, d\theta. \qquad \square$$

1.8 强凸函数与严格凸函数

本节主要介绍强凸函数与严格凸函数的定义及相关性质. 首先给出强凸函数的定义如下.

定义 1.8.1 设 $\operatorname{dom} f$ 为凸集, 若存在常数 $c > 0$ 使得对任意的 $x_1, x_2 \in \operatorname{dom} f$, 及 $\theta \in (0,1)$ 均有

$$f((1-\theta)x_1 + \theta x_2) \leqslant (1-\theta)f(x_1) + \theta f(x_2) - \frac{c}{2}\theta(1-\theta)\|x_2 - x_1\|^2,$$

则称 $f(x)$ 为**模 c 强凸函数**.

定理 1.8.1 若函数 $f : \mathbb{R}^n \to \mathbb{R}$ 为凸函数, 则下列三个结论等价:

(1) 存在参数 $c > 0$ 使得函数 $f(x)$ 是模 c 强凸的.

(2) 任取 $x_1, x_2 \in \operatorname{dom} f$, 对任意的 $s \in \partial f(x_1)$ 均有

$$f(x_2) \geqslant f(x_1) + \langle s, x_2 - x_1 \rangle + \frac{c}{2}\|x_2 - x_1\|^2.$$

(3) 任取 $x_1, x_2 \in \operatorname{dom} f$, 对任意的 $s_1 \in \partial f(x_1)$, $s_2 \in \partial f(x_2)$ 均有

$$\langle s_2 - s_1, x_2 - x_1 \rangle \geqslant c\|x_2 - x_1\|^2.$$

证明 先证由 (2) 可以推出 (1). 对任意的 $x_1, x_2 \in \operatorname{dom} f$, $\theta \in (0,1)$, 令 $x_\theta = \theta x_2 + (1-\theta)x_1 = x_1 + \theta(x_2 - x_1)$. 对任意的 $s_\theta \in \partial f(x_\theta)$, 均有

$$f(x_2) \geqslant f(x_\theta) + \langle s_\theta, x_2 - x_\theta \rangle + \frac{c}{2}\|x_2 - x_\theta\|^2,$$

$$f(x_1) \geqslant f(x_\theta) + \langle s_\theta, x_1 - x_\theta \rangle + \frac{c}{2}\|x_1 - x_\theta\|^2.$$

上述两式分别与 θ, $(1-\theta)$ 相乘并相加可得

$$\begin{aligned}
&\theta f(x_2) + (1-\theta)f(x_1) \\
\geqslant &f(x_\theta) + 0 + \frac{c}{2}[\theta\|x_2 - x_\theta\|^2 + (1-\theta)\|x_1 - x_\theta\|^2] \\
= &f(x_\theta) + \frac{c}{2}\theta(1-\theta)\|x_2 - x_1\|^2,
\end{aligned}$$

即

$$f(x_\theta) \leqslant (1-\theta)f(x_1) + \theta f(x_2) - \frac{c}{2}\theta(1-\theta)\|x_2 - x_1\|^2.$$

从而可得函数 $f(x)$ 为强凸函数.

下证由 (1) 可以推出 (3). 由强凸函数的定义可得

$$f(x_\theta) \leqslant (1-\theta)f(x_1) + \theta f(x_2) - \frac{c}{2}\theta(1-\theta)\|x_2 - x_1\|^2,$$

即

$$\frac{f(x_\theta) - f(x_1)}{\theta} + \frac{c}{2}(1-\theta)\|x_2 - x_1\|^2 \leqslant f(x_2) - f(x_1).$$

当 $\theta \downarrow 0$ 时, 上式可写为

$$f'(x_1; x_2 - x_1) + \frac{c}{2}\|x_2 - x_1\|^2 \leqslant f(x_2) - f(x_1).$$

借助定理 1.7.5 可得, 对任意的 $s_1 \in \partial f(x_1)$ 均有

$$\langle s_1, x_2 - x_1 \rangle + \frac{c}{2}\|x_2 - x_1\|^2 \leqslant f(x_2) - f(x_1).$$

类似地, 对任意的 $s_2 \in \partial f(x_2)$ 均有

$$\langle s_2, x_1 - x_2 \rangle + \frac{c}{2}\|x_2 - x_1\|^2 \leqslant f(x_1) - f(x_2).$$

两式相加可得

$$\langle s_2 - s_1, x_2 - x_1 \rangle \geqslant c\|x_2 - x_1\|^2.$$

最后证由 (3) 可以推出 (2). 令 $\phi(\theta) = f(x_\theta) = f(\theta x_2 + (1-\theta)x_1)$, 则由积分中值定理 (定理 1.7.13) 可得, 对任意的 $s_\theta \in \partial f(x_\theta)$ 均有

$$f(x_2) - f(x_1) = \phi(1) - \phi(0) = \int_0^1 \langle s_\theta, x_2 - x_1 \rangle d\theta.$$

又因为对任意的 $s_1 \in \partial f(x_1)$, 均有

$$\langle s_\theta - s_1, x_\theta - x_1 \rangle \geqslant c\|x_\theta - x_1\|^2 = c\theta^2\|x_2 - x_1\|^2,$$

即

$$\langle s_\theta, x_2 - x_1 \rangle \geqslant \langle s_1, x_2 - x_1 \rangle + c\theta\|x_2 - x_1\|^2.$$

故

$$\begin{aligned} f(x_2) - f(x_1) &= \int_0^1 \langle s_\theta, x_2 - x_1 \rangle d\theta \\ &\geqslant \int_0^1 \langle s_1, x_2 - x_1 \rangle + c\theta\|x_2 - x_1\|^2 d\theta \\ &= \langle s_1, x_2 - x_1 \rangle + c\|x_2 - x_1\|^2 \int_0^1 \theta d\theta \\ &= \langle s_1, x_2 - x_1 \rangle + \frac{c}{2}\|x_2 - x_1\|^2. \end{aligned}$$

综上所述, 等价性得证. □

下面给出严格凸函数的定义及相关性质.

定义 1.8.2 设 $\mathrm{dom}\, f$ 为凸集, 若对任意不同的 $x_1, x_2 \in \mathrm{dom}\, f$ 及 $\theta \in (0,1)$ 均有

$$f((1-\theta)x_1 + \theta x_2) < (1-\theta)f(x_1) + \theta f(x_2),$$

则称 $f(x)$ 为**严格凸函数**.

定理 1.8.2 若函数 $f: \mathbb{R}^n \to \mathbb{R}$ 的有效域 $\mathrm{dom}\, f$ 为凸集, 则下列三个结论等价:

(1) 函数 $f(x)$ 是严格凸函数.

(2) 任取 $x_1, x_2 \in \mathrm{dom}\, f$ 且 $x_1 \neq x_2$, 对任意的 $s \in \partial f(x_1)$ 均有

$$f(x_2) > f(x_1) + \langle s, x_2 - x_1 \rangle.$$

(3) 任取 $x_1, x_2 \in \mathrm{dom}\, f$ 且 $x_1 \neq x_2$, 对任意的 $s_1 \in \partial f(x_1)$, $s_2 \in \partial f(x_2)$ 均有

$$\langle s_2 - s_1, x_2 - x_1 \rangle > 0.$$

上述定理的证明与定理 1.8.1 的证明类似, 故在此略去.

通过上述强凸函数与严格凸函数的定义、性质及定理可得, 强凸函数必为严格凸函数, 且严格凸函数必为凸函数.

我们现在给出函数可微情况下, 严格凸函数与强凸函数的几个常用结论.

定理 1.8.3 严格凸函数有如下性质:

(1) 设函数 $f(x)$ 的有效域 $\mathrm{dom}\, f$ 为开凸集, 且 $f(x)$ 在 $\mathrm{dom}\, f$ 内可微, 则函数 $f(x)$ 为严格凸函数当且仅当对任意不同的 $x_1, x_2 \in \mathrm{dom}\, f$, 均有

$$f(x_2) > f(x_1) + \nabla f(x_1)^{\mathrm{T}}(x_2 - x_1).$$

(2) 设函数 $f(x)$ 的有效域 $\mathrm{dom}\, f$ 为开凸集, 且 $f(x)$ 在 $\mathrm{dom}\, f$ 内二阶可微, 若对任意的 $x \in \mathrm{dom}\, f$, 均有

$$\nabla^2 f(x) \succ 0,$$

则 f 为严格凸函数.

定理 1.8.4 强凸函数有如下性质:

(1) 函数 $f(x)$ 为模 c 强凸函数当且仅当 $f(x) - \dfrac{c}{2}\|x\|^2$ 为凸函数.

(2) 设函数 $f(x)$ 的有效域 $\mathrm{dom}\, f$ 为开凸集, 且 $f(x)$ 在 $\mathrm{dom}\, f$ 内可微, 则 $f(x)$ 为模 c 强凸函数当且仅当对任意的 $x_1, x_2 \in \mathrm{dom}\, f$, 均有

$$f(x_2) \geqslant f(x_1) + \nabla f(x_1)^{\mathrm{T}}(x_2 - x_1) + \frac{c}{2}\|x_2 - x_1\|^2.$$

(3) 设函数 $f(x)$ 的有效域 $\mathrm{dom}\, f$ 为开凸集, 且 $f(x)$ 在 $\mathrm{dom}\, f$ 内二阶可微, 则 $f(x)$ 为模 c 强凸函数当且仅当对任意的 $x \in \mathrm{dom}\, f$, 均有

$$\nabla^2 f(x) \succeq c\boldsymbol{I},$$

其中 $\boldsymbol{I}$ 为单位矩阵.

下面将给出可微强凸函数的重要不等式.

定理 1.8.5　设可微函数 $f(x)$ 的有效域 $\mathrm{dom}\, f = \mathbb{R}^n$, 若存在常数 $c > 0$ 使得函数 $f(x)$ 为模 c 强凸函数, 令 $x^* = \arg\min\limits_{x \in \mathbb{R}^n} f(x)$, 则对任意的 $x \in \mathbb{R}^n$, 均有

$$\frac{c}{2}\|x - x^*\|^2 \leqslant f(x) - f(x^*) \leqslant \frac{1}{2c}\|\nabla f(x)\|^2. \tag{1.13}$$

证明　先证式 (1.13) 中的第一个不等号成立. 由强凸函数的等价定义得, 对任意的 $x \in \mathbb{R}^n$, 均有

$$f(x) \geqslant f(x^*) + \nabla f(x^*)^{\mathrm{T}}(x - x^*) + \frac{c}{2}\|x - x^*\|^2.$$

因为 $x^* = \arg\min\limits_{x \in \mathbb{R}^n} f(x)$, 故 $\nabla f(x^*) = 0$, 从而上式变为

$$f(x) \geqslant f(x^*) + \frac{c}{2}\|x - x^*\|^2,$$

即

$$f(x) - f(x^*) \geqslant \frac{c}{2}\|x - x^*\|^2.$$

下证式 (1.13) 中的第二个不等号成立. 同样地, 由强凸函数的等价定义可得

$$f(x^*) \geqslant f(x) + \nabla f(x)^{\mathrm{T}}(x^* - x) + \frac{c}{2}\|x^* - x\|^2,$$

即

$$\begin{aligned} f(x^*) - f(x) &\geqslant \nabla f(x)^{\mathrm{T}}(x^* - x) + \frac{c}{2}\|x^* - x\|^2 \\ &= \frac{c}{2}\left\|x^* - x + \frac{1}{c}\nabla f(x)\right\|^2 - \frac{1}{2c}\|\nabla f(x)\|^2. \end{aligned}$$

故有

$$f(x) - f(x^*) \leqslant \frac{1}{2c}\|\nabla f(x)\|^2. \qquad \square$$

通过下述定理可知, 梯度 Lipschitz 连续的函数与强凸函数具有类似的性质.

定理 1.8.6　设可微函数 $f(x)$ 的梯度 $\nabla f(x)$ Lipschitz 连续, 即存在 $L > 0$, 对任意的 $x_1, x_2 \in \mathrm{dom}\, f$, 均满足

$$\|\nabla f(x_1) - \nabla f(x_2)\| \leqslant L\|x_1 - x_2\|,$$

则有如下结论:

(1) $Lx - \nabla f(x)$ 为单调映射.

(2) 对任意的 $x_1, x_2 \in \mathrm{dom}\, f$, 均有

$$f(x_2) \leqslant f(x_1) + \nabla f(x_1)^{\mathrm{T}}(x_2 - x_1) + \frac{L}{2}\|x_2 - x_1\|^2.$$

(3) 若函数 $f(x)$ 二阶连续可微, 则函数 $f(x)$ 的梯度 Lipschitz 连续当且仅当对任意的 $x \in \mathrm{dom}\, f$, 均有

$$\nabla^2 f(x) \preceq L\boldsymbol{I}.$$

(4) 若 $\mathrm{dom}\, f = \mathbb{R}^n$ 且 $x^* = \arg\min\limits_{x \in \mathbb{R}^n} f(x)$, 则对任意的 $x \in \mathbb{R}^n$, 均有

$$\frac{1}{2L}\|\nabla f(x)\|^2 \leqslant f(x) - f(x^*) \leqslant \frac{L}{2}\|x - x^*\|^2. \tag{1.14}$$

证明 (1) 令 $F(x) = \frac{L}{2}\|x\|^2 - f(x)$, 则 $\nabla F(x) = Lx - \nabla f(x)$, 从而对任意的 $x_1, x_2 \in \mathrm{dom}\, f$, 有

$$\begin{aligned}
&\langle \nabla F(x_2) - \nabla F(x_1), x_2 - x_1 \rangle \\
=&\langle Lx_2 - \nabla f(x_2) - Lx_1 + \nabla f(x_1), x_2 - x_1 \rangle \\
=&L\langle x_2 - x_1, x_2 - x_1 \rangle - \langle \nabla f(x_2) - \nabla f(x_1), x_2 - x_1 \rangle \\
\geqslant&L\|x_2 - x_1\|^2 - \|\nabla f(x_2) - \nabla f(x_1)\| \cdot \|x_2 - x_1\| \\
\geqslant&L\|x_2 - x_1\|^2 - L\|x_2 - x_1\|^2 = 0.
\end{aligned}$$

故 $Lx - \nabla f(x)$ 为单调映射.

(2) 令 $\phi(\theta) = f(\theta x_2 + (1-\theta)x_1) = f(x_\theta)$, 其中 $\theta \in [0, 1]$, 则

$$\phi(1) - \phi(0) = \int_0^1 \phi'(\theta) d\theta = \int_0^1 \nabla f(x_\theta)^{\mathrm{T}}(x_2 - x_1) d\theta,$$

即

$$\begin{aligned}
&f(x_2) - f(x_1) - \nabla f(x_1)^{\mathrm{T}}(x_2 - x_1) \\
=&\int_0^1 [\nabla f(x_\theta) - \nabla f(x_1)]^{\mathrm{T}}(x_2 - x_1) d\theta \\
\leqslant&\int_0^1 \|\nabla f(x_\theta) - \nabla f(x_1)\| \cdot \|x_2 - x_1\| d\theta \\
\leqslant&\int_0^1 L\theta\|x_2 - x_1\| \cdot \|x_2 - x_1\| d\theta \\
=&L\|x_2 - x_1\|^2 \int_0^1 \theta d\theta \\
=&\frac{L}{2}\|x_2 - x_1\|^2.
\end{aligned}$$

(3) 令 $F(x) = d\frac{L}{2}\|x\|^2 - f(x)$, 由 (1) 得 $F(x)$ 为凸函数, 又由定理 1.3.5 可知二阶连续可微函数为凸函数当且仅当 Hessian 矩阵半正定, 从而对任意的 $x \in \mathrm{dom}\, f$, 有

$$\nabla^2 F(x) = L\boldsymbol{I} - \nabla^2 f(x) \succeq 0.$$

(4) 易证 $f(x) - f(x^*) \leqslant \frac{L}{2}\|x - x^*\|^2$, 事实上, 由 (2) 可得

$$\begin{aligned} f(x) &\leqslant f(x^*) + \nabla f(x^*)^{\mathrm{T}}(x - x^*) + \frac{L}{2}\|x - x^*\|^2 \\ &= f(x^*) + \frac{L}{2}\|x - x^*\|^2. \end{aligned}$$

下证 $\frac{1}{2L}\|\nabla f(x)\|^2 \leqslant f(x) - f(x^*)$. 由 (2) 可得, 对任意的 $x, y \in \mathrm{dom}\, f$, 均有

$$f(y) \leqslant f(x) + \nabla f(x)^{\mathrm{T}}(y - x) + \frac{L}{2}\|y - x\|^2,$$

故对不等式的右端关于 y 求极小可得 $\widetilde{y} = x - \frac{1}{L}\nabla f(x)$. 从而有

$$\begin{aligned} f(x^*) &\leqslant f\left(x - \frac{1}{L}\nabla f(x)\right) \\ &\leqslant f(x) - \frac{1}{L}\|\nabla f(x)\|^2 + \frac{1}{2L}\|\nabla f(x)\|^2 \\ &= f(x) - \frac{1}{2L}\|\nabla f(x)\|^2. \end{aligned}$$

□

定理 1.8.7 设函数 $f(x)$ 的梯度 $\nabla f(x)$ 是 L-Lipschitz 连续的, 则有如下结论:

(1) 若函数 $f(x)$ 为可微凸函数, 则对任意的 $x_1, x_2 \in \mathrm{dom}\, f$, 均有

$$[\nabla f(x_1) - \nabla f(x_2)]^{\mathrm{T}}(x_1 - x_2) \geqslant \frac{1}{L}\|\nabla f(x_1) - \nabla f(x_2)\|^2.$$

(2) 若函数 $f(x)$ 为可微强凸函数, 则存在 $c > 0$, 使得对任意的 $x_1, x_2 \in \mathrm{dom}\, f$, 均有

$$[\nabla f(x_1) - \nabla f(x_2)]^{\mathrm{T}}(x_1 - x_2) \geqslant \frac{cL}{c+L}\|x_1 - x_2\|^2 + \frac{1}{c+L}\|\nabla f(x_1) - \nabla f(x_2)\|^2.$$

证明 (1) 记

$$f_1(z) = f(z) - \nabla f(x_1)^{\mathrm{T}} z, \quad f_2(z) = f(z) - \nabla f(x_2)^{\mathrm{T}} z,$$

由函数 $f(x)$ 的凸性可得, $f_1(z)$, $f_2(z)$ 皆为凸函数. 由函数的可微性得

$$\nabla f_i(z) = \nabla f(z) - \nabla f(x_i), \quad i = 1, 2.$$

从而可得函数 f_1, f_2 分别在 x_1, x_2 处取到极值. 由定理 1.8.6 的 (4) 可得

$$f_1(x_1) \leqslant f_1(x_2) - \frac{1}{2L}\|\nabla f_1(x_2)\|^2,$$

$$f_2(x_2) \leqslant f_2(x_1) - \frac{1}{2L}\|\nabla f_2(x_1)\|^2.$$

两式相加可得

$$f_1(x_1) + f_2(x_2) \leqslant f_1(x_2) + f_2(x_1) - \frac{1}{2L}[\|\nabla f_1(x_2)\|^2 + \|\nabla f_2(x_1)\|^2],$$

即

$$\begin{aligned} & f(x_1) - \nabla f(x_1)^{\mathrm{T}} x_1 + f(x_2) - \nabla f(x_2)^{\mathrm{T}} x_2 \\ \leqslant & f(x_2) - \nabla f(x_1)^{\mathrm{T}} x_2 + f(x_1) - \nabla f(x_2)^{\mathrm{T}} x_1 \\ & - \frac{1}{2L}[\|\nabla f(x_2) - \nabla f(x_1)\|^2 + \|\nabla f(x_1) - \nabla f(x_2)\|^2], \end{aligned}$$

故

$$[\nabla f(x_1) - \nabla f(x_2)]^{\mathrm{T}}(x_1 - x_2) \geqslant \frac{1}{L}\|\nabla f(x_1) - \nabla f(x_2)\|^2.$$

(2) 由函数 $f(x)$ 为强凸函数可得函数 $g(x) = f(x) - \frac{c}{2}\|x\|^2$ 为凸函数, 因为函数 $f(x)$ 可微, 故易知 $g(x)$ 亦可微, 且梯度 $\nabla g(x) = \nabla f(x) - cx$. 又由梯度 $\nabla f(x)$ 是 L-Lipschitz 连续的, 易知梯度 $\nabla g(x)$ 是 $(L-c)$-Lipschitz 连续的. 进而由 (1) 可得, 对任意的 $x_1, x_2 \in \mathrm{dom} f$,

$$[\nabla g(x_1) - \nabla g(x_2)]^{\mathrm{T}}(x_1 - x_2) \geqslant \frac{1}{L-c}\|\nabla g(x_1) - \nabla g(x_2)\|^2,$$

即

$$[\nabla f(x_1) - \nabla f(x_2) - c(x_1 - x_2)]^{\mathrm{T}}(x_1 - x_2) \geqslant \frac{1}{L-c}\|\nabla f(x_1) - \nabla f(x_2) - c(x_1 - x_2)\|^2,$$

从而有

$$\begin{aligned} & [\nabla f(x_1) - \nabla f(x_2)]^{\mathrm{T}}(x_1 - x_2) \\ \geqslant & \frac{1}{L-c}\|\nabla f(x_1) - \nabla f(x_2) - c(x_1 - x_2)\|^2 + c\|x_1 - x_2\|^2 \\ = & \frac{1}{L-c}\|\nabla f(x_1) - \nabla f(x_2)\|^2 + \frac{c^2}{L-c}\|x_1 - x_2\|^2 \end{aligned}$$

$$
\begin{aligned}
&-\frac{2c}{L-c}[\nabla f(x_1)-\nabla f(x_2)]^{\mathrm{T}}(x_1-x_2)+c\|x_1-x_2\|^2 \\
=&\frac{1}{L-c}\|\nabla f(x_1)-\nabla f(x_2)\|^2+\frac{cL}{L-c}\|x_1-x_2\|^2 \\
&-\frac{2c}{L-c}[\nabla f(x_1)-\nabla f(x_2)]^{\mathrm{T}}(x_1-x_2),
\end{aligned}
$$

即

$$
\frac{L+c}{L-c}[\nabla f(x_1)-\nabla f(x_2)]^{\mathrm{T}}(x_1-x_2)\geqslant\frac{1}{L-c}\|\nabla f(x_1)-\nabla f(x_2)\|^2+\frac{cL}{L-c}\|x_1-x_2\|^2,
$$

进而整理可得

$$
[\nabla f(x_1)-\nabla f(x_2)]^{\mathrm{T}}(x_1-x_2)\geqslant\frac{cL}{c+L}\|x_1-x_2\|^2+\frac{1}{c+L}\|\nabla f(x_1)-\nabla f(x_2)\|^2. \quad \square
$$

本章介绍了凸集、凸函数的基本概念和性质, 给出了凸函数的多个等价定义, 从而方便了后面命题的证明. 我们还讨论了函数的闭性、连续性、可微性、共轭、次可微性以及它们和函数凸性的关系. 为后续各章内容提供了必要的基础知识.

第2章　锥

第 1 章介绍了一些凸分析基础知识. 实际上本章内容仍然属于该范畴, 只是由于锥的相关内容在最优化理论的研究中起着十分重要的作用, 我们单独将其作为一章. 本章主要探讨锥、极锥、切锥、法锥、正常锥、对偶锥以及广义不等式等内容, 进一步奠定优化理论与算法的研究基础.

2.1　锥与极锥

本节主要介绍锥与极锥的定义及相关性质, 首先给出锥的定义如下.

定义 2.1.1　给定集合 $C \subseteq \mathbb{R}^n$, 若对任意的 $x \in C$ 及 $\lambda \geqslant 0$ 皆满足

$$\lambda x \in C,$$

则称集合 C 为**锥**. 若锥 C 为凸集, 则称集合 C 为**凸锥**. 若锥 C 为闭集, 则称集合 C 为**闭锥**. 若锥 C 既是闭集又是凸集, 则称集合 C 为**闭凸锥**.

从几何意义来看, 若锥包含一点, 则必包含由原点到该点的整条射线, 即锥是由此类射线构成的集合. 图 2.1 给出几个锥的示例, 图中斜线阴影区域的集合即相应的锥, 由定义可得, 集合 C_1, C_4 为闭凸锥, C_2 为凸锥, C_3 为闭锥.

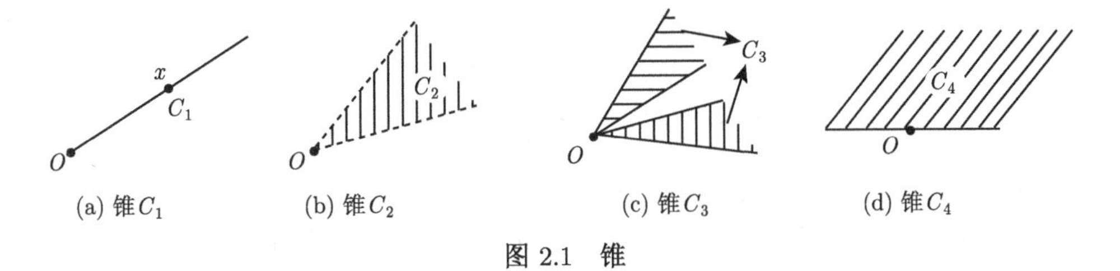

(a) 锥 C_1　(b) 锥 C_2　(c) 锥 C_3　(d) 锥 C_4

图 2.1　锥

定理 2.1.1　集合 $C \subseteq \mathbb{R}^n$ 为凸锥当且仅当对于任意的 $x_1, x_2 \in C$, $\lambda_1, \lambda_2 \geqslant 0$, 皆满足

$$\lambda_1 x_1 + \lambda_2 x_2 \in C.$$

证明　先证必要性. 任取 $x_1, x_2 \in C$, $\lambda_1, \lambda_2 \geqslant 0$, 则

$$\lambda_1 x_1 + \lambda_2 x_2 = (\lambda_1 + \lambda_2)\left(\frac{\lambda_1}{\lambda_1 + \lambda_2} x_1 + \frac{\lambda_2}{\lambda_1 + \lambda_2} x_2\right),$$

因为 $\frac{\lambda_1}{\lambda_1+\lambda_2} \geqslant 0$, $\frac{\lambda_2}{\lambda_1+\lambda_2} \geqslant 0$, 且 $\frac{\lambda_1}{\lambda_1+\lambda_2} + \frac{\lambda_2}{\lambda_1+\lambda_2} = 1$, 故由集合 C 为凸锥可得

$$\frac{\lambda_1}{\lambda_1+\lambda_2}x_1 + \frac{\lambda_2}{\lambda_1+\lambda_2}x_2 \in C.$$

又因为 $\lambda_1+\lambda_2 \geqslant 0$, 故

$$(\lambda_1+\lambda_2)\left(\frac{\lambda_1}{\lambda_1+\lambda_2}x_1 + \frac{\lambda_2}{\lambda_1+\lambda_2}x_2\right) \in C,$$

即 $\lambda_1 x_1 + \lambda_2 x_2 \in C$.

下证充分性. 任取 $x_1, x_2 \in C$, $\lambda_1, \lambda_2 \geqslant 0$, 皆满足

$$\lambda_1 x_1 + \lambda_2 x_2 \in C.$$

令 $\lambda_1 \in [0,1]$, $\lambda_2 = 1 - \lambda_1$, 有

$$\lambda_1 x_1 + (1-\lambda_1)x_2 \in C,$$

从而可得集合 C 为凸集. 若令 $\lambda_2 = 0$, 则对任意的 $\lambda_1 \geqslant 0$, $x_1 \in C$, 皆满足 $\lambda_1 x_1 \in C$, 故集合 C 为锥. 综上可得集合 C 为凸锥. □

定理 2.1.2 锥 C 为凸锥当且仅当对任意的 $x_1, x_2 \in C$, 皆有 $x_1 + x_2 \in C$.

证明 由定理 2.1.1 得, 必要性显然成立 (令 $\lambda_1 = \lambda_2 = 1$ 即可). 下证充分性. 任取 $x_1, x_2 \in C$, $\alpha \in [0,1]$, 由集合 C 为锥可得 $\alpha x_1 \in C$, $(1-\alpha)x_2 \in C$. 进而有 $\alpha x_1 + (1-\alpha)x_2 \in C$, 因而可得锥 C 为凸锥. □

定义 2.1.2 我们称如下非负线性组合

$$\lambda_1 x_1 + \lambda_2 x_2 + \cdots + \lambda_m x_m, \quad \forall \lambda_i \geqslant 0, \quad i \in [m]$$

为点 $x_1, x_2, \cdots, x_m$ 的**锥组合**.

由凸锥 C 中的元素构成的任意一个锥组合皆在 C 中, 从而易得如下结论.

定理 2.1.3 集合 C 是凸锥当且仅当 C 包含由其元素构成的锥组合的全体.

定义 2.1.3 给定集合 $C \subseteq \mathbb{R}^n$, 将由 C 中点的锥组合全体构成的集合称为 C 的**锥包**, 记为 cone C:

$$\text{cone}\, C = \left\{ \sum_{i=1}^{m} \lambda_i x_i \;\middle|\; x_i \in C, \lambda_i \geqslant 0,\ i \in [m] \right\}.$$

如图 2.2 所示, 显然锥包 cone C 是包含集合 C 的最小的凸锥.

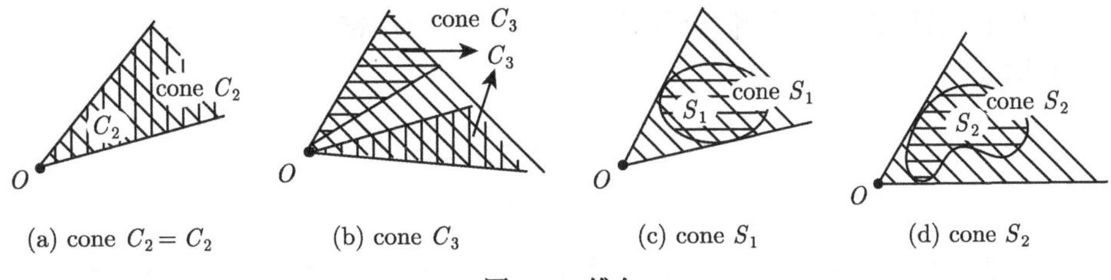

(a) cone $C_2 = C_2$　(b) cone C_3　(c) cone S_1　(d) cone S_2

图 2.2　锥包

接下来我们给出两个闭凸锥的例子, 在此之前先给出二阶锥的定义如下.

定义 2.1.4　任取 n 维向量 $x=(x_1,x_2,\cdots,x_n)^{\mathrm{T}}\in\mathbb{R}^n$, 称其分量满足

$$x_1^2 \geqslant x_2^2+\cdots+x_n^2,$$

且第一个分量 $x_1 \geqslant 0$ 的 x 的全体构成的集合为二阶锥或者 Lorentz 锥.

例 2.1.1　二阶锥 C 为闭凸锥.

事实上, 可以先证二阶锥 C 为凸锥. 任取 $x=(x_1,x_2,\cdots,x_n)^{\mathrm{T}}$, $y=(y_1,y_2,\cdots,y_n)^{\mathrm{T}}\in C$, 则有

$$x_1^2 \geqslant x_2^2+\cdots+x_n^2, \quad x_1 \geqslant 0,$$

$$y_1^2 \geqslant y_2^2+\cdots+y_n^2, \quad y_1 \geqslant 0,$$

故满足 $x_1+y_1 \geqslant 0$, 且

$$\begin{aligned}(x_1+y_1)^2 &= x_1^2+y_1^2+2x_1y_1\\ &\geqslant x_2^2+\cdots+x_n^2+y_2^2+\cdots+y_n^2\\ &\quad +2\sqrt{x_2^2+\cdots+x_n^2}\sqrt{y_2^2+\cdots+y_n^2}\\ &\geqslant x_2^2+\cdots+x_n^2+y_2^2+\cdots+y_n^2+2\left(x_2y_2+\cdots+x_ny_n\right)\\ &=(x_2+y_2)^2+\cdots+(x_n+y_n)^2,\end{aligned}$$

其中第二个不等号由 Cauchy-Schwarz 不等式可得. 从而得证锥 C 为凸锥. 又由集合 C 的定义显然可得 C 为闭集, 因此集合 C 为闭凸锥.

例 2.1.2　任取向量 $x=(x_1,x_2,x_3)^{\mathrm{T}}\in\mathbb{R}^3$, 称满足 $x_1x_3-x_2^2\geqslant 0$, 且 $x_1+x_3\geqslant 0$ 的向量全体构成的集合为

$$C=\{x\in\mathbb{R}^3 \mid x_1x_3-x_2^2\geqslant 0,\ x_1+x_3\geqslant 0\},$$

可以证得该集合 C 为闭凸锥.

事实上, 易证集合 C 为锥. 下面直接证明锥 C 为凸锥, 由向量 $x=(x_1,x_2,x_3)^{\mathrm{T}}$ 的分量构成的对称矩阵记为

$$\boldsymbol{X}=\begin{bmatrix} x_1 & x_2 \\ x_2 & x_3 \end{bmatrix}.$$

令 λ_1,λ_2 为矩阵 $\boldsymbol{X}$ 的两个特征值, 则由集合 C 的定义可得 $x\in C$ 当且仅当

$$\lambda_1+\lambda_2=\operatorname{tr}(\boldsymbol{X})=x_1+x_3\geqslant 0,$$

$$\lambda_1\lambda_2=\det(\boldsymbol{X})=x_1x_3-x_2^2\geqslant 0.$$

而上式等价于 $\lambda_i\geqslant 0,\ i=1,2$. 从而 C 中的向量 x 均对应于半正定锥 S_+^2 中的矩阵 $\boldsymbol{X}$, 即

$$\begin{aligned} C&=\{x\in\mathbb{R}^3 \mid x_1x_3-x_2^2\geqslant 0,\ x_1+x_3\geqslant 0\}\\ &=\{x\in\mathbb{R}^3 \mid x=(x_1,x_2,x_3),\ \boldsymbol{X}\in S_+^2\}. \end{aligned}$$

易证 S_+^2 为凸锥, 即任取 $\boldsymbol{X},\boldsymbol{Y}\in S_+^2$, 均满足 $\boldsymbol{X}+\boldsymbol{Y}\in S_+^2$, 从而有

$$\boldsymbol{X}+\boldsymbol{Y}=\begin{bmatrix} x_1 & x_2 \\ x_2 & x_3 \end{bmatrix}+\begin{bmatrix} y_1 & y_2 \\ y_2 & y_3 \end{bmatrix}\in S_+^2,$$

即

$$(x_1+y_1)(x_3+y_3)-(x_2+y_2)^2\geqslant 0,\quad (x_1+y_1)+(x_3+y_3)\geqslant 0,$$

故 $x+y\in C$, 因而可得 C 为凸锥. 又由集合 C 的定义显然可得, C 为闭集, 故集合 C 为闭凸锥.

下面首先给出极锥的定义, 然后讨论其相关性质.

定义 2.1.5　任意给定锥 $C\subseteq\mathbb{R}^n$, 定义

$$C^*=\{y\in\mathbb{R}^n \mid \langle y,x\rangle\leqslant 0,\ x\in C\}$$

为 C 的**极锥**.

从几何意义来看, 极锥 C^* 是由与集合 C 中的每个向量都保持 90° 及以上夹角的向量全体构成的集合. 如图 2.3 所示.

定理 2.1.4　若 C 为线性子空间, 则 C^* 为 C 的正交补空间.

证明　由极锥的定义可得, 线性子空间 C 的极锥为

$$C^*=\{y\in\mathbb{R}^n \mid \langle y,x\rangle\leqslant 0,\ x\in C\}.$$

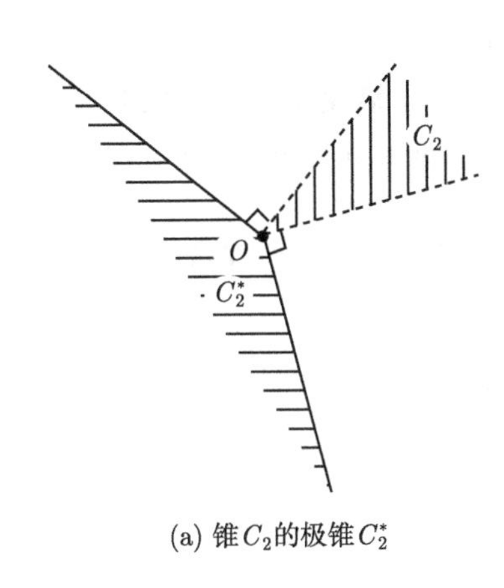

(a) 锥C_2的极锥C_2^*

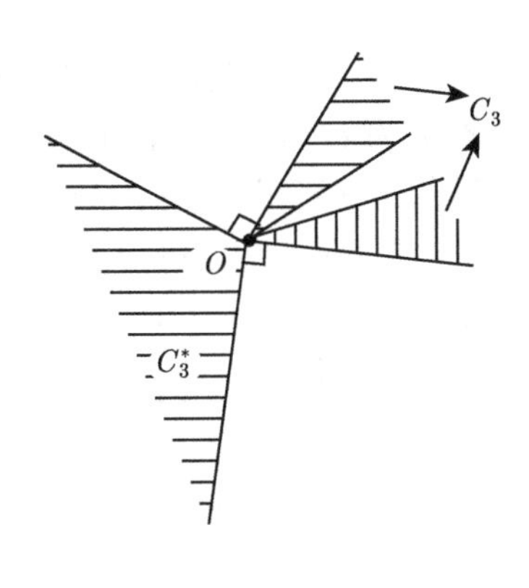

(b) 锥C_3的极锥C_3^*

图 2.3 极锥

记 $C^{\perp} = \{y \in \mathbb{R}^n \mid \langle y, x\rangle = 0,\ x \in C\}$ 为 C 的正交补空间. 因为 C 为线性子空间, 故任取 $y \in C^*$, 均满足

$$\langle y, x\rangle \leqslant 0, \quad \forall x \in C,$$

从而由 $-x \in C$ 可得

$$\langle -y, x\rangle = \langle y, -x\rangle \leqslant 0,$$

进而有

$$\langle y, x\rangle = 0, \quad \forall x \in C,$$

故 $C^* = C^{\perp}$, 结论得证. □

定理 2.1.5 任意给定两个锥 $C, D \subseteq \mathbb{R}^n$, 若 $C \subseteq D$, 则 $C^* \supseteq D^*$.

证明 任取 $y \in D^*$, 对任意 $x \in C \subseteq D$, 则有

$$\langle y, x\rangle \leqslant 0,$$

从而由极锥的定义可得 $y \in C^*$, 即 $D^* \subseteq C^*$. □

定理 2.1.6 任意给定非空锥 $C \subseteq \mathbb{R}^n$, 其极锥 C^* 为闭凸锥且满足

$$C^* = (\text{conv } C)^*.$$

证明 首先 C^* 为锥. 任取 $y_1, y_2 \in C^*$, 对任意的 $x \in C$, 均满足

$$\langle y_1, x\rangle \leqslant 0, \quad \langle y_2, x\rangle \leqslant 0,$$

从而有

$$\langle y_1 + y_2, x\rangle = \langle y_1, x\rangle + \langle y_2, x\rangle \leqslant 0,$$

即 $y_1 + y_2 \in C^*$, 因此由定理 2.1.2 可得 C^* 为凸锥.

设 y 为 C^* 的一个聚点, 则存在 C^* 中的点列 $\{y_k\}$, 满足 $y_k \to y$. 任取 $x \in C$, 由极锥的定义可得 $\langle y_k, x\rangle \leqslant 0$. 当 $k \to \infty$ 时, 有 $\langle y, x\rangle \leqslant 0$ 成立, 即 $y \in C^*$, 从而可得 C^* 为闭集. 综上可得 C^* 为闭凸锥.

下证 $C^* = (\mathrm{conv}\ C)^*$. 先证 $C^* \subseteq (\mathrm{conv}\ C)^*$. 任取 $y \in C^*$, 对任意 $x \in \mathrm{conv}\ C$, 由凸包的定义得

$$x = \sum_{i=1}^{k} \alpha_i x_i, \quad x_i \in C, \quad \alpha_i \geqslant 0, \quad \sum_{i=1}^{k} \alpha_i = 1, \quad i \in [k],$$

故有

$$\langle y, x\rangle = \left\langle y, \sum_{i=1}^{k} \alpha_i x_i \right\rangle = \sum_{i=1}^{k} \alpha_i \langle y, x_i\rangle.$$

由 $x_i \in C$, $y \in C^*$ 得 $\langle y, x_i\rangle \leqslant 0$, 从而有

$$\langle y, x\rangle = \sum_{i=1}^{k} \alpha_i \langle y, x_i\rangle \leqslant 0.$$

因此 $y \in (\mathrm{conv}\ C)^*$, 即 $C^* \subseteq (\mathrm{conv}\ C)^*$.

再证 $(\mathrm{conv}\ C)^* \subseteq C^*$, 因为 $C \subseteq \mathrm{conv}\ C$, 故由定理 2.1.5 得 $(\mathrm{conv}\ C)^* \subseteq C^*$, 综上可得 $C^* = (\mathrm{conv}\ C)^*$. □

定理 2.1.7　任意给定非空锥 $C \subseteq \mathbb{R}^n$, 极锥 C^* 的极锥 C^{**} 与锥 C 的闭凸包 $\mathrm{cl}\ \mathrm{conv}\ C$ 一致, 即 $C^{**} = \mathrm{cl}\ \mathrm{conv}\ C$. 特别地, 若 C 为闭凸锥, 则 $C = C^{**}$.

证明　先证 $\mathrm{cl}\ \mathrm{conv}\ C \subseteq C^{**}$. 任取 $x \in \mathrm{conv}\ C$, 由定理 2.1.6 得 $C^* = (\mathrm{conv}\ C)^*$, 故对任意的 $y \in (\mathrm{conv}\ C)^* = C^*$, 有 $\langle y, x\rangle \leqslant 0$, 从而由极锥的定义可得 $x \in C^{**}$, 即 $\mathrm{conv}\ C \subseteq C^{**}$. 对二者取闭包可得 $\mathrm{cl}\ \mathrm{conv}\ C \subseteq \mathrm{cl}\ C^{**} = C^{**}$, 即证得 $\mathrm{cl}\ \mathrm{conv}\ C \subseteq C^{**}$.

下证 $C^{**} \subseteq \mathrm{cl}\ \mathrm{conv}\ C$. 我们证其逆否命题成立, 即证对任意的 $x \notin \mathrm{cl}\ \mathrm{conv}\ C$, 皆有 $x \notin C^{**}$. 现任取 $x \notin \mathrm{cl}\ \mathrm{conv}\ C$, 由引理 1.2.1 得, 存在非零向量 $a \in \mathbb{R}^n$ 及实数 $\beta \in \mathbb{R}$, 使得对任意的 $z \in \mathrm{conv}\ C$ 有下式成立

$$\langle a, z\rangle \leqslant \beta < \langle a, x\rangle.$$

任取 $z \in C \subseteq \mathrm{conv}\ C$, $\theta > 0$, 则 $\theta z \in \mathrm{conv}\ C$, 且 $\langle a, \theta z\rangle \leqslant \beta$, 从而可得

$$\theta\langle a, z\rangle \leqslant \beta.$$

若 $\langle a, z\rangle > 0$, 则当 $\theta \to +\infty$ 时, 上式不成立, 故 $\langle a, z\rangle \leqslant 0$, 即 $a \in C^*$. 又因为 $0 \in C$, 令 $z = 0$, 则 $0 \leqslant \beta < \langle a, x\rangle$, 即 $\langle a, x\rangle \geqslant 0$, 由 $a \in C^*$ 可得 $x \notin C^{**}$, 故 $C^{**} \subseteq \mathrm{cl}\ \mathrm{conv}\ C$. 综上所述, $C^{**} = \mathrm{cl}\ \mathrm{conv}\ C$.

当 C 为闭凸锥时, $\mathrm{cl\ conv}\ C = C$, 由上述结论可得 $C^{**} = C$. □

定理 2.1.8 给定非空闭凸锥 $C_i \subseteq \mathbb{R}^n$, $i \in [m]$, 则有

$$\left(\bigcup_{i=1}^{m} C_i\right)^* = \bigcap_{i=1}^{m} C_i^*,$$

$$\left(\bigcap_{i=1}^{m} C_i\right)^* = \mathrm{cl\ conv}\ \left(\bigcup_{i=1}^{m} C_i^*\right).$$

证明 由极锥的定义得

$$\begin{aligned}\left(\bigcup_{i=1}^{m} C_i\right)^* &= \{y \in \mathbb{R}^n \mid \langle y, x\rangle \leqslant 0,\ x \in C_1 \cup \cdots \cup C_m\} \\ &= \bigcap_{i=1}^{m} \{y \in \mathbb{R}^n \mid \langle y, x\rangle \leqslant 0,\ x \in C_i\} \\ &= \bigcap_{i=1}^{m} C_i^*.\end{aligned}$$

在 $\left(\bigcup_{i=1}^{m} C_i\right)^* = \bigcap_{i=1}^{m} C_i^*$ 中, 用 C_i^* 代替 C_i 可得

$$\left(\bigcup_{i=1}^{m} C_i^*\right)^* = \bigcap_{i=1}^{m} C_i^{**}.$$

又因为 $C_i^{**} = C_i$, 故

$$\left(\bigcup_{i=1}^{m} C_i^*\right)^* = \bigcap_{i=1}^{m} C_i.$$

对上式两边取极锥可得

$$\left(\bigcup_{i=1}^{m} C_i^*\right)^{**} = \left(\bigcap_{i=1}^{m} C_i\right)^*.$$

由定理 2.1.7 得

$$\left(\bigcup_{i=1}^{m} C_i^*\right)^{**} = \mathrm{cl\ conv}\ \left(\bigcup_{i=1}^{m} C_i^*\right),$$

故结论得证. □

2.2 多面体锥与 Farkas 引理

本节首先给出多面体锥与有限生成锥的定义, 然后说明二者互为极锥, 并进一步介绍 Farkas 引理.

定义 2.2.1　给定向量组 $\{a_i \mid i \in [m]\} \subseteq \mathbb{R}^n$, 将与该组向量内积皆非正的向量全体构成的集合 C 称为**多面体锥**, 即

$$C = \{x \in \mathbb{R}^n \mid \langle a_i, x\rangle \leqslant 0,\ a_i \in \mathbb{R}^n,\ i \in [m]\}.$$

定义 2.2.2　给定向量组 $\{a_i \mid i \in [m]\} \subseteq \mathbb{R}^n$, 若集合 $\bar{C}$ 可以由这有限个向量生成, 即满足

$$\bar{C} = \left\{x \in \mathbb{R}^n \,\middle|\, x = \sum_{i=1}^{m} \theta_i a_i,\ \theta_i \geqslant 0,\ a_i \in \mathbb{R}^n,\ i \in [m]\right\},$$

则称集合 $\bar{C}$ 为**有限生成锥**.

如图 2.4 所示, 图中阴影部分构成的锥体分别表示由 a_1, a_2, a_3 三个向量构成的多面体锥 C 与有限生成锥 $\bar{C}$.

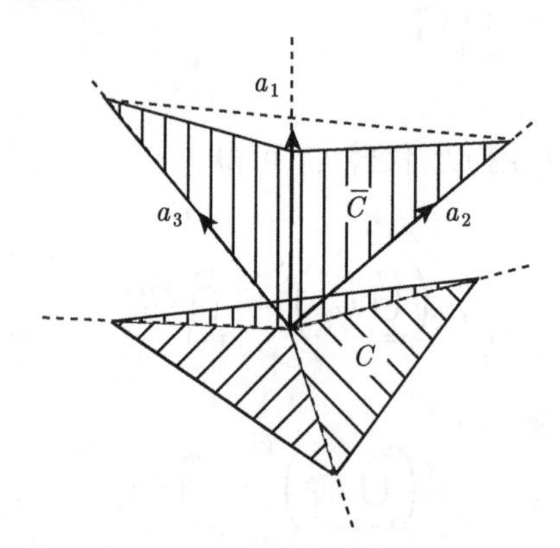

图 2.4　多面体锥与有限生成锥

下述定理说明, 多面体锥与有限生成锥互为极锥.

定理 2.2.1　给定 n 维欧氏空间 $\mathbb{R}^n$ 中的 k 个向量 $a_1, \cdots, a_k$. 令 C, $\bar{C}$ 分别为基于向量组 $\{a_k\}$ 构造的多面体锥及有限生成锥, 即

$$C = \{x \in \mathbb{R}^n \mid \langle a_i, x\rangle \leqslant 0,\ a_i \in \mathbb{R}^n,\ i \in [k]\},$$

$$\bar{C} = \left\{x \in \mathbb{R}^n \,\middle|\, x = \sum_{i=1}^{k} \theta_i a_i,\ \theta_i \geqslant 0,\ a_i \in \mathbb{R}^n,\ i \in [k]\right\}.$$

则锥 C, $\bar{C}$ 皆为闭凸锥, 且互为极锥.

证明　易证锥 C 及 $\bar{C}$ 皆为闭凸锥, 下证两个锥体互为极锥. 首先证明 $C = \bar{C}^*$.

任取 $y \in C$, 则对任意的 $x = \sum\limits_{i=1}^{k} \theta_i a_i \in \bar{C}$, 均有

$$\langle x, y \rangle = \sum_{i=1}^{k} \theta_i \langle a_i, y \rangle \leqslant 0,$$

从而可得 $y \in \bar{C}^*$, 即 $C \subseteq \bar{C}^*$.

现假设 $y \in \bar{C}^*$, 则任取 $\theta_i \geqslant 0,\ i \in [k]$, 均有

$$\left\langle \sum_{i=1}^{k} \theta_i a_i, y \right\rangle = \sum_{i=1}^{k} \theta_i \langle a_i, y \rangle \leqslant 0,$$

从而取特殊的 θ_i 可得

$$\langle a_i, y \rangle \leqslant 0, \quad \forall i \in [k],$$

即 $y \in C$, 从而得 $\bar{C}^* \subseteq C$. 综上可得 $C = \bar{C}^*$.

由于 $\bar{C}$ 为闭凸锥, 从而由定理 2.1.7 得 $C^* = \bar{C}^{**} = \bar{C}$, 结论得证. □

上述定理又称 Farkas 引理, 该引理的另一等价形式如下述定理所示.

定理 2.2.2 若 $x, a_1, \cdots, a_s, b_1, \cdots, b_t$ 都是 $\mathbb{R}^n$ 中的向量, 则 $\langle x, y \rangle \leqslant 0$ 对所有满足

$$\langle y, a_i \rangle \leqslant 0, \quad \forall i \in [s],$$

$$\langle y, b_j \rangle = 0, \quad \forall j \in [t]$$

的 $y \in \mathbb{R}^n$ 成立, 当且仅当 x 可以表示成

$$x = \sum_{i=1}^{s} \lambda_i a_i + \sum_{j=1}^{t} \mu_j b_j,$$

其中 $\lambda_i \in \mathbb{R}_+,\ \mu_j \in \mathbb{R}$.

证明 详细证明过程从略, 此处仅给出证明思路如下:

一方面, 令 $a_{s+j} = b_j,\ a_{s+t+j} = -b_j,\ j \in [t]$. 并记

$$P = \{ y \in \mathbb{R}^n \mid \langle y, a_i \rangle \leqslant 0,\ i \in [s+2t] \},$$

$$K = \left\{ x \in \mathbb{R}^n \;\middle|\; x = \sum_{i=1}^{s+2t} \theta_i a_i,\ \theta_i \geqslant 0,\ i \in [s+2t] \right\},$$

则上述 Farkas 引理可以叙述为 $P^* = K$. 由定理 2.2.1 可得 $P = K^*$ 显然成立.

另一方面, 由于 K 为闭凸锥, 故借助定理 2.1.7 易得 $P^* = K^{**} = K$.

2.3　切锥与法锥

本节主要介绍切锥与法锥的定义及相关性质, 在此之前先给出切向量的概念.

定义 2.3.1　给定集合 $S \subseteq \mathbb{R}^n$, 取 $\bar{x} \in S$. 若在集合 S 中存在收敛于 $\bar{x}$ 的点列 $\{x_k\}$ 及非负数列 $\{\alpha_k\}$, 使得点列 $\{\alpha_k(x_k - \bar{x})\}$ 收敛于 $y \in \mathbb{R}^n$, 则称 y 为集合 S 在点 $\bar{x}$ 处的**切向量**.

定义 2.3.2　集合 S 在点 $\bar{x}$ 处的切向量的全体构成的集合称为 S 在点 $\bar{x}$ 处的**切锥**, 记为 $T_S(\bar{x})$, 即

$$T_S(\bar{x}) = \left\{ y \in \mathbb{R}^n \;\middle|\; \lim_{k\to\infty} \alpha_k(x_k - \bar{x}) = y,\ \lim_{k\to\infty} x_k = \bar{x},\ x_k \in S,\ \alpha_k \geqslant 0,\ k = 1, 2, \cdots \right\}.$$

由图 2.5 可得, 锥 C 在原点 O 处的切锥为 $T_C(O) = C$, 在内点 $\bar{x}$ 处的切锥为 $T_C(\bar{x}) = \mathbb{R}^2$, 在边界点 $\tilde{x}$ 处的切锥 $T_C(\tilde{x})$ 为半空间; 集合 S_1 在点 x 处的切锥为 $T_{S_1}(x)$; 集合 S_2 在点 x 处的切锥为 $T_{S_2}(x)$.

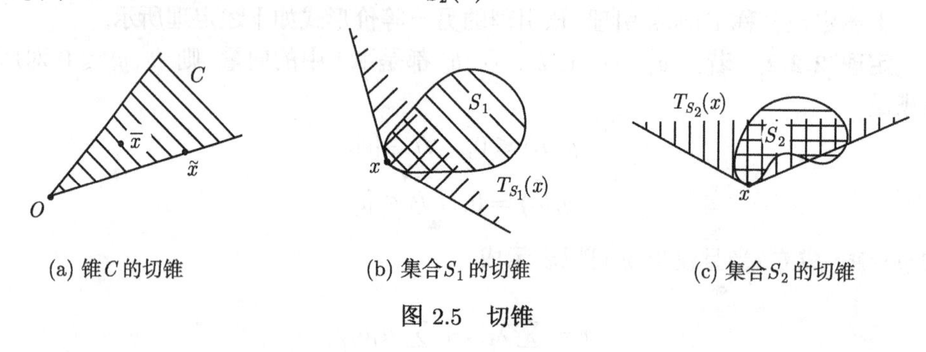

(a) 锥 C 的切锥　　(b) 集合 S_1 的切锥　　(c) 集合 S_2 的切锥

图 2.5　切锥

引理 2.3.1　给定非空集合 $S \subseteq \mathbb{R}^n$, 任取点 $\bar{x} \in S$, 则 $T_S(\bar{x})$ 为非空闭锥.

证明　由切锥的定义可得 $T_S(\bar{x})$ 显然是锥, 又因为 $0 \in T_S(\bar{x})$, 故 $T_S(\bar{x})$ 非空, 下证 $T_S(\bar{x})$ 为闭集, 为此仅需证 $T_S(\bar{x})$ 中任意点列 $\{y_l\}$ 的极限点 $\bar{y} \in T_S(\bar{x})$ 即可. 任取 l, 使得 $y_l \in T_S(\bar{x})$, 由切锥的定义得, 存在满足 $\lim\limits_{k\to\infty} x_{l,k} = \bar{x}$ 的点列 $\{x_{l,k}\}$ 及非负数列 $\{\alpha_{l,k}\}$, 使得 $\lim\limits_{k\to\infty} \alpha_{l,k}(x_{l,k} - \bar{x}) = y_l$. 从而, 对每个 l, 均存在 $k(l)$ 满足

$$\|\alpha_{l,k(l)}(x_{l,k(l)} - \bar{x}) - y_l\| \leqslant \frac{1}{2l}, \quad \|y_l - \bar{y}\| \leqslant \frac{1}{2l} \quad 且 \quad \|x_{l,k(l)} - \bar{x}\| \leqslant \frac{1}{l}.$$

令 $x_l = x_{l,k(l)}$, $\alpha_l = \alpha_{l,k(l)}$, 则

$$\|\alpha_l(x_l - \bar{x}) - \bar{y}\| \leqslant \|\alpha_l(x_l - \bar{x}) - y_l\| + \|y_l - \bar{y}\| \leqslant \frac{1}{l},$$

因而

$$\lim_{l\to\infty} x_l = \bar{x} \quad 且 \quad \lim_{l\to\infty} (x_l - \bar{x}) = \bar{y},$$

故 $\bar{y} \in T_S(\bar{x})$, 结论得证. □

定理 2.3.1 设 $S \subseteq \mathbb{R}^n$ 为非空凸集, 任取 $\bar{x} \in S$, 令

$$\text{cone}\,[S, \bar{x}] = \{y \in \mathbb{R}^n \mid y = \beta(x - \bar{x}),\ x \in S,\ \beta > 0\} \subseteq \mathbb{R}^n,$$

则有

$$T_S(\bar{x}) = \text{cl cone}\,[S, \bar{x}].$$

证明 首先证 $T_S(\bar{x}) \subseteq \text{cl cone}\,[S, \bar{x}]$. 任取 $y \in T_S(\bar{x})$, 则存在集合 S 中的点列 $\{x_k\}$ 及非负数列 $\{\alpha_k\}$, 使得

$$\lim_{k\to\infty} x_k = \bar{x} \quad 且 \quad \lim_{k\to\infty} \alpha_k(x_k - \bar{x}) = y.$$

由 $\text{cone}\,[S, \bar{x}]$ 的定义可得 $\{\alpha_k(x_k - \bar{x})\} \subseteq \text{cone}\,[S, \bar{x}]$, 故 $y \in \text{cl cone}\,[S, \bar{x}]$.

下证 $T_S(\bar{x}) \supseteq \text{cl cone}\,[S, \bar{x}]$. 由引理 2.3.1 得, $T_S(\bar{x})$ 为闭集, 故仅需证明 $\text{cone}\,[S, \bar{x}] \subseteq T_S(\bar{x})$ 即可. 任取 $y \in \text{cone}\,[S, \bar{x}]$, 由定义得, 存在 $x \in S$ 及 $\beta > 0$ 使得 $y = \beta(x - \bar{x})$. 任取趋向于 $+\infty$ 的正数列 $\{\gamma_k\}$, 并令 $\{x_k\}$ 为满足 $x_k = \bar{x} + \dfrac{x - \bar{x}}{\gamma_k}$ 的点列, 则有

$$\lim_{k\to\infty} x_k = \bar{x} \quad 且 \quad y = \beta\gamma_k(x_k - \bar{x}),\ k = 1, 2, \cdots.$$

又因为集合 S 为凸集, 故存在正整数 k_0 使得当 $k \geqslant k_0$ 时, 满足 $x_k \in S$. 从而由切锥的定义可得 $y \in T_S(\bar{x})$.

综上所述, 结论得证. □

定义 2.3.3 若 $T_S(\bar{x})$ 为集合在 $\bar{x}$ 处的切锥, 则切锥的极锥 $T_S(\bar{x})^*$ 称为集合 S 在点 $\bar{x} \in S$ 处的**法锥**, 记为 $N_S(\bar{x})$, 即

$$N_S(\bar{x}) = \{z \in \mathbb{R}^n \mid \langle z, x\rangle \leqslant 0,\ x \in T_S(\bar{x})\}.$$

图 2.6 分别给出集合 S_1 在点 x 处的法锥 $N_{S_1}(x)$ 以及集合 S_2 在点 x 处的法锥 $N_{S_2}(x)$.

当 S 为凸集时, 由定理 2.3.1 得, 法锥可以表示为

$$N_S(\bar{x}) = \{z \in \mathbb{R}^n \mid \langle z, x - \bar{x}\rangle \leqslant 0,\ x \in S\}.$$

易得 $N_S(\bar{x})$ 为闭凸锥. 通常将属于 $N_S(\bar{x})$ 的向量称为 S 在点 $\bar{x}$ 处的法向量.

法锥对于约束凸优化问题最优性条件的建立有着至关重要的作用, 我们将在后续章节展开叙述.

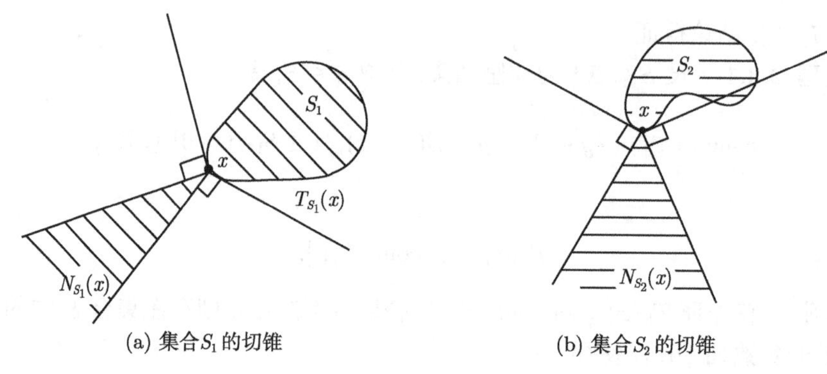

(a) 集合 S_1 的切锥　　(b) 集合 S_2 的切锥

图 2.6　法锥

2.4　正常锥与广义不等式

本节首先介绍正常锥与对偶锥的定义及相关性质, 然后借助正常锥定义广义不等式并研究其性质, 最后基于广义不等式给出广义凸函数的定义.

2.4.1　正常锥与对偶锥

定义 2.4.1　若锥 C 的内部 $\text{int}\, C$ 非空, 则称 C 为**实锥**.

若锥 C 对任意的 $x \in C$, $-x \in C$ 皆有 $x = 0$, 则称 C 为**尖锥**.

若非空闭凸锥 $C \subseteq \mathbb{R}^n$ 为实的尖锥, 则称 C 为**正常锥**.

从几何意义上讲尖锥中不包含任何过原点的直线.

接下来我们给出对偶锥的定义及相关性质.

定义 2.4.2　给定锥 $C \subseteq \mathbb{R}^n$, 将与 C 中的每个向量都保持 90° 及以下夹角的向量全体构成的集合称为 C 的**对偶锥**, 记为 $C^\star$:

$$C^\star = \{y \in \mathbb{R}^n \mid \langle y, x\rangle \geqslant 0,\ x \in C\}.$$

对偶锥与极锥的不同在于此处所有向量内积皆不小于 0, 而极锥中向量内积皆不大于 0, 即锥 C 的对偶锥 $C^\star$ 与极锥 C^* 互为负锥. 特别地, 若 C 的对偶锥为其本身, 则称锥 C 自对偶. 比如非负象限 $\mathbb{R}^n_+$, 半正定矩阵锥 S^n_+.

如图 2.7 所示, 从几何上看, 向量 $y \in C^\star$ 当且仅当 $-y$ 为锥 C 在原点上的一个支撑超平面的法线.

由于对偶锥与极锥的关系满足 $C^\star = -C^*$, 故极锥的相关结论对于对偶锥同样成立.

定理 2.4.1　给定非空锥 $C \subseteq \mathbb{R}^n$, 则其对偶锥 $C^\star$ 为闭凸锥.

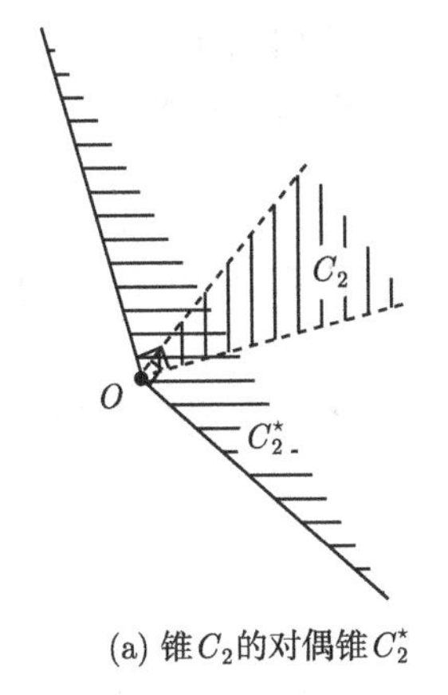

(a) 锥 C_2 的对偶锥 $C_2^\star$

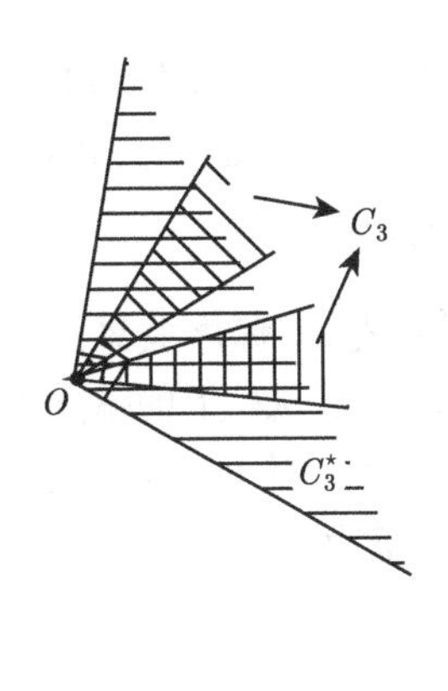

(b) 锥 C_3 的对偶锥 $C_3^\star$

图 2.7 对偶锥

定理 2.4.2 任意给定两个锥 $C, D \subseteq \mathbb{R}^n$, 若 $C \subseteq D$, 则其对偶锥满足 $C^\star \supseteq D^\star$.

定理 2.4.3 给定非空锥 $C \subseteq \mathbb{R}^n$, 则其对偶锥 $C^\star$ 与其凸包的对偶锥一致, 即 $C^\star = (\text{conv } C)^\star$.

定理 2.4.4 任意给定非空锥 $C \subseteq \mathbb{R}^n$, 对偶锥 $C^\star$ 的对偶锥 $C^{\star\star}$ 与锥 C 的闭凸包 $\text{cl conv } C$ 一致, 即 $C^{\star\star} = \text{cl conv } C$. 特别地, 若 C 为闭凸锥, 则 $C = C^{\star\star}$.

下面两个定理说明锥和对偶锥与实锥和尖锥间的关系.

定理 2.4.5 若锥 C 为实锥, 即 $\text{int } C \neq \varnothing$, 则其对偶锥 $C^\star$ 为尖锥.

证明 假设 $C^\star$ 非尖锥, 则存在 $y, -y \in C^\star$, 且 $y \neq 0, \|y\| = 1$. 由于锥 C 的内部非空, 故存在 $x \in C,\ r > 0$, 使得 $B(x, r) \in C$. 由对偶锥的定义得

$$\langle y, x \rangle \geqslant 0, \quad \langle -y, x \rangle \geqslant 0.$$

从而有 $\langle y, x \rangle = 0$. 又因为 $x + \frac{r}{2} \cdot y \in C$, 故有

$$0 \leqslant \left\langle -y, x + \frac{r}{2} \cdot y \right\rangle = \langle -y, x \rangle - \frac{r}{2} \langle y, y \rangle = -\frac{r}{2} < 0.$$

这与 $C^\star$ 为对偶锥矛盾, 从而可得 $C^\star$ 为尖锥. □

定理 2.4.6 若锥 C 的闭凸包 $\text{cl conv } C$ 为尖锥, 则其对偶锥 $C^\star$ 为实锥.

证明 我们证其逆否命题成立, 首先若给定凸集没有内点, 则存在一个超平面使得整个凸集都被包含在该超平面中. 现在假定对偶锥 $C^\star$ 非实锥, 即 $\text{int } C^\star = \varnothing$, 由定理 2.4.1 得 $C^\star$ 为凸集, 从而存在非零向量 $x \in \mathbb{R}^n$ 使得对任意的 $y \in C^\star$, 均有

$$\langle x, y \rangle = 0.$$

从而可得 $x, -x \in C^{\star\star}$. 因为 $x \neq 0$, 故 $C^{\star\star}$ 非尖锥. 由定理 2.4.4 可得 $\text{cl conv } C = C^{\star\star}$ 非尖锥, 进而结论得证. □

综合定理 2.4.1、定理 2.4.5、定理 2.4.6, 显然可得如下结论.

定理 2.4.7 若锥 C 为正常锥, 则其对偶锥 $C^\star$ 也为正常锥.

2.4.2 广义不等式

广义不等式, 即偏序关系, 它与 $\mathbb{R}$ 上的标准序有很多相同的性质. 借助正常锥 $C \subseteq \mathbb{R}^n$, 可以定义 $\mathbb{R}^n$ 上的偏序关系如下.

定义 2.4.3 对于正常锥 $C \subseteq \mathbb{R}^n$, 取 $x, y \in \mathbb{R}^n$, 若 $y - x \in C$, 则称 x 与 y 存在**偏序关系**, 记为

$$x \preceq_C y \quad 或 \quad x \succeq_C y,$$

上述关系又称为**广义不等式**.

类似地, 若 $y - x \in \operatorname{int} C$, 则称 x 与 y 存在**严格偏序关系**, 记为

$$x \prec_C y \quad 或 \quad x \succ_C y,$$

同样地, 上述关系又被称为**严格广义不等式**.

特别地, 当 $C = \mathbb{R}_+$ 时, 偏序关系 $\preceq_C$ 就是通常意义上 $\mathbb{R}$ 中的序 $\leqslant$. 相应地, 严格偏序关系 $\prec_C$ 与 $\mathbb{R}$ 上的严格序 $<$ 相同. 因此, 广义不等式可以看作我们通常的不等式的推广.

接下来讨论与广义不等式相关的性质.

定理 2.4.8 若 C 为正常锥, 则由 C 定义的广义不等式 $\preceq_C$ 满足如下性质:

(1) $\preceq_C$ 对于加法是保序的: 若 $x_1 \preceq_C y_1$ 且 $x_2 \preceq_C y_2$, 则 $x_1 + x_2 \preceq_C y_1 + y_2$.

(2) $\preceq_C$ 对于非负数乘是保序的: 若 $x \preceq_C y$ 且 $\alpha \geqslant 0$, 则 $\alpha x \preceq_C \alpha y$.

(3) $\preceq_C$ 具有传递性: 若 $x \preceq_C y$ 且 $y \preceq_C z$, 则 $x \preceq_C z$.

(4) $\preceq_C$ 具有自反性: 即 $x \preceq_C x$.

(5) $\preceq_C$ 具有反对称性: 若 $x \preceq_C y$ 且 $y \preceq_C x$, 则 $x = y$.

(6) $\preceq_C$ 对于极限运算是保序的: 若 $x_i \preceq_C y_i$, $\forall i = 1, 2, \cdots$, 当 $i \to \infty$ 时, $x_i \to x$且 $y_i \to y$, 则 $x \preceq_C y$.

证明 (1) 若 $x_1 \preceq_C y_1$ 且 $x_2 \preceq_C y_2$, 则由广义不等式的定义可得

$$y_1 - x_1 \in C, \quad y_2 - x_2 \in C.$$

由正常锥 C 的凸性及定理 2.1.2 可得

$$(y_1 - x_1) + (y_2 - x_2) \in C,$$

即

$$(y_1 + y_2) - (x_1 + x_2) \in C.$$

从而可得 $x_1 + x_2 \preceq_C y_1 + y_2$.

(2) 若 $x \preceq_C y$, 即 $y-x \in C$, 则对任意的 $\alpha \geqslant 0$, 由锥 C 的定义得, $\alpha(y-x) \in C$, 即 $\alpha x \preceq_C y$.

(3) 若 $x \preceq_C y$, $y \preceq_C z$, 即 $y - x \in C$, $z - y \in C$, 则由正常锥 C 的凸性及定理 2.1.2 可得

$$(y - x) + (z - y) \in C,$$

即 $z - x \in C$, 从而可得 $x \preceq_C z$.

(4) 由正常锥 C 的定义可得, $0 \in C$, 即 $x - x \in C$, 从而有 $x \preceq_C x$.

(5) 若 $x \preceq_C y$ 且 $y \preceq_C x$, 则

$$y - x \in C, \quad x - y \in C.$$

由正常锥 C 必为尖锥可得, $y - x = 0$, 即 $y = x$.

(6) 若 $x_i \preceq_C y_i$, $\forall i = 1, 2, \cdots$, 即 $y_i - x_i \in C$, $\forall i = 1, 2, \cdots$, 因为当 $i \to \infty$ 时, $x_i \to x$且 $y_i \to y$, 从而由正常锥 C 的闭性可得 $y - x \in C$, 即 $x \preceq_C y$. □

相应的严格广义不等式 $\prec_C$ 也满足如下一些性质.

定理 2.4.9 若 C 为正常锥, 则由 C 定义的严格广义不等式满足如下性质:

(1) 若 $x \prec_C y$, 则 $x \preceq_C y$.

(2) 若 $x_1 \prec_C y_1$ 且 $x_2 \preceq_C y_2$, 则 $x_1 + x_2 \prec_C y_1 + y_2$.

(3) 若 $x \prec_C y$ 且 $\alpha > 0$, 则 $\alpha x \prec_C \alpha y$.

(4) $x \not\prec_C x$.

证明 (1) 若 $x \prec_C y$, 则 $y - x \in \text{int } C$, 又因为 $\text{int } C \subseteq C$, 故 $y - x \in C$, 从而可得 $x \preceq_C y$.

(2) 若 $x_1 \prec_C y_1$ 且 $x_2 \preceq_C y_2$, 则

$$y_1 - x_1 \in \text{int } C, \quad y_2 - x_2 \in C.$$

由内点的定义可得, 存在 $r > 0$, 使得 $B(y_1 - x_1, r) \subseteq C$. 又因为 $y_2 - x_2 \in C$, 故存在 $\bar{r} > 0$, 使得 $B((y_1 + y_2) - (x_1 + x_2), \bar{r}) \subseteq C$, 即 $(y_1 + y_2) - (x_1 + x_2) \in \text{int } C$, 从而可得 $x_1 + x_2 \prec_C y_1 + y_2$.

(3) 若 $x \prec_C y$, 则 $y - x \in \text{int } C$, 结合锥 C 的定义可得, 对于任意的 $\alpha > 0$, 皆有 $\alpha(y - x) \in \text{int } C$, 即 $\alpha x \prec_C \alpha y$.

(4) 假设 $x \prec_C x$, 则 $0 = x - x \in \text{int } C$. 由正常锥的定义易得 $0 \in \text{bd } C$, 矛盾, 故 $x \not\prec_C x$. □

广义不等式的一些性质与普通不等式有明显的区别, 即对于 $\mathbb{R}$ 上的线性序, 任意两点都是可比的, 而该性质对广义不等式并不成立.

由于正常锥 C 的对偶锥 $C^\star$ 亦为正常锥, 因此根据 $C^\star$ 也能导出相应的广义不等式, 记为 $\preceq_{C^\star}$, 并称其为广义不等式 $\preceq_C$ 的对偶.

关于广义不等式及其对偶有如下结论成立.

定理 2.4.10 (1) $x \preceq_C y$ 当且仅当对于任意的 $\lambda \succeq_{C^\star} 0$, 有 $\lambda^{\mathrm{T}} x \leqslant \lambda^{\mathrm{T}} y$.

(2) $x \prec_C y$ 当且仅当对于任意的 $\lambda \succeq_{C^\star} 0$ 及 $\lambda \neq 0$, 有 $\lambda^{\mathrm{T}} x < \lambda^{\mathrm{T}} y$.

证明 对于 (1), 先证必要性. 若 $x \preceq_C y$, 即 $y - x \in C$, 则对任意的 $\lambda \succeq_{C^\star} 0$, 即 $\lambda \in C^\star$, 由对偶锥的定义可得

$$\langle \lambda, y - x \rangle \geqslant 0,$$

即 $\lambda^{\mathrm{T}} x \leqslant \lambda^{\mathrm{T}} y$.

下证充分性. 任取 $\lambda \in C^\star$, 由 $\lambda^{\mathrm{T}} x \leqslant \lambda^{\mathrm{T}} y$ 可得

$$\langle \lambda, y - x \rangle \geqslant 0,$$

从而, 由对偶锥的定义可得 $(y - x) \in C^{\star\star}$. 又因为 C 为正常锥, 故由锥 C 的闭凸性可得, $C^{\star\star} = C$, 进而有 $(y - x) \in C$, 即 $x \preceq_C y$. 结论 (1) 得证. 类似可得结论 (2) 成立. □

因为 $C = C^{\star\star}$, 与 $\preceq_{C^\star}$ 相关的对偶广义不等式为 $\preceq_C$, 因此交换广义不等式及其对偶后, 上述性质依然成立.

借助广义不等式可以给出广义凸函数的定义如下.

定义 2.4.4 设 C 为 $\mathbb{R}^n$ 空间上的正常锥. 若对任意的 $x_1, x_2 \in \mathbb{R}^n$, $\lambda \in [0, 1]$, 皆有

$$f(\lambda x_1 + (1 - \lambda) x_2) \preceq_C \lambda f(x_1) + (1 - \lambda) f(x_2),$$

则称函数 f 为**广义 C-凸函数**. 若对任意不同的 $x_1, x_2 \in \mathbb{R}^n$, 以及 $\lambda \in [0, 1]$, 皆有

$$f(\lambda x_1 + (1 - \lambda) x_2) \prec_C \lambda f(x_1) + (1 - \lambda) f(x_2),$$

则称函数 f 为**严格广义 C-凸函数**.

若函数 $-f$ 为 (严格) 广义 C-凸函数, 则称函数 f 为 (严格) 广义 C-凹函数.

第3章 优化问题及对偶理论

本章首先介绍优化问题的基本形式及概念，然后逐步引入和展开有关对偶理论的分析与讨论. 对偶理论在最优化理论的研究中占有重要地位，基于对偶理论不仅可以揭示原始优化问题与对偶问题之间深刻而有趣的关系和性质，而且可以判断解的属性并设计有效的求解算法.

3.1 最优化及凸优化问题

本节首先介绍最优化及凸优化问题的定义，然后讨论优化问题的几种分类方式，最后给出优化问题解的相关定义.

最优化问题即求解在 n 维空间 $\mathbb{R}^n$ 上的函数的极值问题，有时函数的自变量可取遍 $\mathbb{R}^n$ 空间，有时则被限制在一个给定的区域中. 标准形式的最优化问题定义如下.

定义 3.1.1 我们称如下形式的问题为**最优化问题**

$$\begin{aligned} \min \quad & f(x), \\ \text{s.t.} \quad & c_i(x) \leqslant 0, \quad i \in I, \\ & c_j(x) = 0, \quad j \in E, \end{aligned} \tag{3.1}$$

其中自变量 $x \in \mathbb{R}^n$，函数 $f(x)$ 称为**目标函数**; $c_k(x),\ k \in I \cup E$ 称为**约束函数**; I 称为不等式约束指标集; 对任意的 $i \in I,\ c_i(x) \geqslant 0$ 称为不等式约束; E 称为等式约束指标集; 对任意的 $j \in E,\ c_j(x) = 0$ 称为等式约束.

设最优化问题的定义域

$$D = \operatorname{dom} f(x) \bigcap_{i \in I} \operatorname{dom} c_i(x) \bigcap_{j \in E} \operatorname{dom} c_j(x)$$

为非空集合. 将满足所有约束的点的集合称为问题 (3.1) 的可行域，记为 X，即

$$X = \{x \mid c_i(x) \leqslant 0,\ i \in I,\ \ c_j(x) = 0,\ j \in E\}.$$

任意的 $x \in X$，皆称为最优化问题的可行解，并且针对每个可行解 x，我们都可以定义相应的指标集 $I(x)$ 如下:

$$I(x) = \{i \mid c_i(x) = 0,\ i \in I\},$$

并称指标集

$$A(x) = E \cup I(x) = \{i \mid c_i(x) = 0,\ i \in E \cup I\}$$

为 x 点的积极集, 相应的约束 $c_i(x) = 0,\ i \in A(x)$ 称为 x 点的积极约束.

定义 3.1.2　若最优化问题 (3.1) 中的不等式约束变为广义不等式约束, 即

$$\begin{aligned} \min \quad & f(x), \\ \text{s.t.} \quad & \hat{c}_k(x) \preceq_{C_k} 0, \quad k \in K, \\ & \tilde{c}(x) = 0, \end{aligned} \tag{3.2}$$

其中约束函数满足

$$\bigcup_{k=1}^{|K|} \hat{c}_k(x) = (c_1(x), c_2(x), \cdots, c_{|I|}(x))^{\mathrm{T}} \in \mathbb{R}^{|I|} \text{ 且 } \bigcap_{k=1}^{|K|} \hat{c}_k(x) = \varnothing,$$

$$\tilde{c}(x) = (c_1(x), c_2(x), \cdots, c_{|E|}(x))^{\mathrm{T}} \in \mathbb{R}^{|E|},$$

集合 $C_k \subseteq \mathbb{R}^{|I_k|}$ 为正常锥, 且 $\sum_{k=1}^{|K|} |I_k| = |I|$, 则称问题 (3.2) 为**广义最优化问题**.

凸优化问题由于具有许多好的性质而得到了广泛的研究与应用, 本书也将重点描述凸优化问题的理论与算法. 先在此给出凸优化问题的标准形式.

定义 3.1.3　我们称如下形式的最优化问题为**凸优化问题**:

$$\begin{aligned} \min \quad & f(x), \\ \text{s.t.} \quad & c_i(x) \leqslant 0, \quad i \in I, \\ & c_j(x) = 0, \quad j \in E, \end{aligned} \tag{3.3}$$

其中目标函数 $f(x)$ 及不等式约束函数 $c_i(x),\ i \in I$ 皆为连续可微的凸函数, 且等式约束函数 $c_j(x),\ j \in E$ 为线性函数. 设其定义域

$$D = \operatorname{dom} f(x) \bigcap_{i \in I} \operatorname{dom} c_i(x) \bigcap_{j \in E} \operatorname{dom} c_j(x)$$

为非空集合, 将满足所有约束的点的集合称为问题 (3.3) 的可行域, 记为 X, 即

$$X = \{x \mid c_i(x) \leqslant 0,\ i \in I, c_j(x) = 0,\ j \in E\}.$$

进一步, 若目标函数为严格凸函数, 则称问题 (3.3) 为**严格凸优化问题**.

类似地, 给定广义最优化问题 (3.2), 若目标函数 $f(x)$ 及广义不等式约束函数 $\hat{c}_k(x),\ k \in K$ 皆为连续可微的广义 C_k-凸函数, 其中 C_k 为相应空间中具有内点的闭尖凸锥, 而且等式约束函数 $\tilde{c}(x)$ 为线性函数, 则称相应的问题为**广义凸优化问题**.

为了简便, 我们不再另立章节专门介绍广义凸优化问题的优化理论. 在每次得到凸优化的相关理论后, 对广义凸优化理论作相应推广即可.

需要注意的是, 本书所研究的优化问题皆为极小化问题. 事实上, 若要求解函数 $f(x)$ 的极大值, 则仅需在 $f(x)$ 前添加负号将其转化为与之等价的极小化问题即可.

接下来讨论最优化问题的几种分类方式:

若可行域 $X=\mathbb{R}^n$, 则称 (3.1) 为无约束优化问题; 否则, 称 (3.1) 为约束优化问题. 约束优化问题通常比无约束优化问题难解, 但它们之间在某些条件下是可以互相转化的. 事实上, 求解约束优化问题时, 常用的一种求解策略是将其转化为近似的无约束优化问题.

若最优化问题 (3.1) 中目标函数及约束函数都是线性的, 则称其为线性规划, 否则称为非线性规划.

若最优化问题 (3.1) 中目标函数是二次函数, 约束函数皆为线性的, 则称其为二次规划. 在众多优化问题中线性规划及二次规划是最简单的两类优化问题, 且有比较完善的理论性质和高效的求解算法.

若最优化问题 (3.1) 中目标函数及约束函数都是连续可微的, 则称其为光滑优化问题, 否则称为非光滑优化问题. 针对光滑优化问题, 我们可以借助目标函数及约束函数的梯度来估计邻域内点的函数值, 并建立梯度型数值方法, 而对于非光滑优化问题要建立类似的求解方法, 则需要借助次梯度或光滑化等技术.

下面介绍一般的最优化问题解的相关定义.

定义 3.1.4 给定可行解 x^*, 若对任意其他的可行解 $x\in X$, 皆有

$$f(x^*)\leqslant f(x),$$

则称 x^* 为最优化问题 (3.1) 的**全局最优解**, 称相应的目标函数值 $f(x^*)$ 为**全局最优值**. 若上述不等号严格成立, 则称 x^* 为最优化问题 (3.1) 的**严格全局最优解**, 相应的目标函数值 $f(x^*)$ 称为**严格全局最优值**. 这两种情况, 我们都记

$$x^*=\arg\min_{x\in X} f(x).$$

定义 3.1.5 给定可行解 x^*, 若对任意其他的可行解 $x\in X$, 皆存在 $\epsilon>0$, 使得

$$f(x^*)\leqslant f(x)+\epsilon,$$

则称 x^* 为最优化问题 (3.1) 的 **ϵ-次优解**, 相应的目标函数值 $f(x^*)$ 称为 **ϵ-次优值**.

定义 3.1.6 给定可行解 x^*, 若存在 δ 使得 x^* 为其邻域 $B(x^*,\delta)$ 内的最优解, 即对任意的 $x\in B(x^*,\delta)\cap X$, $x\neq x^*$, 皆有

$$f(x^*)\leqslant(<)f(x),$$

则称 x^* 为最优化问题 (3.1) 的 (**严格**)**局部最优解**.

最优化问题的研究核心是最优解的存在性及其结构性质的研究以及最优化问题的求解算法与性能分析. 对一般的非线性最优化问题, 求解和验证其全局最优解非常困难. 因此, 通常只关注局部最优解或特殊问题 (如凸优化问题) 的全局最优解.

3.2　Lagrange 函数

本节主要给出 Lagrange 函数的定义, 在此之前先给出该函数的引入过程.

首先回顾最优化问题 (3.1)

$$\begin{aligned} \min \quad & f(x), \\ \text{s.t.} \quad & c_i(x) \leqslant 0, \ \ i \in I, \\ & c_j(x) = 0, \ \ j \in E. \end{aligned}$$

借助下述两个一元指示函数

$$\delta_-(t) = \begin{cases} 0, & t \leqslant 0, \\ +\infty, & t > 0, \end{cases}$$

$$\delta_0(t) = \begin{cases} 0, & t = 0, \\ +\infty, & t \neq 0 \end{cases}$$

可以将其转化为如下等价的无约束优化问题:

$$\min_{x \in \mathbb{R}^n} F(x) = f(x) + \sum_{i \in I} \delta_-(c_i(x)) + \sum_{j \in E} \delta_0(c_j(x)).$$

然而, 这种硬罚函数的转化使得上述问题成为非连续的, 并无实际意义. 所以考虑将其松弛, 即允许违反约束. 可将约束函数与给定线性罚因子的乘积看作惩罚项, 这样违反程度越大, 相应的惩罚就越大, 从而上述问题的目标函数变为如下 Lagrange 函数.

定义 3.2.1　对于最优化问题 (3.1), 将满足如下形式的函数 $L : \mathbb{R}^n \times \mathbb{R}^{|I|} \times \mathbb{R}^{|E|} \to \mathbb{R}$

$$L(x, \lambda, \mu) = f(x) + \sum_{i \in I} \lambda_i c_i(x) + \sum_{j \in E} \mu_j c_j(x)$$

称为问题 (3.1) 的 **Lagrange 函数**, 其中 $x \in \mathbb{R}^n$, $\lambda = (\lambda_1, \lambda_2, \cdots, \lambda_{|I|}) \in \mathbb{R}^{|I|}$, $\mu = (\mu_1, \mu_2, \cdots, \mu_{|E|}) \in \mathbb{R}^{|E|}$, $\lambda_i \geqslant 0$, $\mu_i \in \mathbb{R}$ 且 λ, μ 分别称为不等式约束及等式约束的**Lagrange 乘子**, 简称**乘子**.

下面给出一个简单的例子, 以考察 Lagrange 函数的作用.

考虑优化问题

$$\begin{aligned} \min \quad & f(x), \\ \text{s.t.} \quad & \boldsymbol{A}x = b, \end{aligned} \tag{3.4}$$

其中目标函数 $f(x)$ 为连续可微的凸函数, 约束函数的系数矩阵 $\boldsymbol{A} \in \mathbb{R}^{m\times n}$, $m < n$, 向量 $b \in \mathcal{R}(\boldsymbol{A}) \subseteq \mathbb{R}^m$ (其中 $\mathcal{R}(\boldsymbol{A})$ 表示矩阵 $\boldsymbol{A}$ 的值空间, $b \in \mathcal{R}(\boldsymbol{A})$ 保证了上述优化问题的可行域非空).

容易看出, x^* 为上述优化问题的全局最优解, 即

$$x^* = \arg\min\{f(x) \mid \boldsymbol{A}x = b\},$$

当且仅当

$$\boldsymbol{A}x^* = b \tag{3.5}$$

且对任意满足 $\boldsymbol{A}y = b$ 的向量 y 均有 $\nabla f(x^*)^{\mathrm{T}}(y - x^*) \geqslant 0$ 成立:

$$\nabla f(x^*)^{\mathrm{T}}(y - x^*) \geqslant 0, \quad \forall y - x^* \in \mathcal{N}(\boldsymbol{A}), \tag{3.6}$$

其中 $\mathcal{N}(\boldsymbol{A}) = \{v \mid \boldsymbol{A}v = 0\}$ 表示矩阵 $\boldsymbol{A}$ 的零空间, 且 $\boldsymbol{A}y = b$, $\boldsymbol{A}x^* = b$.

由于矩阵 $\boldsymbol{A}$ 的零空间 $\mathcal{N}(\boldsymbol{A})$ 与 $\boldsymbol{A}^{\mathrm{T}}$ 的值空间 $\mathcal{R}(\boldsymbol{A}^{\mathrm{T}})$ 正交, 即 $\mathcal{N}(\boldsymbol{A}) \perp \mathcal{R}(\boldsymbol{A}^{\mathrm{T}})$, 因此式 (3.6) 表明 $\nabla f(x^*) \in \mathcal{R}(\boldsymbol{A}^{\mathrm{T}})$, 从而存在 $\mu^* \in \mathbb{R}^m$ 使得 $\boldsymbol{A}^{\mathrm{T}}(-\mu^*) = \nabla f(x^*)$, 即

$$\nabla f(x^*) + \boldsymbol{A}^{\mathrm{T}}\mu^* = 0. \tag{3.7}$$

联系到优化问题 (3.4) 的 Lagrange 函数 $L(x,\mu) = f(x) + \mu^{\mathrm{T}}(\boldsymbol{A}x - b)$, 则式 (3.5) 和 (3.7) 可以表示为

$$\begin{cases} \dfrac{\partial L}{\partial x}(x^*, \mu^*) = \nabla f(x^*) + \boldsymbol{A}^{\mathrm{T}}\mu^* = 0, \\ \dfrac{\partial L}{\partial \mu}(x^*, \mu^*) = \boldsymbol{A}x^* - b = 0. \end{cases} \tag{3.8}$$

这意味着 (x^*, μ^*) 是 Lagrange 函数的稳定点.

3.3 对偶函数

本节将介绍对偶函数的定义及相关性质, 首先给出对偶函数的定义如下.

定义 3.3.1 给定最优化问题 (3.1), 若函数 $g: \mathbb{R}^{|I|} \times \mathbb{R}^{|E|} \to \mathbb{R}$ 为 Lagrange 函数关于 x 取得的最小值, 即对 $\lambda \in \mathbb{R}^{|I|}$, $\mu \in \mathbb{R}^{|E|}$, 有

$$g(\lambda,\mu) = \inf_{x\in D} L(x,\lambda,\mu) = \inf_{x\in D}\left\{f(x) + \sum_{i\in I}\lambda_i c_i(x) + \sum_{j\in E}\mu_j c_j(x)\right\},$$

则称 $g(\lambda,\mu)$ 为最优化问题 (3.1) 的**Lagrange 对偶函数**, 简称**对偶函数**.

如果 Lagrange 函数关于 x 无下界, 则对偶函数取值为 $-\infty$. 由于对偶函数是一族关于 (λ,μ) 的仿射函数的逐点下确界, 又因为仿射函数为凹函数, 且凹函数的逐点下确界仍为凹函数, 所以即使原问题 (3.1) 是非凸的, 对偶函数也是凹函数. 从而有如下结论.

定理 3.3.1　最优化问题 (3.1) 的对偶函数 $g(\lambda,\mu)$ 是关于 $\lambda\in\mathbb{R}^{|I|}$, $\mu\in\mathbb{R}^{|E|}$ 的凹函数.

下述定理说明优化问题的对偶函数值为其最优值的下界.

定理 3.3.2　若乘子 $\lambda\in\mathbb{R}_+^{|I|}$, 则对偶函数的取值为最优化问题 (3.1) 提供了全局最优值的下界, 即对任意 $\lambda\in\mathbb{R}_+^{|I|}$, $\mu\in\mathbb{R}^{|E|}$, 均有下式成立

$$g(\lambda,\mu)\leqslant f(x^*),$$

其中 x^* 为最优化问题 (3.1) 的全局最优解, $f(x^*)$ 为相应的全局最优值.

证明　令 $\tilde{x}$ 为最优化问题 (3.1) 的任意一个可行解, 则

$$c_i(\tilde{x})\leqslant 0,\ \forall i\in I;\quad c_j(\tilde{x})=0,\ \forall j\in E.$$

由假设得 $\lambda\geqslant 0$, 故有

$$\sum_{i\in I}\lambda_i c_i(\tilde{x})+\sum_{j\in E}\mu_j c_j(\tilde{x})\leqslant 0,$$

这是因为上述不等式左边的第一项非正, 而第二项为零. 由上述不等式可得

$$L(\tilde{x},\lambda,\mu)=f(\tilde{x})+\sum_{i\in I}\lambda_i c_i(\tilde{x})+\sum_{j\in E}\mu_j c_j(\tilde{x})\leqslant f(\tilde{x}),$$

从而有

$$g(\lambda,\mu)=\inf_{x\in D}L(x,\lambda,\mu)\leqslant L(\tilde{x},\lambda,\mu)\leqslant f(\tilde{x}).$$

由于对任意可行解 $\tilde{x}$ 都满足 $g(\lambda,\mu)\leqslant f(\tilde{x})$, 故结论得证. □

对于广义最优化问题 (3.2) 而言, 同样可以定义其 Lagrange 函数如下:

$$L(x,\lambda,\mu)=f(x)+\sum_{k=1}^{|K|}\langle\lambda_k,\hat{c}_k(x)\rangle+\langle\mu,\bar{c}(x)\rangle,$$

其中 $x\in\mathbb{R}^n$, $\lambda_k\in\mathbb{R}^{|I_k|}$, $k\in K$, $\sum_{k=1}^{|K|}|I_k|=|I|$, $\mu\in\mathbb{R}^{|E|}$, 且 $\lambda_1,\lambda_2,\cdots,\lambda_{|K|}$ 称为广义不等式约束的乘子, μ 称为等式约束的乘子. 广义 Lagrange 函数具有与 Lagrange 函数类似的性质, 在此不再赘述.

下面给出两个可以写出其对偶函数的解析表达式的优化问题的例子.

例 3.3.1 考虑线性方程组的最小二乘解问题:

$$\begin{aligned} \min \quad & x^{\mathrm{T}}x, \\ \text{s.t.} \quad & \boldsymbol{A}x = b, \end{aligned} \tag{3.9}$$

其中自变量 $x \in \mathbb{R}^n$, 系数矩阵 $\boldsymbol{A} \in \mathbb{R}^{m\times n}$, 向量 $b \in \mathbb{R}(\boldsymbol{A}) \subseteq \mathbb{R}^m$.

该问题没有不等式约束, 仅有 m 个 (线性) 等式约束, 且定义域 $D = \mathbb{R}^n$. 其 Lagrange 函数为

$$L(x,\mu) = x^{\mathrm{T}}x + \mu^{\mathrm{T}}(\boldsymbol{A}x - b),$$

对偶函数为

$$g(\mu) = \inf_{x\in D} L(x,\mu).$$

因为 $L(x,\mu)$ 是关于 x 的二次凸函数, 所以可以通过求解如下等式得到函数的全局最优解:

$$\nabla_x L(x,\mu) = 2x + \boldsymbol{A}^{\mathrm{T}}\mu = 0,$$

从而在点 $x = -\dfrac{1}{2}\boldsymbol{A}^{\mathrm{T}}\mu$ 处 Lagrange 函数可达到全局最优值. 因此对偶函数为

$$g(\mu) = L\left(-\frac{1}{2}\boldsymbol{A}^{\mathrm{T}}\mu, \mu\right) = -\frac{1}{4}\mu^{\mathrm{T}}\boldsymbol{A}\boldsymbol{A}^{\mathrm{T}}\mu - b^{\mathrm{T}}\mu,$$

该函数为二次凹函数, 定义域为 $\mathbb{R}^m$. 由定理 3.3.2 得, 对任意 $\mu \in \mathbb{R}^m$, 皆有

$$-\frac{1}{4}\mu^{\mathrm{T}}\boldsymbol{A}\boldsymbol{A}^{\mathrm{T}}\mu - b^{\mathrm{T}}\mu \leqslant \inf\{x^T x \mid \boldsymbol{A}x = b\}.$$

例 3.3.2 考虑标准形式的线性规划问题:

$$\begin{aligned} \min \quad & c^{\mathrm{T}}x, \\ \text{s.t.} \quad & \boldsymbol{A}x = b, \\ & x \geqslant 0, \end{aligned} \tag{3.10}$$

其中自变量 $x \in D = \mathbb{R}^n$, 系数矩阵 $\boldsymbol{A} \in \mathbb{R}^{m\times n}$, 向量 $b \in \mathcal{R}(\boldsymbol{A}) \subseteq \mathbb{R}^m$.

为了推导 Lagrange 函数, 对 m 个等式约束引入乘子 $\mu \in \mathbb{R}^m$, 对 n 个不等式约束引入乘子 $\lambda \in \mathbb{R}^n_+$, 从而得到 Lagrange 函数

$$L(x,\lambda,\mu) = c^{\mathrm{T}}x - \lambda^{\mathrm{T}}x + \mu^{\mathrm{T}}(\boldsymbol{A}x - b) = -b^{\mathrm{T}}\mu + (c + \boldsymbol{A}^{\mathrm{T}}\mu - \lambda)^{\mathrm{T}}x.$$

对偶函数为

$$g(\lambda,\mu) = \inf_{x\in D} L(x,\lambda,\mu) = -b^{\mathrm{T}}\mu + \inf_{x\in D}\{(c + \boldsymbol{A}^{\mathrm{T}}\mu - \lambda)^{\mathrm{T}}x\},$$

因为线性函数只有恒为零时才有下界, 所以, 当 $c+\boldsymbol{A}^{\mathrm{T}}\mu-\lambda=0$ 时, $g(\lambda,\mu)=-b^{\mathrm{T}}\mu$, 其余情况下 $g(\lambda,\mu)=-\infty$, 从而易得对偶函数的解析表达式为

$$g(\lambda,\mu)=\begin{cases}-b^{\mathrm{T}}\mu, & c+\boldsymbol{A}^{\mathrm{T}}\mu-\lambda=0,\\ -\infty, & \text{其他}.\end{cases}\tag{3.11}$$

注意, 对偶函数 g 只有在 $\mathbb{R}^n\times\mathbb{R}^m$ 上的一个正常仿射子集上才是有限值, 而且只有当 λ 和 μ 同时满足 $\lambda\geqslant 0$ 和 $c+\boldsymbol{A}^{\mathrm{T}}\mu-\lambda=0$ 时, 由定理 3.3.2 得的下界性质才是非平凡的. 在此情形下, $-b^{\mathrm{T}}\mu$ 给出了上述线性规划问题全局最优值的一个下界.

共轭函数与对偶函数之间存在着一定的联系, 很多情况下对偶函数可以通过原目标函数的共轭函数来表示. 我们将通过两个优化问题的例子来具体说明. 先回顾函数 $f(x)$ 的共轭函数 $f^*(y)$ 的定义如下:

$$f^*(y)=\sup\{x^{\mathrm{T}}y-f(x)\mid x\in\mathbb{R}^n\}=\sup_x\{x^{\mathrm{T}}y-f(x)\}.$$

例 3.3.3　考虑特殊优化问题:

$$\begin{aligned}\min\quad & f(x),\\ \text{s.t.}\quad & x=0,\end{aligned}\tag{3.12}$$

其中自变量 $x\in\mathbb{R}^n$.

该问题十分简单, 甚至一眼即可看出答案, 但我们为了说明其共轭函数与对偶函数的关系仍然给出其 Lagrange 函数如下:

$$L(x,\mu)=f(x)+\mu^{\mathrm{T}}x,$$

其对偶函数为

$$g(\mu)=\inf_x\{f(x)+\mu^{\mathrm{T}}x\}=-\sup_x\{(-\mu)^{\mathrm{T}}x-f(x)\}=-f^*(-\mu).$$

例 3.3.4　考虑更一般的优化问题:

$$\begin{aligned}\min\quad & f(x),\\ \text{s.t.}\quad & \boldsymbol{A}x\leqslant b,\\ & \boldsymbol{C}x=d,\end{aligned}\tag{3.13}$$

其中自变量 $x\in\mathbb{R}^n$, 系数矩阵 $\boldsymbol{A}\in\mathbb{R}^{s\times n},\boldsymbol{C}\in\mathbb{R}^{t\times n}$, 向量 $b\in\mathbb{R}^s$, $d\in\mathcal{R}(\boldsymbol{C})\subseteq\mathbb{R}^t$.

借助函数 $f(x)$ 的共轭函数 $f^*(y)$ 的定义可以将上述问题的对偶函数表示为

$$\begin{aligned} g(\lambda,\mu) &= \inf_{x}\{f(x)+\lambda^{\mathrm{T}}(\boldsymbol{A}x-b)+\mu^{\mathrm{T}}(\boldsymbol{C}x-d)\} \\ &= -b^{\mathrm{T}}\lambda-d^{\mathrm{T}}\mu+\inf_{x}\{f(x)+(\boldsymbol{A}^{\mathrm{T}}\lambda+\boldsymbol{C}^{\mathrm{T}}\mu)^{\mathrm{T}}x\} \\ &= -b^{\mathrm{T}}\lambda-d^{\mathrm{T}}\mu-\sup_{x}\{(-\boldsymbol{A}^{\mathrm{T}}\lambda-\boldsymbol{C}^{T}\mu)^{\mathrm{T}}x-f(x)\} \\ &= -b^{\mathrm{T}}\lambda-d^{\mathrm{T}}\mu-f^*(-\boldsymbol{A}^{\mathrm{T}}\lambda-\boldsymbol{C}^{\mathrm{T}}\mu). \end{aligned}$$

函数 $g(\lambda,\mu)$ 的定义域也可以由函数 $f^*(-\boldsymbol{A}^{\mathrm{T}}\lambda-\boldsymbol{C}^{\mathrm{T}}\mu)$ 的定义域得到, 即

$$\operatorname{dom} g=\{(\lambda,\mu)\mid(-\boldsymbol{A}^{\mathrm{T}}\lambda-\boldsymbol{C}^{\mathrm{T}}\mu)\in\operatorname{dom} f^*\}.$$

3.4 对偶问题

本节首先引入对偶问题的概念, 然后介绍对偶可行解与对偶全局最优解的定义.

由定理 3.3.2 可知, 对于最优化问题 (3.1), 若 λ, μ 分别为其不等式约束与等式约束的 Lagrange 乘子, 且 $\lambda\geqslant 0$, 则任取 (λ,μ), 对偶函数皆给出该问题全局最优值 $f(x^*)$ 的一个下界. 显然选取最好下界的问题可以表述如下:

$$\begin{aligned} \max\quad & g(\lambda,\mu), \\ \text{s.t.}\quad & \lambda\geqslant 0. \end{aligned} \tag{3.14}$$

我们称上述问题为最优化问题 (3.1) 的 **Lagrange 对偶问题**, 简称**对偶问题**. 而最优化问题 (3.1) 称为**原始优化问题**, 简称**原问题**.

定义 3.4.1 给定对偶问题 (3.14), 若乘子 (λ,μ) 满足

$$\begin{cases} \lambda\geqslant 0, \\ g(\lambda,\mu)>-\infty, \end{cases}$$

则称 (λ,μ) 为**对偶可行解**.

定义 3.4.2 若对偶可行解 (λ^*,μ^*) 为对偶问题 (3.14) 的全局最优解, 则称 (λ^*,μ^*) 为**对偶全局最优解** (或最优乘子).

通常情况下, 对偶问题的可行域结构比原问题简单, 且当原问题约束个数少时, 对偶问题的规模也相应变小. 另一方面, 由定理 3.3.1 得对偶函数为凹函数, 又因为对偶问题的约束集合为凸集, 所以对偶问题 (3.14) 为凸优化问题, 这与原问题 (3.1) 是否为凸优化问题无关.

接下来分析两个优化问题的例子.

例 3.4.1 标准形式的线性规划问题:

$$\begin{aligned} \min \quad & c^{\mathrm{T}}x, \\ \text{s.t.} \quad & \boldsymbol{A}x = b, \\ & x \geqslant 0, \end{aligned} \tag{3.15}$$

其对偶函数已由式 (3.11) 给出, 对偶问题如下:

$$\begin{aligned} \max \quad & g(\lambda,\mu) = \begin{cases} -b^{\mathrm{T}}\mu, & \boldsymbol{A}^{\mathrm{T}}\mu - \lambda + c = 0, \\ -\infty, & \text{其他}, \end{cases} \\ \text{s.t.} \quad & \lambda \geqslant 0, \end{aligned} \tag{3.16}$$

即

$$\begin{aligned} \max \quad & -b^{\mathrm{T}}\mu, \\ \text{s.t.} \quad & \boldsymbol{A}^{\mathrm{T}}\mu - \lambda + c = 0, \\ & \lambda \geqslant 0. \end{aligned} \tag{3.17}$$

进一步, 该问题可以表述为

$$\begin{aligned} \min \quad & b^{\mathrm{T}}\mu, \\ \text{s.t.} \quad & \boldsymbol{A}^{\mathrm{T}}\mu + c \geqslant 0. \end{aligned} \tag{3.18}$$

该问题恰为一个含不等式约束的线性规划.

例 3.4.2 含不等式形式约束的线性规划问题:

$$\begin{aligned} \min \quad & c^{\mathrm{T}}x, \\ \text{s.t.} \quad & \boldsymbol{A}x \leqslant b. \end{aligned} \tag{3.19}$$

其 Lagrange 函数为

$$L(x,\lambda) = c^{\mathrm{T}}x + \lambda^{\mathrm{T}}(\boldsymbol{A}x - b) = -b^{\mathrm{T}}\lambda + (\boldsymbol{A}^{\mathrm{T}}\lambda + c)^{\mathrm{T}}x,$$

所以对偶函数为

$$g(\lambda) = \inf_x L(x,\lambda) = -b^{\mathrm{T}}\lambda + \inf_x\{(\boldsymbol{A}^{\mathrm{T}}\lambda + c)^{\mathrm{T}}x\}.$$

若一个线性函数的系数不是 0, 则其下确界是 $-\infty$. 因此上述问题对偶函数的解析表达式为

$$g(\lambda) = \begin{cases} -b^{T}\lambda, & \boldsymbol{A}^{\mathrm{T}}\lambda + c = 0, \\ -\infty, & \text{其他}. \end{cases}$$

若乘子 $\lambda \geqslant 0$ 且 $\boldsymbol{A}^{\mathrm{T}}\lambda + c = 0$, 则称对偶变量 λ 是对偶可行的.

线性规划问题 (3.19) 的对偶问题是对所有的 $\lambda \geqslant 0$ 极大化 $g(\lambda)$, 故和前面一样, 可以显式表达出对偶可行的条件. 将其作为约束条件来重新描述对偶问题, 得到其等价形式如下:

$$\begin{aligned} \max \quad & -b^{\mathrm{T}}\lambda, \\ \text{s.t.} \quad & \boldsymbol{A}^{\mathrm{T}}\lambda + c = 0, \\ & \lambda \geqslant 0, \end{aligned} \tag{3.20}$$

而上述问题恰为标准形式的线性规划问题.

由上述两个例子的结论可知, 二者存在着对称关系, 即标准形式线性规划的对偶问题是只含有不等式约束的线性规划问题, 反之亦然.

3.5 对 偶 性

本节主要研究原问题最优值与对偶问题最优值之间的关系, 首先介绍弱对偶与强对偶性的相关定义及结论, 然后针对凸优化问题给出几个强对偶性成立的约束条件.

通过 3.4 节的分析可知, 一般情况下对偶问题比原问题容易求解, 特别是在原问题为非凸优化问题的条件下. 因此, 原问题的全局最优解与对偶问题全局最优解之间的关系备受关注.

先考虑原问题的全局最优值与对偶问题的全局最优值之间的关系, 若分别记前者和后者为 p^* 和 d^*, 则由对偶函数的定义可得, d^* 为原问题全局最优值 p^* 的最好下界. 从而存在如下经典的**弱对偶定理**.

定理 3.5.1 设 x 及 (λ, μ) 分别为原问题 (3.1) 及其对偶问题 (3.14) 的任意可行解, 则

$$g(\lambda, \mu) \leqslant f(x).$$

证明 任取可行解 x 及 (λ, μ), 由对偶问题的定义可得

$$\begin{aligned} g(\lambda, \mu) &= \inf_{x} \left\{ f(x) + \sum_{i \in I} \lambda_i c_i(x) + \sum_{j \in E} \mu_j c_j(x) \right\} \\ &\leqslant f(x) + \sum_{i \in I} \lambda_i c_i(x) + \sum_{j \in E} \mu_j c_j(x) \\ &\leqslant f(x). \end{aligned}$$

从而结论得证. □

由该定理易得下述推论.

推论 3.5.1 设 x^* 及 (λ^*, μ^*) 分别为原问题 (3.1) 及其对偶问题 (3.14) 的全局最优解, 则

$$d^* = g(\lambda^*, \mu^*) \leqslant f(x^*) = p^*. \tag{3.21}$$

特别地, 称上述不等式 (3.21) 为**弱对偶性不等式**.

当对偶问题及原问题的全局最优值 d^* 及 p^* 皆取无限值时, 弱对偶性不等式 (3.21) 也成立. 现将原问题与对偶问题解的情况总结如下:

(1) 若原问题与对偶问题皆存在可行解, 则全局最优值存在且取有限值, 满足 $d^* \leqslant p^*$;

(2) 若原问题可行无下界, 即 $p^* = -\infty$, 则 $d^* = -\infty$, 即对偶问题不可行;

(3) 若对偶问题可行无上界, 即 $d^* = +\infty$, 则 $p^* = +\infty$, 即原问题不可行.

推论 3.5.2 设 $\tilde{x}$ 及 $(\tilde{\lambda}, \tilde{\mu})$ 分别为原始优化问题 (3.1) 及其对偶问题 (3.14) 的可行解, 若 $f(\tilde{x}) = g(\tilde{\lambda}, \tilde{\mu})$, 则 $\tilde{x}$ 与 $(\tilde{\lambda}, \tilde{\mu})$ 分别为原始优化问题 (3.1) 与其对偶问题 (3.14) 的全局最优解.

推论 3.5.3 原始优化问题 (3.1) 及其对偶问题 (3.14) 满足

$$\begin{aligned}
&\sup\{g(\lambda,\mu) \mid \lambda \in \mathbb{R}_+^{|I|},\ \mu \in \mathbb{R}^{|E|}\} \\
\leqslant &\inf\{f(x) \mid c_i(x) \leqslant 0,\ i \in I, c_j(x) = 0,\ j \in E, x \in \mathbb{R}^n\} \\
= &\inf_x \sup_{\lambda \geqslant 0, \mu} \left\{ f(x) + \sum_{i \in I} \lambda_i c_i(x) + \sum_{j \in E} \mu_j c_j(x) \right\} \\
= &\inf_x \sup_{\lambda \geqslant 0, \mu} L(x, \lambda, \mu),
\end{aligned}$$

即

$$\sup_{\lambda \geqslant 0, \mu} \inf_x L(x,\lambda,\mu) \leqslant \inf_x \sup_{\lambda \geqslant 0, \mu} L(x,\lambda,\mu).$$

上述结论是一个普遍结论并非仅对 Lagrange 函数成立. 也就是说, 对任意定义在 $X \times Y \subset \mathbb{R}^m \times \mathbb{R}^n$ 上的连续函数 $\phi(x, y)$, 都有下述极大极小不等式成立:

$$\sup_{y \in Y} \inf_{x \in X} \phi(x,y) \leqslant \inf_{x \in X} \sup_{y \in Y} \phi(x,y). \tag{3.22}$$

事实上, $x^*(y) = \arg\inf_x \phi(x,y)$, 则

$$\inf_{x \in X} \phi(x,y) = \phi(x^*(y), y) \leqslant \sup_{y \in Y} \phi(x,y),$$

从而易得式 (3.22) 成立.

通俗地讲, 就是“最小中的最大者不大于最大中的最小者”. 我们将式 (3.22) 称为**极大极小性质**.

若将式 (3.22) 中的不等号变为等号, 则称其为**强极大极小性质**, 即

$$\sup_{y\in Y}\inf_{x\in X}\phi(x,y)=\inf_{x\in X}\sup_{y\in Y}\phi(x,y). \tag{3.23}$$

接下来先介绍对偶间隙的定义.

定义 3.5.1 若原问题与其对偶问题的全局最优值分别记为 p^* 与 d^*, 则二者之间的差 p^*-d^* 称为**对偶间隙**.

由弱对偶不等式可得对偶间隙的最小值是非负的. 借助对偶间隙的定义可以给出如下强对偶性的概念.

定义 3.5.2 设 x^* 及 (λ^*,μ^*) 分别为原始优化问题 (3.1) 及其对偶问题 (3.14) 的全局最优解, p^*, d^* 分别为原问题及其对偶问题的全局最优值, 若对偶间隙为零, 即满足下式

$$d^*=g(\lambda^*,\mu^*)=f(x^*)=p^*, \tag{3.24}$$

则称**强对偶性**成立.

强对偶性成立说明由对偶函数得到的最好下界是紧的. 而在一般情况下, 强对偶性不成立.

下面讨论凸优化问题强对偶性成立的条件, 先回顾凸优化问题 (3.3) 如下:

$$\begin{aligned}\min\quad & f(x),\\ \text{s.t.}\quad & c_i(x)\leqslant 0,\quad i\in I,\\ & c_j(x)=0,\quad j\in E,\end{aligned} \tag{3.25}$$

其中目标函数 $f(x)$ 及不等式约束函数 $c_i(x)$, $i\in I$ 皆为连续可微的凸函数, 且等式约束函数 $c_j(x)$, $j\in E$ 为线性函数. 设其定义域

$$D=\operatorname{dom} f(x)\bigcap_{i\in I}\operatorname{dom} c_i(x)\bigcap_{j\in E}\operatorname{dom} c_j(x)$$

为非空集合, 可行域为

$$X=\{x\mid c_i(x)\leqslant 0,\ i\in I, c_j(x)=0,\ j\in E\}.$$

由于等式约束皆为线性约束, 故可以将上述凸优化问题重写如下:

$$\begin{aligned}\min\quad & f(x),\\ \text{s.t.}\quad & c_i(x)\leqslant 0,\quad i\in[m],\\ & \boldsymbol{A}x=b,\end{aligned} \tag{3.26}$$

其中等式约束的系数矩阵 $\boldsymbol{A} \in \mathbb{R}^{p\times n}$, 向量 $b \in \mathbb{R}^p$.

对偶理论主要研究对偶间隙为零的情况, 然而要想保证对偶间隙为零, 通常需要额外的条件.

对于凸优化问题 (3.26), 在某些条件下可以建立强对偶性成立的条件, 我们将这些条件称为**约束条件** (或约束规格).

首先给出一个简单的约束条件——Slater 条件.

定义 3.5.3　对于凸优化问题 (3.26), 若存在一点 $x \in \mathrm{ri}\ D$ 使得下式成立

$$\begin{cases} c_i(x) < 0, & i \in [m], \\ \boldsymbol{A}x = b, \end{cases}$$

则称该条件为 **Slater 条件**.

由于 Slater 条件使得不等式约束严格成立, 因此有时称满足上述条件的点为严格可行解. 基于此条件我们给出 Slater 定理.

定理 3.5.2　对于凸优化问题 (3.26), 若 Slater 条件满足, 则强对偶性成立, 即 $p^* = d^*$.

证明　为了讨论简单, 我们假设原始凸优化问题 (3.26) 的定义域 D 的内点非空 (即 $\mathrm{ri}\ D = \mathrm{int}\ D$) 且等式约束的系数矩阵 $\boldsymbol{A}$ 行满秩. 因为该问题存在可行解, 故原问题的全局最优值 $p^* = -\infty$ 或 p^* 取有限值.

若 $p^* = -\infty$, 则由弱对偶性可得对偶优化问题的全局最优值 $d^* = -\infty$.

现考虑全局最优值 p^* 有限. 定义集合 $S \subseteq \mathbb{R}^m \times \mathbb{R}^p \times \mathbb{R}$ 为

$$S = \{(u, v, t) \mid \exists x \in D, c_i(x) \leqslant u_i, i \in [m], \boldsymbol{A}^{\mathrm{T}}x - b = v, f(x) \leqslant t\}.$$

由问题 (3.26) 为凸优化问题可得, S 为凸集. 进一步定义另一凸集 $T \subseteq \mathbb{R}^m \times \mathbb{R}^p \times \mathbb{R}$ 如下:

$$T = \{(0, 0, s) \mid s < p^*\}.$$

集合 S 与集合 T 不相交, 事实上, 假设存在 $(u, v, t) \in S \cap T$, 由于 $(u, v, t) \in T$ 满足 $u = 0$, $v = 0$ 且 $t < p^*$, 又因为 $(u, v, t) \in S$, 故存在 x 使得

$$\begin{cases} c_i(x) \leqslant 0, & i \in [m], \\ \boldsymbol{A}x = b, \end{cases}$$

且 $f(x) \leqslant t < p^*$, 这与 p^* 为原问题的全局最优值矛盾.

由定理 1.2.5 得, 存在 $(\bar{\lambda}, \bar{\mu}, \gamma) \neq 0$ 及 α 使得

$$(u, v, t) \in S \text{ 且 } \bar{\lambda}^{\mathrm{T}}u + \bar{\mu}^{\mathrm{T}}v + \gamma t \geqslant \alpha$$

和

$$(u,v,t)\in T \text{ 且 } \bar{\lambda}^{\mathrm{T}}u+\bar{\mu}^{\mathrm{T}}v+\gamma t\leqslant\alpha.$$

由上述第一个式子可得, $\bar{\lambda}\geqslant 0$, $\gamma\geqslant 0$ (否则, $\bar{\lambda}^{\mathrm{T}}u+\gamma t$ 在 S 上无下界). 第二个式子说明对任意 $t<p^*$ 有 $\gamma t\leqslant\alpha$, 因此 $\gamma p^*\leqslant\alpha$. 结合第一个式子可得, 对任意的 $x\in D$, 皆有下式成立:

$$\sum_{i=1}^{m}\bar{\lambda}_i c_i(x)+\bar{\mu}^{\mathrm{T}}(\boldsymbol{A}x-b)+\gamma f(x)\geqslant\alpha\geqslant\gamma p^*. \tag{3.27}$$

先设 $\gamma>0$, 并将上式两端同除以 γ 得, 对任意的 $x\in D$, 下式成立:

$$L\left(x,\frac{\bar{\lambda}}{\gamma},\frac{\bar{\mu}}{\gamma}\right)\geqslant p^*.$$

令

$$\lambda=\frac{\bar{\lambda}}{\gamma},\quad \mu=\frac{\bar{\mu}}{\gamma},$$

关于 x 求极小值 $g(\lambda,\mu)\geqslant p^*$, 又由弱对偶性可得 $g(\lambda,\mu)\leqslant p^*$, 从而有 $g(\lambda,\mu)=p^*$. 即当 $\gamma>0$ 时强对偶性成立, 且对偶问题能达到全局最优值.

现考虑 $\gamma=0$ 的情况, 由式 (3.27) 得, 对任意的 $x\in D$ 有

$$\sum_{i=1}^{m}\bar{\lambda}_i c_i(x)+\bar{\mu}^{\mathrm{T}}(\boldsymbol{A}x-b)\geqslant 0. \tag{3.28}$$

又因为满足 Slater 条件的点 $\bar{x}$ 同样满足式 (3.28), 从而有

$$\sum_{i=1}^{m}\bar{\lambda}_i c_i(\bar{x})\geqslant 0.$$

由于 $c_i(\bar{x})<0$ 且 $\bar{\lambda}_i\geqslant 0$, 故有 $\bar{\lambda}=0$. 因为 $(\bar{\lambda},\bar{\mu},\gamma)\neq 0$ 且 $\bar{\lambda}=0$, $\gamma=0$, 故 $\bar{\mu}\neq 0$. 从而式 (3.28) 说明对任意 $x\in D$ 有 $\bar{\mu}^{\mathrm{T}}(\boldsymbol{A}x-b)\geqslant 0$. 又因为 $\bar{x}$ 满足 $\bar{\mu}^{\mathrm{T}}(\boldsymbol{A}\bar{x}-b)=0$, 且 $\bar{x}\in\operatorname{int}D$, 因此除了 $\boldsymbol{A}^{\mathrm{T}}\bar{\mu}=0$ 的情况, 总存在 D 中的点使得 $\bar{\mu}^{\mathrm{T}}(\boldsymbol{A}x-b)<0$. 而 $\boldsymbol{A}^{\mathrm{T}}\bar{\mu}=0$ 显然与假设 $\boldsymbol{A}$ 满秩矛盾, 从而可得此情况不存在, 即 λ 不可能为 0, 从而结论得证. □

从而由式 (3.28) 可得, 对任意 $x\in D$, $\bar{\mu}^{\mathrm{T}}(\mathrm{A}x-b)\geqslant 0$. 又因为 $\bar{\mu}^{\mathrm{T}}(\boldsymbol{A}\bar{x}-b)=0$, 且 $\bar{x}\in\operatorname{int}D$, 即存在 $\epsilon>0$, 使得 $B(\bar{x},\epsilon)\subseteq D$, 故若 $\boldsymbol{A}^{\mathrm{T}}\bar{\mu}\neq 0$, 则存在 $x'=\bar{x}-\epsilon\dfrac{\boldsymbol{A}^{\mathrm{T}}\bar{\mu}}{\|\boldsymbol{A}^{\mathrm{T}}\bar{\mu}\|}\in B(\bar{x},\epsilon)\subseteq D$ 使得 $\bar{\mu}^{\mathrm{T}}(\boldsymbol{A}x'-b)<0$, 此时与 $\bar{\mu}^{\mathrm{T}}(\boldsymbol{A}x-b)\geqslant 0$, 对任意的 $x\in D$ 成立矛盾; 若 $\boldsymbol{A}^{\mathrm{T}}\bar{\mu}=0$, 则又与假设 $\boldsymbol{A}$ 满秩矛盾. 从而可得此情况不存在, 即 γ 不可能为 0, 进而结论得证. □

当凸优化问题 (3.26) 的不等式约束函数 c_i 中有一些是仿射函数时, Slater 条件可以进一步改进.

定义 3.5.4 对于凸优化问题 (3.26), 设最前面的 k 个不等式约束函数 $c_1, \cdots, c_k$ 皆为仿射函数, 若存在一点 $x \in \operatorname{ri} D$ 满足

$$\begin{cases} c_i(x) \leqslant 0, & i = 1, \cdots, k, \\ c_i(x) < 0, & i = k+1, \cdots, m, \\ \boldsymbol{A}x = b, \end{cases}$$

则称该条件为**弱 Slater 条件**.

由定理 3.5.2 易得如下推论.

推论 3.5.4 给定原始凸优化问题 (3.26), 若存在全局最优解且满足弱 Slater 条件, 则对偶问题也存在全局最优解且强对偶定理成立.

换言之, 仿射不等式不需要严格成立. 注意到当所有约束条件都是线性等式或者线性不等式且 $\operatorname{dom} f$ 是开集时, 上述弱 Slater 条件即为可行性条件.

若 Slater 条件 (弱 Slater 条件) 满足, 不但凸问题强对偶性成立, 而且当对偶问题的全局最优解 $d^* > -\infty$ 时, 对偶问题也能够取得全局最优值, 即存在一组对偶可行解 (λ^*, μ^*) 使得 $g(\lambda^*, \mu^*) = d^* = p^*$.

对上述结论, 做如下两点说明:

(1) 对线性规划问题及线性约束的凸优化问题, 弱 Slater 条件自然成立. 因此若原优化问题可行, 强对偶性成立. 将此结论应用到对偶问题同样可得, 若对偶问题可行, 则强对偶性亦成立. 对线性规划问题而言, 只有原问题及对偶问题均不可行时强对偶性才不成立.

(2) 强对偶定理并非只对凸优化问题成立, 对非凸优化问题也可能成立, 例如对下述非凸优化问题, 强对偶定理也成立:

$$\begin{aligned} \min \quad & \frac{1}{2} x^{\mathrm{T}} \boldsymbol{G} x + g^{\mathrm{T}} x, \\ \text{s.t.} \quad & x^{\mathrm{T}} x \leqslant 1, \end{aligned}$$

其中 $\boldsymbol{G} \in \mathbb{R}^{n \times n}$ 非半正定.

如上所述的对偶理论皆可在广义不等式约束的凸优化问题上进行平行推广, 在此不再细列每一条广义约束下的对偶理论. 感兴趣的读者可以自行推导验证.

3.6 Lagrange 鞍点

本节首先给出优化问题 Lagrange 函数鞍点的定义, 然后建立原始对偶问题的鞍点理论.

定义 3.6.1 对任意定义在 $X \times Y \subset \mathbb{R}^m \times \mathbb{R}^n$ 上的连续函数 $\phi(x,y)$, 若对任意的 $x \in X,\ y \in Y$, 存在 $x^* \in X,\ y^* \in Y$ 使得下式成立:

$$\inf_x \phi(x,y) = \phi(x^*,y) \leqslant \phi(x^*,y^*) \leqslant \phi(x,y^*) = \sup_y \phi(x,y), \tag{3.29}$$

则称 (x^*,y^*) 为函数 $\phi(x,y)$ 的**鞍点**.

由函数鞍点的定义可得:

$\phi(x^*,y^*)$ 为函数 $\phi(x^*,y)$ 在 x^* 处关于变量 $y \in Y$ 取得的极大值;

$\phi(x^*,y^*)$ 为函数 $\phi(x,y^*)$ 在 y^* 处关于变量 $x \in X$ 取得的极小值,

即

$$\phi(x^*,y^*) = \sup_{y\in Y} \phi(x^*,y), \qquad \phi(x^*,y^*) = \inf_{x\in X} \phi(x,y^*).$$

该式表明强极大极小值性质成立, 且共同值为 $\phi(x^*,y^*)$.

现在给出最优化问题 (3.1) 的 Lagrange 函数鞍点的定义.

定义 3.6.2 给出定义域为 D, 可行域为 X 的最优化问题

$$\min\{f(x) \mid c_i(x) \leqslant 0,\ i \in I,\ c_j(x) = 0,\ j \in E\},$$

其 Lagrange 函数如下:

$$L(x,\lambda,\mu) = f(x) + \sum_{i\in I} \lambda_i c_i + \sum_{j\in E} \mu_j c_j.$$

若存在 $x^* \in D$ 和 $\lambda^* \in \mathbb{R}_+^{|I|},\ \mu^* \in \mathbb{R}^{|E|}$, 对任意的 $x \in D,\ \lambda_i \in \mathbb{R}_+^{|I|},\ \mu \in \mathbb{R}^{|E|}$, 满足

$$L(x^*,\lambda,\mu) \leqslant L(x^*,\lambda^*,\mu^*) \leqslant L(x,\lambda^*,\mu^*),$$

则称 (x^*,λ^*,μ^*) 为该约束优化问题 **Lagrange 函数的鞍点**.

根据上述定义分析可得, x^* 为 Lagrange 函数在 (λ^*,μ^*) 处关于 x 的极小值点, 而 (λ^*,μ^*) 为 Lagrange 函数在 x^* 处关于 (λ,μ) 的极大值点. 由此得到两个特殊的极值问题

$$\max_{\lambda\geqslant 0,\mu} \min_{x\in D} L(x,\lambda,\mu), \qquad \min_{x\in D} \max_{\lambda\geqslant 0,\mu} L(x,\lambda,\mu),$$

上述两优化问题都是求极值函数的极值. 对于后者, 由于

$$\sup_{\lambda\geqslant 0,\mu} L(x,\lambda,\mu) = \begin{cases} +\infty, & x \notin X, \\ f(x), & x \in X, \end{cases}$$

故后一个极值问题就是原优化问题, 即

$$\min_{x\in\mathbb{R}^n} \max_{\lambda\geqslant 0,\mu} L(x,\lambda,\mu) = \min\{f(x) \mid c_i(x) \leqslant 0,\ i \in I, c_j(x) = 0,\ j \in E\}.$$

由推论 3.5.3 得

$$\max_{\lambda\geqslant 0,\mu}\min_{x\in D}L(x,\lambda,\mu)\leqslant\min_{x\in D}\max_{\lambda\geqslant 0,\mu}L(x,\lambda,\mu).$$

因此, 若取到鞍点, 即 $(x,\lambda,\mu)=(x^*,\lambda^*,\mu^*)$, 则上式等号成立.

关于 Lagrange 对偶我们有如下结论:

若 x^* 及 (λ^*,μ^*) 分别为原问题及对偶问题的全局最优解, 且强对偶性成立, 则它们是 Lagrange 函数的一个鞍点. 反之同样成立, 即若 (x^*,λ^*,μ^*) 为 Lagrange 函数的一个鞍点, 则 x^* 为原问题的全局最优解, (λ^*,μ^*) 为对偶问题的全局最优解, 且对偶间隙为零. 具体证明由定理 4.3.4 的证明过程易知.

第 4 章　最优性条件

最优性条件是指当前点是优化问题最优解的充分条件、必要条件或是充要条件, 这些条件对于优化理论与算法的研究十分重要. 本章将针对无约束优化、约束优化及凸优化问题分别建立最优性条件.

4.1　无约束优化的最优性条件

本节主要讨论无约束优化问题的一阶与二阶最优性条件, 先给出无约束优化问题如下:

$$\min_{x\in\mathbb{R}^n} \quad f(x). \tag{4.1}$$

若目标函数 $f(x)$ 连续可微, 则可以借助连续可微函数的性质得到实用的最优性的判断条件.

定理 4.1.1 (一阶必要条件)　若点 x^* 为无约束优化问题 (4.1) 的局部最优解, 则

$$\nabla f(x^*) = 0.$$

证明　反证法. 假设存在局部最优解 x^* 使得 $\nabla f(x^*) \neq 0$, 对充分小的 $\alpha > 0$, 不妨令 $d = -\nabla f(x^*)$, 则由泰勒展开式可得

$$\begin{aligned} f(x^* + \alpha d) &= f(x^*) + \alpha \nabla f(x^*)^{\mathrm{T}} d + o(\alpha) \\ &= f(x^*) - \alpha \|\nabla f(x^*)\|^2 + o(\alpha) \\ &< f(x^*), \end{aligned}$$

与 x^* 为局部最优解矛盾. 从而结论得证. □

该定理的逆命题不一定成立. 下面基于函数梯度值取 0, 给出优化问题稳定点的定义.

定义 4.1.1　对于无约束优化问题 (4.1), 若目标函数 $f(x)$ 可微, 且在点 x^* 处的梯度满足

$$\nabla f(x^*) = 0,$$

则称点 x^* 为该问题的**稳定点**.

稳定点可能是目标函数的极值点, 也可能是鞍点, 即该点在一些方向上使函数取到极大值, 而另一些方向上取到极小值.

上述结论表明, 无约束优化问题中, 最优解一定是稳定点, 而稳定点却未必是最优解. 因此我们需要进一步考虑二阶最优性条件.

定理 4.1.2 (二阶必要条件) 设点 $x^* \in \mathbb{R}^n$ 为无约束优化问题 (4.1) 的局部最优解, 若 $f(x)$ 在点 x^* 邻域内二阶连续可微, 则

$$\nabla f(x^*) = 0 \text{ 且 } \nabla^2 f(x^*) \succeq 0,$$

其中 $\nabla^2 f(x^*) \succeq 0$ 表示 Hessian 矩阵 $\nabla^2 f(x^*)$ 半正定.

证明 由定理 4.1.1 显然可得 $\nabla f(x^*) = 0$. 下面假设 $\nabla^2 f(x^*)$ 非半正定, 即存在单位向量 $d \in \mathbb{R}^n$, 使得

$$d^{\mathrm{T}} \nabla^2 f(x^*) d < 0.$$

取 $\alpha > 0$ 充分小, 利用泰勒展开式得

$$\begin{aligned} f(x^* + \alpha d) &= f(x^*) + \alpha \nabla f(x^*)^{\mathrm{T}} d + \frac{1}{2} \alpha^2 d^{\mathrm{T}} \nabla^2 f(x^*) d + o(\alpha^2) \\ &= f(x^*) + \frac{1}{2} \alpha^2 d^{\mathrm{T}} \nabla^2 f(x^*) d + o(\alpha^2) \\ &< f(x^*), \end{aligned}$$

这与 x^* 为局部最优解矛盾. 从而结论得证. □

定理 4.1.3 (二阶充分条件) 设点 $x^* \in \mathbb{R}^n$ 满足

$$\nabla f(x^*) = 0 \text{ 且 } \nabla^2 f(x^*) \succ 0,$$

其中 $\nabla^2 f(x^*) \succ 0$ 表示 Hessian 矩阵 $\nabla^2 f(x^*)$ 正定, 则 x^* 是无约束优化问题 (4.1) 的严格局部最优解.

证明 对任意充分靠近 x^* 的点 $x \in \mathbb{R}^n$, 存在单位向量 $d \in \mathbb{R}^n$ 及充分小的 $\alpha > 0$ 使得 $x = x^* + \alpha d$. 由泰勒展开式及 $\nabla^2 f(x^*)$ 的正定性可得

$$\begin{aligned} f(x) &= f(x^*) + \alpha \nabla f(x^*)^{\mathrm{T}} d + \frac{1}{2} \alpha^2 d^{\mathrm{T}} \nabla^2 f(x^*) d + o(\alpha^2) \\ &= f(x^*) + \frac{1}{2} \alpha^2 d^{\mathrm{T}} \nabla^2 f(x^*) d + o(\alpha^2) \\ &> f(x^*), \end{aligned}$$

从而可知 x^* 是问题 (4.1) 的严格局部最优解. □

上面讨论的无约束优化问题的最优性条件, 或者是必要的或者是充分的, 一般很难得到充分必要的最优性条件, 这是对目标函数为一般函数而言的. 当目标函数

为凸函数时, 情况则大不相同, 此时可保证稳定点、局部最优解及全局最优解三者等价.

定理 4.1.4 对无约束优化问题 (4.1), 若目标函数 $f(x)$ 为连续可微的凸函数, 则点 x^* 为全局最优解的充分必要条件是

$$\nabla f(x^*) = 0.$$

证明 若点 x^* 是无约束优化问题 (4.1) 的全局最优解, 则显然有 $\nabla f(x^*) = 0$. 反过来, 若点 x^* 是稳定点, 则利用凸函数的性质可得, 对任意的 $x \in \mathbb{R}^n$, 皆满足

$$f(x) - f(x^*) \geqslant \langle \nabla f(x^*), x - x^* \rangle = 0.$$

从而可知, 点 x^* 为问题 (4.1) 的全局最优解. □

对于无约束优化问题 (4.1), 当目标函数为凸函数时, 可借助次微分的性质建立充要的最优性条件.

定理 4.1.5 若无约束优化问题 (4.1) 为凸优化问题, 即目标函数 $f(x) : \mathbb{R}^n \to \mathbb{R}$ 为凸函数, 则点 x^* 为全局最优解的充分必要条件是

$$0 \in \partial f(x^*).$$

证明 由定理 1.7.3 可得, 若 $x^* \in \text{int}\,(\text{dom}\, f)$, 则

$$x^* \in \arg \min_{x \in \text{dom}\, f} f(x),$$

当且仅当

$$0 \in \partial f(x^*).$$

又因为目标函数的定义域为 $\mathbb{R}^n$, 值域为 $\mathbb{R}$, 故点 x^* 一定在有效域的内部, 从而结论自然成立. □

事实上, 在目标函数 $f(x)$ 为闭凸函数且可微时, 由定理 1.7.7 得 $\partial f(x) = \{\nabla f(x)\}$, 从而定理 4.1.4 为定理 4.1.5 的特殊情况.

4.2 约束优化的一阶最优性条件

本节首先介绍与方向有关的定义及结论, 然后基于方向给出约束优化问题的一阶最优性条件, 最后从切锥与法锥角度建立其最优性条件.

考虑如下约束优化问题

$$\begin{aligned} \min \quad & f(x), \\ \text{s.t.} \quad & c_i(x) \leqslant 0,\ i \in I, \\ & c_j(x) = 0,\ j \in E, \end{aligned} \tag{4.2}$$

其中目标函数 $f(x)$ 为定义在 $\mathbb{R}^n$ 上的实值函数. 该问题的可行域为

$$X = \{x \in \mathbb{R}^n \mid c_i(x) \leqslant 0,\ i \in I; c_j(x) = 0,\ j \in E\}.$$

先给出几个与约束优化问题 (4.2) 的一阶最优性条件密切相关的"方向"的定义.

定义 4.2.1　对于约束优化问题 (4.2), 给定可行点 $x \in X \subseteq \mathbb{R}^n$,

(1) 若对向量 $d \in \mathbb{R}^n$, 存在 $\delta > 0$, 使得对任意的 $\alpha \in (0,\ \delta]$, 都有

$$x + \alpha d \in X,$$

则称 d 为函数 $f(x)$ 在点 x 处的**可行方向**.

(2) 若存在序列 $\{d_k\} \subseteq \mathbb{R}^n$, $\{\delta_k\} \subseteq \mathbb{R}_+$, 使得

$$\delta_k \to 0,\ d_k \to d\ \text{ 且 }\ x + \delta_k d_k \in X,$$

则称 d 为函数 $f(x)$ 在点 x 处的**序列可行方向**.

(3) 若对向量 $d \in \mathbb{R}^n$, 存在 $\delta > 0$, 使得对任意的 $\alpha \in (0,\ \delta]$, 都有

$$f(x + \alpha d) < f(x),$$

则称 d 为函数 $f(x)$ 在点 x 处的**下降方向**.

(4) 若向量 $d \in \mathbb{R}^n$ 在点 x 处既是可行方向又是下降方向, 则称 d 为函数 $f(x)$ 在点 x 处的**可行下降方向**.

由上述定义易知, 可行方向必为序列可行方向, 而且可行下降方向既是可行方向又是下降方向.

如果目标函数 $f(x)$ 为可微函数, 那么可以借助目标函数的梯度信息来判断一个方向是否为下降方向.

定理 4.2.1　对于约束优化问题 (4.2), 给定可行点 $x \in X \subseteq \mathbb{R}^n$, 向量 $d \in \mathbb{R}^n$, 若目标函数 $f(x)$ 为可微函数, 且

$$d^{\mathrm{T}} \nabla f(x) < 0,$$

则 d 为函数 $f(x)$ 在点 x 处的下降方向.

证明　因为函数 $f(x)$ 可微, 故由其泰勒展开式可得, 对充分小的 $\alpha > 0$ 有下式成立:

$$f(x + \alpha d) = f(x) + \alpha \nabla f(x)^{\mathrm{T}} d + o(\alpha).$$

又因为

$$d^{\mathrm{T}} \nabla f(x) < 0,$$

从而可得

$$f(x+\alpha d) < f(x).$$

因此, d 是目标函数 $f(x)$ 在 x 点处的下降方向. □

基于可行方向与序列可行方向均可建立约束优化问题 (4.2) 的一阶必要条件. 虽然可行方向必然为序列可行方向, 但是基于两种方向建立的必要条件可以采用两种不同的证明思路, 因此我们选择以两个定理的形式给出.

定理 4.2.2 设点 x^* 是约束优化问题 (4.2) 的局部最优解, 若目标函数 $f(x)$ 可微, 则对 x^* 点处的任意可行方向 d, 皆有

$$d^{\mathrm{T}}\nabla f(x^*) \geqslant 0.$$

证明 反证法. 假设在点 x^* 处存在可行下降方向 d, 则存在 $\delta > 0$, 使得对任意的 $\alpha \in (0, \delta]$ 皆有

$$x^*+\alpha d \in X \quad 且 \quad f(x^*+\alpha d) < f(x^*).$$

从而在点 x^* 的 δ 邻域内都有 $f(x) < f(x^*)$, 这与 x^* 为局部最优解矛盾. 进而结论得证. □

该结论说明约束优化问题的局部最优解处不存在可行下降方向. 特别地, 若约束优化问题 (4.2) 为凸优化问题, 则该条件为其一阶最优性条件. 对一般的约束优化问题我们有如下结论.

定理 4.2.3 设点 x^* 是约束优化问题 (4.2) 的局部最优解, 若目标函数 $f(x)$ 在 x^* 处可微, 则对 x^* 点处的任意序列可行方向 d, 皆有

$$d^{\mathrm{T}}\nabla f(x^*) \geqslant 0.$$

证明 若序列可行方向 $d=0$, 结论显然成立. 下面考虑 $d \neq 0$ 的情况, 由序列可行方向的定义可得, 存在序列 $\{\delta_k\}$, $\{d_k\}$, 使得 $\delta_k \to 0$, $d_k \to d$ 且 $x^*+\delta_k d_k \in X$. 由于 x^* 为局部最优解, 故对充分大的 k 有下式成立:

$$f(x^*+\delta_k d_k) \geqslant f(x^*).$$

又因为 $f(x)$ 在点 x^* 处可微, 故由泰勒展开式可得

$$f(x^*+\delta_k d_k) = f(x^*) + \delta_k d_k^{\mathrm{T}}\nabla f(x^*) + o(\delta_k) \geqslant f(x^*),$$

即

$$\delta_k d_k^{\mathrm{T}}\nabla f(x^*) + o(\delta_k) \geqslant 0.$$

由于 $\delta_k > 0$ 且 $\delta_k \to 0$, 故上述不等式两边同除以 δ_k, 并令 $k \to \infty$, 可得

$$d^{\mathrm{T}} \nabla f(x^*) \geqslant 0.$$

从而结论得证. □

借助序列可行方向 d 我们还可以建立严格局部最优解的一阶充分条件.

定理 4.2.4 给定可行点 $x^* \in X$, 若目标函数 $f(x)$ 在 x^* 点处可微, 且对任意的序列可行方向 d 皆有

$$d^{\mathrm{T}} \nabla f(x^*) > 0,$$

则 x^* 为约束优化问题 (4.2) 的严格局部最优解.

证明 反证法. 假设点 x^* 非严格局部最优解, 则存在无穷可行点列 $\{x_k\}$, $x_k \to x^*$, $x_k \neq x^*$, 使得对任意的 $k = 1, 2, \cdots$ 有

$$f(x_k) \leqslant f(x^*).$$

令 $d_k = \dfrac{x_k - x^*}{\|x_k - x^*\|}$, 则 d_k 有界, 从而必存在收敛子列. 不失一般性, 可令整个数列为其自身的子列, 假设 $d_k \to d^*$, 则 d^* 为序列可行方向, 由 $f(x)$ 的可微性及上述不等式, 借助泰勒展开式可得

$$d^{*\mathrm{T}} \nabla f(x^*) \leqslant 0,$$

这与已知矛盾, 故结论成立. □

对于可行域为 X 的约束优化问题 (4.2), 我们还可以从切锥和法锥的角度建立其最优性条件.

定理 4.2.5 对于约束优化问题 (4.2), 设目标函数 $f(x)$ 在 $x^* \in X$ 处可微. 若点 x^* 为该问题的局部最优解, 则有

$$-\nabla f(x^*) \in N_X(x^*).$$

证明 任取点 $y \in T_X(x^*)$, 则由切向量的定义 (定义 2.3.1) 可得, 存在收敛到点 x^* 的序列 $\{x_k\} \subseteq X$ 及非负数列 $\{\alpha_k\}$, 使得 $\alpha_k(x_k - x^*) \to y$.

又因为目标函数 $f(x)$ 在点 x^* 处可微, 故由泰勒展开式可得

$$f(x_k) - f(x^*) = \langle \nabla f(x^*), x_k - x^* \rangle + o(\|x_k - x^*\|).$$

若点 x^* 为局部最优解, 则当 k 充分大时必有 $f(x_k) \geqslant f(x^*)$ 成立, 从而由上式可得

$$\langle \nabla f(x^*), \alpha_k(x_k - x^*) \rangle + \frac{o(\|x_k - x^*\|)}{\|x_k - x^*\|} \cdot \alpha_k \|x_k - x^*\| \geqslant 0,$$

当 $k \to \infty$ 时, 有

$$\langle \nabla f(x^*), y \rangle \geqslant 0,$$

即

$$\langle -\nabla f(x^*), y \rangle \leqslant 0.$$

进而由 $y \in T_X(x^*)$ 的任意性得

$$-\nabla f(x^*) \in N_X(x^*).$$

从而结论得证. □

事实上, 借助指示函数 $I_X(x)$ 可将约束优化问题 (4.2) 转化为与之等价的无约束优化问题

$$\min_{x \in \mathbb{R}^n} \quad f(x) + I_X(x). \tag{4.3}$$

又因为指示函数 $I_X(x)$ 在 x^* 点的次微分即为该点处的法锥 $N_X(x^*)$, 故若目标函数 $f(x)$ 为凸函数, 则由定理 4.1.5 可得 x^* 为优化问题 (4.3) 的最优解等价于

$$0 \in \nabla f(x^*) + \partial I_X(x^*) = \nabla f(x^*) + N_X(x^*),$$

即

$$-\nabla f(x^*) \in N_X(x^*). \tag{4.4}$$

将满足式 (4.4) 的点称为约束优化问题 (4.2) 的稳定点.

由上述结论可知局部最优解必为稳定点, 如下例所示, 该结论反之不成立.

例 4.2.1 对于约束优化问题 (4.2), 若目标函数 $f(x) = x_2$, 可行域

$$X = \{x \in \mathbb{R}^2 \mid x_1^2 - x_2 = 0\},$$

则在点 $x^* = (0,0)^{\mathrm{T}}$ 处有

$$T_X(x^*) = \{y \in \mathbb{R}^2 \mid y_2 = 0\},$$
$$N_X(x^*) = \{z \in \mathbb{R}^2 \mid z_1 = 0\}.$$

例 4.2.2 对于约束优化问题 (4.2), 若目标函数 $f(x) = x_2$, 可行域

$$X = \{x \in \mathbb{R}^2 \mid x_1^2 - x_2 \leqslant 0\},$$

则在点 $x^* = (0,0)^{\mathrm{T}}$ 处有

$$T_X(x^*) = \{y \in \mathbb{R}^2 \mid y_2 > 0\},$$

$$N_X(x^*) = \{z \in \mathbb{R}^2 \mid z_1 = 0,\ z_2 \leqslant 0\}.$$

由于 $\nabla f(x^*) = (0,1)^{\mathrm{T}}$, 故点 x^* 满足式 (4.4), 但 $x^* = (0,0)^{\mathrm{T}}$ 既不是例 4.2.1 的局部最优解, 也不是例 4.2.2 的局部最优解.

现将一般约束优化问题 (4.2) 的稳定点与局部最优解的关系总结如下:

局部最优解 $\Longrightarrow$ 稳定点

若约束优化问题 (4.2) 为凸优化问题, 则稳定点亦为局部最优解, 甚至是全局最优解.

定理 4.2.6 对于约束优化问题 (4.2), 设目标函数 $f(x)$ 为凸函数, 且在点 $x^* \in X$ 处可微. 可行域 $X \subseteq \mathbb{R}^n$ 为非空的闭凸集, 若点 x^* 为该问题的全局最优解, 当且仅当

$$-\nabla f(x^*) \in N_X(x^*).$$

证明 必要性由定理 4.2.5 显然可得, 而充分性由法锥的定义 (定义 2.3.3) 结合凸函数的等价刻画定理 (定理 1.3.4) 即得. □

定理 4.2.7 对于约束优化问题 (4.2), 设目标函数 $f(x)$ 在点 $x^* \in \mathrm{int}\, X$ 处可微, 可行域 $X \subseteq \mathbb{R}^n$ 的内部非空, 若点 x^* 为该问题的局部最优解, 则必有

$$\nabla f(x^*) = 0.$$

进一步, 若目标函数 $f(x)$ 为凸函数, 且可行域 X 为凸集, 则 $\nabla f(x^*) = 0$ 当且仅当点 x^* 为约束优化问题 (4.2) 的全局最优解.

证明 由于当 $x^* \in \mathrm{int}\, X$ 时, 该点处的切锥 $T_X(x^*) = \mathbb{R}^n$, 从而法锥 $N_X(x^*) = \{0\}$, 因此, 式 (4.4) 即为 $\nabla f(x^*) = 0$. 进而借助定理 4.2.5 及定理 4.2.6 易得结论成立. □

4.3 KKT 条件

本节首先给出约束优化问题 (4.2) 的 Karush-Kuhn-Tucker (KKT) 条件的定义及相关结论, 然后介绍几个常用的约束规格, 最后讨论 KKT 点、鞍点与最优解间的关系.

现将约束优化问题 (4.2) 作为原问题 (P) 再次呈现如下:

$$\begin{aligned} \min \quad & f(x), \\ \text{s.t.} \quad & c_i(x) \leqslant 0, \ i \in I, \\ & c_j(x) = 0, \ j \in E. \end{aligned}$$

该问题的 Lagrange 函数为

$$L(x, \lambda, \mu) = f(x) + \sum_{i \in I} \lambda_i c_i(x) + \sum_{j \in E} \mu_j c_j(x),$$

对偶问题 (D) 为

$$\begin{aligned}\max \quad & g(\lambda,\mu)=\inf_{x\in\mathbb{R}^n} L(x,\lambda,\mu),\\ \text{s.t.} \quad & \lambda\geqslant 0.\end{aligned}$$

借助 Lagrange 函数我们可以定义约束优化问题 (4.2) 的 KKT 点.

定义 4.3.1 若存在点 $x^*\in X\subseteq\mathbb{R}^n$, $\lambda^*\in\mathbb{R}^{|I|}$, $\mu^*\in\mathbb{R}^{|E|}$ 使得

$$\begin{cases}\nabla f(x^*)+\sum\limits_{i\in I}\lambda_i^*\nabla c_i(x^*)+\sum\limits_{j\in E}\mu_j^*\nabla c_j(x^*)=0,\\ \lambda_i^*\geqslant 0,\ c_i(x^*)\leqslant 0,\ i\in I,\quad c_j(x^*)=0,\ j\in E,\\ \lambda_i^* c_i(x^*)=0,\ i\in I,\end{cases}\tag{4.5}$$

则称 x^* 为约束优化问题 (4.2) 的 **KKT 点**, (x^*,λ^*,μ^*) 为 **KKT 对**. 并将式 (4.5) 称为 **KKT 条件**.

事实上, 式 (4.5) 中的第一个条件可看作

$$\nabla_x L(x^*,\lambda^*,\mu^*)=0,$$

因此 x^* 为 Lagrange 函数关于 x 的稳定点. 从而该条件可称为 **Lagrange 一阶最优性条件**; 式 (4.5) 中的第二个条件恰为原问题 (P) 及其对偶问题 (D) 的约束条件, 因此称为**可行性条件**; 式 (4.5) 中的第三个条件为不等式约束 $c_i(x)$ 与其相应乘子 λ_i 间的互补关系, 故称其为**互补松弛条件**.

引理 4.3.1 设约束优化问题 (4.2) 的所有约束函数 $c_i(x)$ 都在可行点 $x^*\in X$ 处可微, 若 $d\in\mathbb{R}^n$ 为 x^* 点处的可行方向, 则有

$$d^{\mathrm{T}}\nabla c_i(x^*)\leqslant 0,\ i\in I(x^*),\quad d^{\mathrm{T}}\nabla c_j(x^*)=0,\ j\in E,$$

其中 $I(x^*)=\{i\mid c_i(x^*)=0,\ i\in I\}$ 为在点 x^* 处使不等式等号成立的不等式约束指标集.

证明 由于等式约束 $c_j(x^*)=0$ 可以等价于两个不等式约束 $c_j(x^*)\leqslant 0$ 与 $-c_j(x^*)\leqslant 0$ 同时成立, 从而仅需证得对任意的 $i\in I(x^*)$, 有 $d^{\mathrm{T}}\nabla c_i(x^*)\leqslant 0$ 成立即可.

现假设存在 $i\in I(x^*)$, 使得 $d^{\mathrm{T}}\nabla c_i(x^*)>0$, 由于约束函数在可行点 x^* 处可微, 故由泰勒展开式可得, 对充分小的 $\alpha>0$, 有

$$c_i(x^*+\alpha d)=c_i(x^*)+\alpha d^{\mathrm{T}}\nabla c_i(x^*)+o(\alpha^2)>c_i(x^*)=0,$$

这与 d 为可行方向矛盾, 所以对任意的 $i\in I(x^*)$ 皆有 $d^{\mathrm{T}}\nabla c_i(x^*)\leqslant 0$ 成立. 从而结论得证. □

类似可证得, 对于序列可行方向 d, 上述结论依然成立.

引理 4.3.2　设约束优化问题 (4.2) 的所有约束函数 $c_i(x)$ 都在可行点 $x^* \in X$ 处可微, 若 $d \in \mathbb{R}^n$ 为 x^* 点处的序列可行方向, 则有

$$d^{\mathrm{T}}\nabla c_i(x^*) \leqslant 0,\ i \in I(x^*), \quad d^{\mathrm{T}}\nabla c_j(x^*) = 0,\ j \in E.$$

证明　与引理 4.3.1 的证明类似, 仅证对任意的 $i \in I(x^*)$ 有 $d^{\mathrm{T}}\nabla c_i(x^*) \leqslant 0$ 成立即可.

现假设存在 $i \in I(x^*)$, 使得 $d^{\mathrm{T}}\nabla c_i(x^*) > 0$, 由于向量 d 为 x^* 点处的序列可行方向, 故存在 $\delta_k \to 0$, $d_k \to d$, 使得 $x^* + \delta_k d_k \in X$. 从而当 $k \to \infty$ 时, 有

$$d_k^{\mathrm{T}}\nabla c_i(x^*) = d^{\mathrm{T}}\nabla c_i(x^*) > 0.$$

又因为约束函数在可行点 x^* 处可微, 故借助泰勒展开式可得

$$c_i(x^* + \delta_k d_k) = c_i(x^*) + \delta_k d_k^{\mathrm{T}}\nabla c_i(x^*) + o(\delta_k^2) > c_i(x^*) = 0.$$

这与 $x^* + \delta_k d_k \in X$ 矛盾, 从而对任意的 $i \in I(x^*)$ 皆有 $d^{\mathrm{T}}\nabla c_i(x^*) \leqslant 0$ 成立. 进而结论得证. □

若上述引理的逆命题成立, 则 KKT 条件为最优解的必要条件. 即, 若满足下式的向量 $d \in \mathbb{R}^n$ 皆为优化问题 (4.2) 的可行方向或序列可行方向,

$$d^{\mathrm{T}}\nabla c_i(x^*) \leqslant 0,\ i \in I(x^*), \quad d^{\mathrm{T}}\nabla c_j(x^*) = 0,\ j \in E, \tag{4.6}$$

则 KKT 条件为最优解的必要条件.

特别地, 在优化问题 (4.2) 的所有约束函数皆为线性函数时, 易得式 (4.6) 成立当且仅当向量 d 为可行点 x^* 处的可行方向或序列可行方向.

利用 Farkas 引理及可行方向 d 的性质定理可得下述著名的 KKT 定理.

定理 4.3.1　设 x^* 为约束优化问题 (4.2) 的局部最优解, 向量 $d \in \mathbb{R}^n$, 若目标函数 $f(x)$ 及所有的约束函数 $c_i(x)$, $i \in E \cup I$ 都在 x^* 处连续可微, 且在 x^* 点处满足

$$d\text{（序列）可行} \Longleftrightarrow d^{\mathrm{T}}\nabla c_i(x^*) \leqslant 0,\ i \in I(x^*), \quad d^{\mathrm{T}}\nabla c_j(x^*) = 0,\ j \in E, \tag{4.7}$$

其中符号 $\Longleftrightarrow$ 表示“当且仅当”, 则存在向量 $\lambda^* \in \mathbb{R}_+^{|I|}$, $\mu^* \in \mathbb{R}^{|E|}$, 使 KKT 条件成立, 且 (x^*, λ^*, μ^*) 为 KKT 对.

证明　由于 d 为可行方向, 故由定理 4.2.2 可得

$$d^{\mathrm{T}}\nabla f(x^*) \geqslant 0,$$

即

$$d^{\mathrm{T}}(-\nabla f(x^*)) \leqslant 0.$$

若 d 为序列可行方向, 则由定理 4.2.3 亦得上式.

又因为满足式 (4.7), 从而可得下述线性系统无解

$$\begin{cases} d^{\mathrm{T}}(-\nabla f(x^*)) > 0, \\ d^{\mathrm{T}}\nabla c_i(x^*) \leqslant 0, \quad i \in I(x^*), \\ d^{\mathrm{T}}\nabla c_j(x^*) = 0, \quad j \in E. \end{cases}$$

故由定理 2.2.2 可得, 存在向量 $\lambda^* \in \mathbb{R}_+^{|I|}$, $\mu^* \in \mathbb{R}^{|E|}$ 使得

$$-\nabla f(x^*) = \sum_{i\in I(x^*)} \lambda_i^* \nabla c_i(x^*) + \sum_{j\in E} \mu_j^* \nabla c_j(x^*).$$

从而可得式 (4.5) 的第一个条件成立. 再对任意指标 $i \in I \backslash I(x^*)$, 令 $\lambda_i^* = 0$, 则有式 (4.5) 的第二个条件成立. 又因为第三个可行性条件显然成立, 从而可得 KKT 条件成立, 进而 (x^*, λ^*, μ^*) 为 KKT 对. □

上述定理中的式 (4.7) 称为**约束规格**, 由于该约束规格基于可行方向的定义, 因此为了叙述方便, 我们将其称为**"方向"约束规格**, 特别地, 该约束规格对于线性约束下的优化问题 (4.2) 显然成立.

对于一般的约束优化问题 (4.2), Mangasarian 和 Fromowitz 于 1967 年提出了比方向约束规格更强的 M-F 约束规格.

定义 4.3.2 设 x^* 为约束优化问题 (4.2) 的可行点, 且目标函数 $f(x)$ 及所有的约束函数 $c_i(x)$, $i \in E \cup I$ 都在 x^* 处连续可微. 若在 x^* 点处存在非零向量 $d \in \mathbb{R}^n$ 使得

$$\begin{cases} \nabla c_j(x^*),\ j \in E \text{ 线性无关}, \\ d^{\mathrm{T}}\nabla c_i(x^*) < 0,\ i \in I(x^*), \quad d^{\mathrm{T}}\nabla c_j(x^*) = 0,\ j \in E, \end{cases} \tag{4.8}$$

则称该优化问题在 x^* 点满足 **M-F 约束规格**.

基于该约束规格, 我们给出一般约束优化问题最优解的必要性条件.

定理 4.3.2 设 x^* 为约束优化问题 (4.2) 的局部最优解. 若目标函数 $f(x)$ 及所有的约束函数 $c_i(x)$, $i \in E \cup I$ 都在 x^* 处连续可微, 且在 x^* 点满足 M-F 约束规格, 则存在向量 $\lambda^* \in \mathbb{R}_+^{|I|}$, $\mu^* \in \mathbb{R}^{|E|}$, 使 KKT 条件成立, 且 (x^*, λ^*, μ^*) 为 KKT 对.

证明 我们仅需证 M-F 约束规格比约束条件 (4.7) 更强.

首先, 由 M-F 约束规格的定义可得 $\nabla c_j(x^*)$, $j \in E$ 线性无关, 且 $d^{\mathrm{T}}\nabla c_j(x^*) = 0$, $j \in E$, 其中 $d \in \mathbb{R}^n$. 若等式约束的个数满足 $|E| = n$, 则有 $d = 0$, 这与 M-F 约束规格中要求的 d 非零矛盾, 因此等式约束的个数必满足 $|E| < n$.

其次, 针对 $|E| < n$, 令 $\boldsymbol{A} = [\nabla c_j(x^*),\ j \in E]$, 则 $\boldsymbol{A}$ 为 $n \times |E|$ 的列满秩矩阵. 任取满足 M-F 约束规格的单位向量 $d \in \mathbb{R}^n$, 即

$$d^{\mathrm{T}}\nabla c_i(x^*) < 0,\ i \in I(x^*), \quad d^{\mathrm{T}}\nabla c_j(x^*) = 0,\ j \in E,$$

则有 $\boldsymbol{A}^{\mathrm{T}}d = 0$. 从而必存在向量组 d_i, $i = 1, 2, n - |E| - 1$, 可将其扩充为以向量 d 为基础的 $\boldsymbol{A}^{\mathrm{T}}$ 的核空间的一组标准正交基.

由于下列带参数 $\theta > 0$ 的方程组在 $x = x^*$ 处的雅可比矩阵非奇异,

$$
\begin{cases} c_j(x) = 0, & j \in E, \\ d_i^{\mathrm{T}}(x - x^*) = 0, & i \in [n - |E| - 1], \\ d^{\mathrm{T}}(x - x^*) - \theta = 0, \end{cases} \tag{4.9}
$$

故由隐函数定理可得, 当 $\theta > 0$ 充分小时, 存在方程组的解 $x(\theta)$ 满足 $x'(\theta)|_{\theta=0} = d$.

又因为对任意 $i \in I(x^*)$, 皆满足 $d^{\mathrm{T}}\nabla c_i(x^*) < 0$, 故当 $\theta > 0$ 充分小时, 必有

$$
c_i(x(\theta)) < 0,
$$

故 $x(\theta)$ 为优化问题 (4.2) 的可行点.

由序列可行点的定义及 $x'(\theta)|_{\theta=0} = d$ 可得, d 为序列可行方向, 进而由 d 的任意性可得, 任意满足

$$
d^{\mathrm{T}}\nabla c_i(x^*) < 0,\ i \in I(x^*), \quad d^{\mathrm{T}}\nabla c_j(x^*) = 0,\ j \in E
$$

的向量 d 皆为序列可行方向. 再借助引理 4.3.2 可得, 任意序列可行方向皆满足式 (4.7), 即 M-F 约束规格成立时必有方向约束规格成立, 进而借助定理 4.3.1 可得结论成立. □

现在给出一个比 M-F 约束规格更强但更实用的约束规格.

定义 4.3.3　设 x^* 为约束优化问题 (4.2) 的可行点, 且目标函数 $f(x)$ 及所有的约束函数 $c_i(x)$, $i \in E \cup I$ 都在 x^* 处连续可微. 若在 x^* 点处满足

$$
\nabla c_i(x^*), \quad \forall i \in E \cup I(x^*) \text{ 线性无关}, \tag{4.10}
$$

则称该优化问题在 x^* 点满足**线性独立约束规格** (简称 **LI 约束规格**).

显然, 当 $I(x^*) = \varnothing$ 时, (4.10) 与 M-F 约束规格等价. 当 $I(x^*) \neq \varnothing$ 时, 只要式 (4.10) 成立便易得 M-F 约束规格成立. 从而自然有下述结论成立.

定理 4.3.3　设 x^* 是约束优化问题 (4.2) 的局部最优解. 若目标函数 $f(x)$ 及所有的约束函数 $c_i(x)$, $i \in E \cup I$ 都在 x^* 处连续可微, 且在 x^* 点满足 LI 约束规格, 则存在向量 $\lambda^* \in \mathbb{R}_+^{|I|}$, $\mu^* \in \mathbb{R}^{|E|}$, 使 KKT 条件成立, 且 (x^*, λ^*, μ^*) 为 KKT 对.

定理 4.3.1、定理 4.3.2、定理 4.3.3 为不同约束规格下的约束优化问题的一阶最优必要性条件, 且三个约束规格间存在如下关系:

LI 约束规格 $\Longrightarrow$ M-F 约束规格 $\Longrightarrow$ 方向约束规格

由于 LI 约束规格最易于验证, 故定理 4.3.3 是约束优化问题 (4.2) 的最常见也是最实用的一阶最优性条件.

约束优化问题 (4.2) 的 KKT 点及其 Lagrange 函数的鞍点都是基于 Lagrange 函数给出的, 下述结论将说明鞍点 (x^*, λ^*, μ^*) 相应的 x^* 恰为 KKT 点.

定理 4.3.4 设 (x^*, λ^*, μ^*) 为约束优化问题 (4.2) 的 Lagrange 函数的鞍点, 则 (x^*, λ^*, μ^*) 为该约束优化问题的一个 KKT 对, 且 x^* 为全局最优解.

证明 由 (x^*, λ^*, μ^*) 为约束优化问题的鞍点可得, x^* 为 Lagrange 函数 $L(x, \lambda^*, \mu^*)$ 关于 x 的最优解, 从而有

$$\nabla_x L(x^*, \lambda^*, \mu^*) = 0,$$

即 KKT 条件的第一个式子成立.

由鞍点定义可得 $L(x^*, \lambda, \mu) \leqslant L(x^*, \lambda^*, \mu^*)$, 从而有

$$f(x^*) + \sum_{i\in I}\lambda_i c_i(x^*) + \sum_{j\in E}\mu_j c_j(x^*) \leqslant f(x^*) + \sum_{i\in I}\lambda_i^* c_i(x^*) + \sum_{j\in E}\mu_j^* c_j(x^*),$$

即

$$\sum_{i\in I}(\lambda_i - \lambda_i^*)c_i(x^*) + \sum_{j\in E}(\mu_j - \mu_j^*)c_j(x^*) \leqslant 0.$$

任取 $\bar{j} \in E$, 令 $\mu_{\bar{j}} = \mu_{\bar{j}}^* \pm 1$, 对任意 $j \in E\backslash\bar{j}$, 令 $\mu_j = \mu_j^*$, 对任意 $i \in I$, 令 $\lambda_i = \lambda_i^*$, 则由上式得, $c_{\bar{j}}(x^*) = 0$. 由 $\bar{j}$ 的任意性得

$$c_j(x^*) = 0, \quad \forall j \in E.$$

从而有

$$\sum_{i\in I}(\lambda_i - \lambda_i^*)c_i(x^*) + \sum_{j\in E}(\mu_j - \mu_j^*)c_j(x^*) = \sum_{i\in I}(\lambda_i - \lambda_i^*)c_i(x^*) \leqslant 0.$$

任取 $\bar{i} \in I$, 若 $\lambda_{\bar{i}}^* = 0$, 则令 $\lambda_{\bar{i}} = 1$, 对任意 $i \in I\backslash\bar{i}$, 令 $\lambda_i = \lambda_i^*$, 则由上述不等式可得

$$c_{\bar{i}}(x^*) \leqslant 0, \quad \forall\lambda_{\bar{i}}^* = 0.$$

若 $\lambda_{\bar{i}}^* > 0$, 令 $\lambda_{\bar{i}} = \dfrac{1}{2}\lambda_{\bar{i}}^*$ 或 $\dfrac{3}{2}\lambda_{\bar{i}}^*$, 对任意 $i \in I\backslash\bar{i}$, 令 $\lambda_i = \lambda_i^*$, 则同样由上述不等式可得

$$c_{\bar{i}}(x^*) = 0, \quad \forall\lambda_{\bar{i}}^* > 0.$$

由 $\bar{i}$ 的任意性得

$$\lambda_i \geqslant 0, \quad c_i(x^*) \leqslant 0, \quad \lambda_i^* c_i(x^*) = 0, \quad \forall i \in I.$$

综上所述, x^* 为优化问题 (4.2) 的可行解, 且满足互补松弛条件. 从而可得 (x^*, λ^*, μ^*) 为该约束优化问题的一个 KKT 对, x^* 为其 KKT 点.

进一步, 若 x^* 为其 KKT 点, 借助鞍点的定义并结合约束条件可得, 对任意的 $x \in X$,

$$f(x^*) + \sum_{i\in I}\lambda_i^* c_i(x^*) + \sum_{j\in E}\mu_j^* c_j(x^*) \leqslant f(x) + \sum_{i\in I}\lambda_i^* c_i(x) + \sum_{j\in E}\mu_j^* c_j(x),$$

即

$$f(x^*) \leqslant f(x) + \sum_{i\in I}\lambda_i^* c_i(x) \leqslant f(x).$$

从而可得 x^* 为约束优化问题 (4.2) 的全局最优解. □

对于一般的约束优化问题, 鞍点必为最优解, 且鞍点亦为 KKT 点, 然而最优解与 KKT 点之间并不等价.

现将一般约束优化问题 (4.2) 的最优解、KKT 点以及鞍点的关系总结如下:

$$\boxed{\textbf{局部最优解} \xRightarrow{+\text{约束规格}} \textbf{KKT 点} \Longleftarrow \textbf{鞍点} \Longrightarrow \textbf{全局最优解}}$$

通过上述分析可得鞍点在约束优化问题中条件最强, 且该点可能不存在, 即使存在也十分难求, 因此要想得到最优解, 一般需在 KKT 点的基础上寻找, 而该过程经常依赖于目标函数及约束函数的二阶导数信息.

4.4　约束优化的二阶最优性条件

本节主要讨论约束优化问题 (4.2) 的二阶最优性条件. 在此之前先分析一下与一阶最优性条件间的区别.

首先, 一阶条件是对所有可行方向而言的; 而二阶条件通常只针对可行方向的一个子集而言, 这是因为目标函数的二阶导数在使一阶导数非零的方向上做任何改变对局部最优解都没有影响. 其次, 一阶条件的分析是建立在目标函数在可行方向的变化基础之上的; 而二阶条件的分析则是借助 Lagrange 函数在可行方向上的变化.

先考虑约束函数 $c_i(x)$, $i \in I \cup E$ 皆为线性的优化问题的二阶最优性条件.

定理 4.4.1 (二阶必要条件)　设 x^* 是约束优化问题 (4.2) 的局部最优解, λ^*, μ^* 为满足 KKT 条件的 Lagrange 乘子, 目标函数 $f(x)$ 在 x^* 处二阶可微. 若约束函数 $c_i(x)$ 皆为线性函数, 则对积极集 $A(x^*) = E \cup I(x^*)$ 中满足 $d^{\mathrm{T}}\nabla c_i(x^*) = 0$ 的任意向量 $d \in \mathbb{R}^n$ 皆有

$$d^{\mathrm{T}}\nabla_x^2 L(x^*, \lambda^*, \mu^*) d \geqslant 0.$$

证明 由约束函数皆为线性函数易得, 满足 $d^{\mathrm{T}}\nabla c_i(x^*)=0,\ i\in A(x^*)$ 的向量 d 必为约束优化问题 (4.2) 在 x^* 点的可行方向. 故对任意的 $i\in A(x^*)$, 当 $\alpha>0$ 充分小时, 有

$$c_i(x^*+\alpha d)=c_i(x^*)+\alpha d^{\mathrm{T}}\nabla c_i(x^*)+o(\alpha^2\|d\|^2)=c_i(x^*)=0.$$

对 $i\in I\backslash I(x^*)$, 由 KKT 条件可得, $\lambda_i^*=0$.

又因为 x^* 为局部最优解, 故对充分小的 $\alpha>0$ 有 $f(x^*+\alpha d)\geqslant f(x^*)$. 从而由 Lagrange 函数的定义可得

$$\begin{aligned}
&L(x^*+\alpha d,\lambda^*,\mu^*)-L(x^*,\lambda^*,\mu^*)\\
=&f(x^*+\alpha d)+\sum_{i\in I}\lambda_i^*c_i(x^*+\alpha d)+\sum_{j\in E}\mu_j^*c_j(x^*+\alpha d)\\
&-\left[f(x^*)+\sum_{i\in I}\lambda_i^*c_i(x^*)+\sum_{j\in E}\mu_j^*c_j(x^*)\right]\\
=&f(x^*+\alpha d)-f(x^*)\\
\geqslant&0.
\end{aligned}$$

进一步, 由 Lagrange 函数的泰勒展开式得

$$\begin{aligned}
&L(x^*+\alpha d,\lambda^*,\mu^*)\\
=&L(x^*,\lambda^*,\mu^*)+\alpha d^{\mathrm{T}}\nabla_x L(x^*,\lambda^*,\mu^*)+\frac{1}{2}\alpha^2 d^{\mathrm{T}}\nabla_x^2 L(x^*,\lambda^*,\mu^*)d+o(\alpha^2)\\
=&L(x^*,\lambda^*,\mu^*)+\frac{1}{2}\alpha^2 d^{\mathrm{T}}\nabla_x^2 L(x^*,\lambda^*,\mu^*)d+o(\alpha^2),
\end{aligned}$$

结合上述两式可得 $d^{\mathrm{T}}\nabla_x^2 L(x^*,\lambda^*,\mu^*)d\geqslant 0$. □

接下来考虑一般情况下的约束优化问题, 先给出该问题在 LI 约束规格 (4.10) 下的二阶最优性条件.

定理 4.4.2 (二阶必要条件) 设 x^* 是约束优化问题 (4.2) 的局部最优解, λ^*,μ^* 为满足 KKT 条件的 Lagrange 乘子, 目标函数 $f(x)$ 及所有约束函数 $c_i(x),\ i\in E\cup I$ 在 x^* 处二阶可微. 若在点 x^* 处满足 LI 约束规格, 则对积极集 $A(x^*)=E\cup I(x^*)$ 中满足 $d^{\mathrm{T}}\nabla c_i(x^*)=0$ 的任意向量 $d\in\mathbb{R}^n$ 皆有

$$d^{\mathrm{T}}\nabla_x^2 L(x^*,\lambda^*,\mu^*)d\geqslant 0.$$

证明 若 $|A(x^*)|=n$, 则 $d^{\mathrm{T}}\nabla c_i(x^*)=0,\ i\in A(x^*)$ 仅有零解 $d=0$. 此时结论显然成立. 故假设 $|A(x^*)|=k<n$, 令 $\boldsymbol{A}=[\nabla c_i(x^*),\ i\in A(x^*)]\in\mathbb{R}^{n\times k}$, 则 $\boldsymbol{A}$ 为列满秩矩阵. 任取满足条件的单位向量 $d\in\mathbb{R}^n$, 即

$$d^{\mathrm{T}}\nabla c_i(x^*)=0,\quad \forall i\in A(x^*),$$

则有 $\boldsymbol{A}^{\mathrm{T}}d=0$. 从而必存在向量组 $d_i,\ i=1,2,n-k-1$, 可将其扩充为以向量 d 为基础的 $\boldsymbol{A}^{\mathrm{T}}$ 的核空间的一组标准正交基.

又因为下列带参数 $\theta>0$ 的方程组在 $x=x^*$ 处的雅可比矩阵非奇异,

$$\begin{cases} c_j(x)=0, \quad j\in[k], \\ d_i^{\mathrm{T}}(x-x^*)=0, \quad i\in[n-k-1], \\ d^{\mathrm{T}}(x-x^*)-\theta=0, \end{cases} \tag{4.11}$$

故由隐函数定理可得, 对任意充分小的 θ, 存在方程组的解 $x(\theta)$, 满足 $x'(\theta)|_{\theta=0}=d$, 且

$$\begin{cases} c_i(x(\theta))=0, \quad i\in A(x^*), \\ c_i(x(\theta))<0, \quad i\in I\backslash I(x^*), \end{cases} \tag{4.12}$$

故当 $|\theta|$ 充分小时, $x(\theta)$ 为约束优化问题的可行点. 又因为 x^* 为其局部最优解, 故有

$$f(x(\theta))\geqslant f(x^*).$$

进而可得

$$\begin{aligned} & L(x(\theta),\lambda^*,\mu^*)-L(x^*,\lambda^*,\mu^*) \\ =& f(x(\theta))+\sum_{i\in I}\lambda_i^*c_i(x(\theta))+\sum_{j\in E}\mu_j^*c_j(x(\theta)) \\ & -\left[f(x^*)+\sum_{i\in I}\lambda_i^*c_i(x^*)+\sum_{j\in E}\mu_j^*c_j(x^*)\right] \\ =& f(x(\theta))-f(x^*)\geqslant 0. \end{aligned}$$

结合 KKT 条件及 $x(\theta)=x^*+\theta d+o(\theta)$ 得

$$\begin{aligned} & L(x(\theta),\lambda^*,\mu^*) \\ =& L(x^*,\lambda^*,\mu^*)+[x(\theta)-x^*]^{\mathrm{T}}\nabla_x L(x^*,\lambda^*,\mu^*) \\ & +\frac{1}{2}[x(\theta)-x^*]^{\mathrm{T}}\nabla_x^2 L(x^*,\lambda^*,\mu^*)[x(\theta)-x^*]+o(\|x(\theta)-x^*\|^2) \\ =& L(x^*,\lambda^*,\mu^*)+\frac{1}{2}[\theta d+o(\theta)]^{\mathrm{T}}\nabla_x^2 L(x^*,\lambda^*,\mu^*)[\theta d+o(\theta)]+o(\|\theta d+o(\theta)\|^2) \\ =& L(x^*,\lambda^*,\mu^*)+\frac{1}{2}\theta^2 d^{\mathrm{T}}\nabla_x^2 L(x^*,\lambda^*,\mu^*)d+o(\theta^2). \end{aligned}$$

结合上述两式可得, 当 $\theta>0$ 充分小时, 有

$$d^{\mathrm{T}}\nabla_x^2 L(x^*,\lambda^*,\mu^*)d\geqslant 0.$$

从而结论得证. □

现给出约束优化问题的二阶充分条件.

定理 4.4.3 (二阶充分条件) 设 (x^*,λ^*,μ^*) 为约束优化问题 (4.2) 的 KKT 对. 若对任意满足

$$\begin{cases} d^{\mathrm{T}}\nabla c_j(x^*)=0, & j\in E, \\ d^{\mathrm{T}}\nabla c_i(x^*)=0, & \lambda_i^*>0,\ i\in I(x^*), \\ d^{\mathrm{T}}\nabla c_i(x^*)\leqslant 0, & \lambda_i^*=0,\ i\in I(x^*) \end{cases} \tag{4.13}$$

的非零向量 $d\in\mathbb{R}^n$ 都有

$$d^{\mathrm{T}}\nabla_x^2 L(x^*,\lambda^*,\mu^*)d>0,$$

则 x^* 是约束优化问题 (4.2) 的严格局部最优解. 进一步, 此时必存在 $\gamma>0$, $\delta>0$ 使得对任意的 $x\in N(x^*,\delta)\cap X$, 有下式成立:

$$f(x)\geqslant f(x^*)+\gamma\|x-x^*\|^2.$$

证明 由于第二个结论比第一个更强, 故我们仅证得第二个结论成立即可. 由 KKT 点的定义可得 x^* 为约束优化问题 (4.2) 的可行解. 反证法, 假设存在可行点列 $\{x_k\}\to x^*$ 使得

$$f(x_k)<f(x^*)+\frac{1}{k}\|x_k-x^*\|^2. \tag{4.14}$$

由 KKT 条件及 Lagrange 函数的定义易得

$$L(x_k,\lambda^*,\mu^*)<L(x^*,\lambda^*,\mu^*)+\frac{1}{k}\|x_k-x^*\|^2. \tag{4.15}$$

又因为单位序列 $\left\{\dfrac{x_k-x^*}{\|x_k-x^*\|}\right\}$ 显然存在收敛子列, 故不妨设 $\dfrac{x_k-x^*}{\|x_k-x^*\|}=d_k\to d$. 下证向量 d 满足 (4.13).

对任意 $j\in E$, 由

$$0-c_j(x_k)-c_j(x^*)=(x_k-x^*)^{\mathrm{T}}\nabla c_j(x^*)+o(\|x_k-x^*\|)$$

可得

$$0=\frac{c_j(x_k)-c_j(x^*)}{\|x_k-x^*\|}=d_k^{\mathrm{T}}\nabla c_j(x^*)+o(1),$$

即

$$d^{\mathrm{T}}\nabla c_j(x^*)=0,\quad j\in E.$$

对 $i\in I(x^*)$, 显然有 $c_i(x_k)-c_i(x^*)\leqslant 0$. 从而类似可得

$$d^{\mathrm{T}}\nabla c_i(x^*)\leqslant 0,\quad i\in I(x^*).$$

对目标函数 $f(x)$, 借助式 (4.14), 类似可得

$$d^{\mathrm{T}}\nabla f(x^*)\leqslant 0.$$

因为 Lagrange 乘子 $\lambda^*\geqslant 0$, 故对任意 $i\in I(x^*)$ 皆有

$$\lambda_i^* d^{\mathrm{T}}\nabla c_i(x^*)\leqslant 0.$$

下证等号成立. 假设存在 $\bar{i}\in I(x^*)$ 使得 $\lambda_{\bar{i}}^*>0$, $d^{\mathrm{T}}\nabla c_{\bar{i}}(x^*)<0$.

由 KKT 条件可得

$$\nabla f(x^*)+\sum_{i\in I(x^*)}\lambda_i\nabla c_i(x)+\sum_{j\in E}\mu_j\nabla c_j(x)=0,$$

从而将上述左右两边分别与满足条件的 d 相乘, 整理可得

$$0>d^{\mathrm{T}}\nabla f(x^*)+\sum_{i\in I(x^*)}\lambda_i^* d^{\mathrm{T}}\nabla c_i(x^*)+\sum_{j\in E}\mu_j d^{\mathrm{T}}\nabla c_j(x)=0,$$

矛盾, 故 d 满足 (4.13), 从而可得

$$d^{\mathrm{T}}\nabla_x^2 L(x^*,\lambda^*,\mu^*)d>0.$$

由式 (4.15) 可得, 对充分大的 k,

$$\begin{aligned}\frac{1}{k}&>\frac{L(x_k,\lambda^*,\mu^*)-L(x^*,\lambda^*,\mu^*)}{\|x_k-x^*\|^2}\\&=\frac{d_k^{\mathrm{T}}\nabla_x L(x^*,\lambda^*,\mu^*)}{\|x_k-x^*\|}+\frac{1}{2}d_k^{\mathrm{T}}\nabla_x^2 L(x^*,\lambda^*,\mu^*)d_k+o(1)\\&>0.\end{aligned}$$

当 $k\to+\infty$ 时存在矛盾, 从而结论得证. □

利用 KKT 条件易知, 上述二阶条件主要考察 Lagrange 函数关于 x 的梯度从 x^* 点沿可行域在最优解的切方向 d 移动时的变化情况.

4.5 凸优化的最优性条件

本节首先讨论凸优化问题解的情况, 然后给出其最优性条件, 在此之前先将凸优化问题重述如下:

$$\begin{aligned}\min\quad & f(x),\\ \text{s.t.}\quad & c_i(x)\leqslant 0,\quad i\in I,\\ & c_j(x)=0,\quad j\in E,\end{aligned}\tag{4.16}$$

其中目标函数 $f(x)$ 及不等式约束函数 $c_i(x)$, $i \in I$ 皆为连续可微的凸函数, 且等式约束函数 $c_j(x)$, $j \in E$ 为线性函数.

凸优化问题 (4.16) 相较于其他的优化问题而言具有许多优良的性质和比较成熟的求解算法.

由定理 1.3.6 可得凸函数的水平集皆为凸集, 从而易得如下结论.

定理 4.5.1 凸优化问题 (4.16) 的解集为闭凸集.

凸优化问题的实质即在凸集 X 上寻找凸函数 $f(x)$ 的最优解.

定理 4.5.2 若点 x^* 为凸优化问题 (4.16) 的局部最优解, 则 x^* 也是其全局最优解. 进一步, 凸优化问题 (4.16) 的稳定点就是最优解.

证明 设点 x^* 为凸优化问题 (4.16) 的局部最优解, 由定理 4.2.2 得, 在点 x^* 处对任意可行方向 d 都有

$$d^{\mathrm{T}}\nabla f(x^*) \geqslant 0.$$

任取 $x \in X$, 令 $d = x - x^*$, 则有

$$\nabla f(x^*)^{\mathrm{T}}(x - x^*) \geqslant 0.$$

从而由 d 的任意性可得 x^* 为其稳定点. 由凸函数的性质可得

$$f(x) \geqslant f(x^*) + \nabla f(x^*)^{\mathrm{T}}(x - x^*) \geqslant f(x^*),$$

故 x^* 为全局最优解. □

通过上述定理可得, 凸优化问题的局部最优解、全局最优解以及稳定点的关系如下:

局部最优解 $\Longleftrightarrow$ 稳定点 $\Longleftrightarrow$ 全局最优解

由于凸优化问题的局部最优解与全局最优解等价, 因此为了方便, 对于凸优化问题而言我们不再区分局部与全局, 统一记为最优解. 需要注意的是, 严格凸优化问题的最优解未必存在, 若存在, 必唯一.

若凸优化问题 (4.16) 满足 Slater 约束条件, 则其最优解为 KKT 点.

定理 4.5.3 若凸优化问题 (4.16) 满足 Slater 约束规格, 则其最优解 x^* 为 KKT 点.

证明 凸优化问题 (4.16) 满足 Slater 约束规格, 即存在可行点 $\bar{x} \in X$ 使得

$$c_i(\bar{x}) < 0, \quad i \in I, \quad c_j(\bar{x}) = 0, \ j \in E.$$

由于等式约束函数 $c_j(x)$ 为线性函数, 不妨设 $\nabla c_j(x)$, $j \in E$ 线性无关. 事实上, 可以通过线性变换将线性相关的约束函数组化简为仅含有不相关的函数. 现令 $d =$

$\bar{x}-x^*$, 其中 x^* 为凸优化问题 (4.16) 的最优解. 对任意 $i\in I(x^*)$, 由 $c_i(x^*)$ 为凸函数可得

$$0>c_i(\bar{x})=c_i(x^*+d)\geqslant c_i(x^*)+d^{\mathrm{T}}\nabla c_i(x^*)=d^{\mathrm{T}}\nabla c_i(x^*).$$

对任意 $j\in E$, 由 $c_j(x^*)$ 为线性函数可得

$$0=c_j(\bar{x})=c_j(x^*+d)=c_j(x^*)+d^{\mathrm{T}}\nabla c_j(x^*)=d^{\mathrm{T}}\nabla c_j(x^*).$$

因此, 由等式约束为线性函数可得, 该凸优化问题在最优解 x^* 处显然满足 M-F 约束规格, 从而由定理 4.3.2 可得 x^* 满足 KKT 条件, 即 x^* 为 KKT 点. □

线性约束本身就可保证约束优化问题的最优解为 KKT 点, 因而由上述结论类似可证在弱 Slater 条件下也有类似结论成立.

定理 4.5.4 若凸优化问题 (4.16) 满足弱 Slater 约束规格, 则其最优解 x^* 为 KKT 点.

证明 设点 $x^*\in X$ 为凸优化问题 (4.16) 的最优解, 类似上述定理的证明可得, 存在 $d\in\mathbb{R}^n$ 使得

$$d^{\mathrm{T}}\nabla c_i(x^*)<0,\ i\in I_1,\quad d^{\mathrm{T}}\nabla c_i(x^*)\leqslant 0,\ i\in I_2,\quad d^{\mathrm{T}}\nabla c_j(x^*)=0,\ j\in E,$$

其中不等式约束指标集 $I=I_1\cup I_2$, 且与指标集 $E\cup I_2$ 相应的约束函数 $c_i(x)$ 为线性函数, 从而可得该凸优化问题在最优解 x^* 处满足 M-F 约束规格, 从而由定理 4.3.2 可得 x^* 满足 KKT 条件, 即 x^* 为 KKT 点. □

定理 4.5.5 若 (x^*,λ^*,μ^*) 为凸优化问题 (4.16) 的 KKT 对, 则 (x^*,λ^*,μ^*) 为其 Lagrange 函数的鞍点.

证明 对凸优化问题 (4.16), 其 Lagrange 函数

$$L(x,\lambda^*,\mu^*)=f(x)+\sum_{i\in I}\lambda_i^*c_i(x)+\sum_{j\in E}\mu_j^*c_j(x)$$

为关于 $x\in\mathbb{R}^n$ 的凸函数, 故由泰勒展开式及 KKT 条件的第一个条件可得

$$L(x,\lambda^*,\mu^*)\geqslant L(x^*,\lambda^*,\mu^*)+(x-x^*)^{\mathrm{T}}\nabla_x L(x^*,\lambda^*,\mu^*)=L(x^*,\lambda^*,\mu^*).$$

从而有

$$L(x^*,\lambda^*,\mu^*)\leqslant L(x,\lambda^*,\mu^*).$$

另一方面, 任取 $\lambda_i \geqslant 0,\ i \in I$, 由 (x^*, λ^*, μ^*) 为 KKT 对可得

$$\begin{aligned}
&L(x^*,\lambda,\mu) - L(x^*,\lambda^*,\mu^*)\\
=&f(x^*) + \sum_{i\in I}\lambda_i c_i(x^*) + \sum_{j\in E}\mu_j c_j(x^*)\\
&-\left[f(x^*) + \sum_{i\in I}\lambda_i^* c_i(x^*) + \sum_{j\in E}\mu_j^* c_j(x^*)\right]\\
=&\sum_{i\in I}\lambda_i c_i(x^*) \leqslant 0.
\end{aligned}$$

综上可得, 凸优化问题的 KKT 点为其 Lagrange 函数的鞍点. □

由定理 4.3.4 可得, 约束优化问题的 Lagrange 函数的鞍点必为其 KKT 对, 从而有凸优化问题 (4.16) 的 KKT 点与鞍点等价且相应的 KKT 点为最优解, 进而有如下结论成立.

定理 4.5.6 若点 x^* 为凸优化问题 (4.16) 的 KKT 点, 则 x^* 为其最优解.

证明 设 (x^*, λ^*, μ^*) 为凸优化问题 (4.16) 的 KKT 对, 则 x^*, (λ^*, μ^*) 分别为原问题及对偶问题的可行点, 又因为 $\lambda^* \geqslant 0$, 故 Lagrange 函数为凸函数, 且 x^* 为其最优解, 从而有

$$\begin{aligned}
g(\lambda^*,\mu^*) &= \inf_{x\in\mathbb{R}^n} L(x,\lambda^*,\mu^*)\\
&= L(x^*,\lambda^*,\mu^*)\\
&= f(x^*) + \sum_{i\in I}\lambda_i^* c_i(x^*) + \sum_{j\in E}\mu_j^* c_j(x^*)\\
&= f(x^*).
\end{aligned}$$

进而可得, x^*, (λ^*, μ^*) 分别为原问题及对偶问题的最优解, 结论得证. □

由上述结论可得, 当凸优化问题 (4.16) 满足 Slater 约束条件时, 其 KKT 点与最优解等价, 但对于约束全为线性的凸优化问题 (含线性规划) 而言, 无须任何约束规格就可以直接建立上述各最优性条件之间的等价性, 即 KKT 点与鞍点及最优解皆等价.

现将凸优化问题最优解, KKT 点以及鞍点的关系总结如下:

$$\boxed{\textbf{最优解} \xLeftarrow{+(\text{弱})\ \text{Slater 约束规格}} \textbf{KKT 点} \Longleftrightarrow \textbf{鞍点}}$$

如上所述的最优化理论在带广义不等式约束的凸优化问题上皆可进行平行推广, 在此不再一一赘述具体理论内容.

第 5 章 凸优化算法

前四章主要介绍了优化问题的基础及理论知识, 自本章开始讨论优化算法. 由于凸优化问题具有广泛而深刻的应用背景, 因此凸优化算法成为众多专家学者关注及研究的重点. 本章将介绍一些包括梯度类算法和牛顿法在内的经典且主流的凸优化算法. 针对每个算法, 皆先给出算法的基本框架, 然后进行理论分析.

5.1 优化算法概述

本节首先介绍最优化问题的求解方法, 然后给出一般优化算法的迭代框架, 最后介绍算法的评价指标.

最优化问题的求解方法主要分为两大类: 直接法与迭代法. 解析法是典型的直接法, 它借助微分学、变分法等数学工具通过逻辑推理和分析运算给出最优解的解析式, 得到精确、简洁、直观的解析解. 该解对于问题的理论分析十分适用, 然而该求解方法的弊端是仅适用于特殊形式的非线性最优化问题, 且在实际应用时计算量大、稳定性差. 另外直接法还包括仅适用于少变量的图解法和实验法.

迭代法是反复通过一个固定的公式, 不断矫正得到更好的近似解的过程. 我们将该固定公式称为迭代公式. 当前输出的近似解称为当前迭代点, 将该点代入迭代公式后可得更新的迭代点, 不断重复此过程, 直到满足终止条件为止. 一般来说, 新的迭代点总是从当前迭代点出发, 沿某个方向走一定的步长得到. 这个寻找解的过程通常分为两类: 一类是先决定往哪个方向走, 再确定迈多大的步子; 另一类是先决定迈多大的步子, 再确定往哪个方向走. 前者被称为线搜索方法, 后者被称为信赖域方法. 我们仅针对前者展开讨论.

根据函数信息利用度可将迭代法分为模式搜索法和梯度法. 模式搜索法简单、直观, 无须计算目标函数的梯度, 主要借助函数值的变化规律寻找目标函数的下降方向以求得更优的点. 该方法适用于变量较少、约束简单、目标函数结构比较复杂且梯度不易计算的最优化问题. 常见的模式搜索法主要有坐标轮换法、Hooke-Jeeves 法、Powell 共轭方向法和单纯形调优法等. 梯度法对目标函数和约束函数的解析性质要求较高, 在迭代过程中需要同时求解函数值及梯度值, 一般有快的收敛速度, 且更容易进行理论分析. 常见的梯度法有最速下降法、投影梯度法、邻近梯度法等.

自 20 世纪以来基于迭代法求解最优化问题的数值方法层出不穷, 但所提出的算法通常只是对某类问题有效. 因此对最优化问题算法的研究主要集中在两方面: 一方面是以问题为导向, 即针对一个特定的问题, 设计相应的算法; 另一方面是以算法为导向, 即对确定的算法, 研究其适用的问题. 本书中对算法的研究皆遵循前者.

5.1.1 求解无约束优化问题的迭代法框架

我们将以无约束优化问题为例给出基于线搜索方法的迭代法框架, 首先回顾无约束优化问题如下:

$$\min_{x\in\mathbb{R}^n} \quad f(x). \tag{5.1}$$

求解该问题的线搜索迭代法的基本框架如下.

算法 5.1.1 线搜索迭代法

步骤 1. 选取初始点 $x_0 \in \mathbb{R}^n$, 确定有关参数, 并令 $k=0$.

步骤 2. 验证终止条件是否成立, 若成立, 算法终止; 否则进入下一步.

步骤 3. 确定在 x_k 点的搜索方向 $d_k \in \mathbb{R}^n$.

步骤 4. 求迭代步长 $\alpha_k > 0$ 使其满足

$$f(x_k + \alpha_k d_k) < f(x_k).$$

步骤 5. 迭代更新

$$x_{k+1} = x_k + \alpha_k d_k, \quad k = k+1,$$

转入步骤 2.

算法 5.1.1 的步骤 1 中初始点的选取对算法效率及最终的数值结果都有很大影响, 通常越接近最优解越有效. 然而最优解事先未知, 因此一般取随机点、零点或分量全为 1 的点作为初始点.

此外, 算法中所含参数的取值对算法效率也会产生严重影响. 通常的做法是根据理论分析得到其合理的取值范围, 再由数值实验确定其经验值. 有时在算法设计过程中会采用自适应参数, 即随着算法进程参数自行调整.

步骤 2 中的终止条件, 亦称停机准则. 理论上, 当迭代点与最优解充分靠近时算法终止. 然而, 这并不现实. 因此, 停机准则通常采用最优性条件准则, 或迭代点距离准则, 或目标函数值下降量准则. 即当近似满足某种最优性条件, 或算法产生的相邻两迭代点间的距离充分小, 或相邻两迭代点相应的目标函数值相差很小时终止算法, 有时也会综合使用上述准则.

步骤 3 中选取搜索方向 d_k 时一般须保证当前迭代点在沿该搜索方向移动时目标函数值下降 (对于非单调算法, 此条件会被松弛), 即搜索方向为下降方向. 通常算法中的搜索方向 d_k 与目标函数 $f(x)$ 在该点的梯度信息 $\nabla f(x_k)$ 有关. 比如: 梯度法以负梯度方向作为搜索方向, 即

$$d_k = -\nabla f(x_k);$$

牛顿法以目标函数 $f(x)$ 在点 x_k 的 Hessian 矩阵 $\nabla^2 f(x_k)$ 的逆与负梯度方向的乘积作为搜索方向, 即

$$d_k = -\nabla^2 f(x_k)^{-1} \nabla f(x_k).$$

步骤 4 中迭代步长 $\alpha_k > 0$ 的确定通常采用如下几种步长规则.

最优步长规则:

$$\alpha_k = \arg\min_{\alpha \geqslant 0} f(x_k + \alpha d_k).$$

限制的最优步长规则:

$$\alpha_k = \arg\min_{\tilde{\alpha} \in [0,\alpha]} f(x_k + \tilde{\alpha} d_k), \quad \alpha > 0.$$

固定 (常数) 步长规则:

$$\alpha_k \equiv \alpha > 0.$$

缩减步长规则:

$$\lim_{k \to +\infty} \alpha_k = 0 \ \text{ 且 } \sum_{k=0}^{+\infty} \alpha_k = +\infty.$$

Armijo 步长规则:

$$\alpha_k = \beta \gamma^{m_k},$$

其中 m_k 为满足下式的最小非负整数:

$$f(x_k + \beta \gamma^{m_k} d_k) \leqslant f(x_k) + \sigma \beta \gamma^{m_k} \nabla f(x_k)^{\mathrm{T}} d_k,$$

其中 $\beta > 0$, σ, $\gamma \in (0,1)$ 为常数.

Wolfe 步长规则: α_k 同时满足

$$f(x_k + \alpha_k d_k) \leqslant f(x_k) + \sigma_1 \alpha_k \nabla f(x_k)^{\mathrm{T}} d_k,$$

$$\nabla f(x_k + \alpha_k d_k)^{\mathrm{T}} d_k \geqslant \sigma_2 \nabla f(x_k)^{\mathrm{T}} d_k,$$

其中 $0 < \sigma_1 < \sigma_2 < 1$. 若将第二个式子换作

$$|\nabla f(x_k + \alpha_k d_k)^{\mathrm{T}} d_k| \leqslant \sigma_2 |\nabla f(x_k)^{\mathrm{T}} d_k|,$$

则可得强 Wolfe 步长规则.

步骤 5 中的迭代更新步是由步骤 3 和步骤 4 确定的搜索方向和步长直接计算得到的.

事实上, 对于迭代法的刻画主要依赖于搜索方向及迭代步长, 当选取方式不同时便会产生一系列的迭代法.

5.1.2 算法的收敛性及收敛速度

最优化问题的迭代法, 通常既要保证理论正确, 又要达到期望的数值效果. 在此我们首先介绍两个重要的评价指标 —— 收敛性及收敛速度, 然后再总结其他评价算法的标准.

收敛性 迭代法很难保证有限步内求得最优解, 因此研究算法收敛性, 即算法产生的迭代点列的走向趋势是十分重要的.

若无论初始点如何选取, 算法产生的迭代点列都收敛到问题的最优解, 则称该算法**全局收敛**. 若算法仅当初始点与最优解具有某种程度的靠近时才能保证迭代点列收敛, 则称该算法**局部收敛**. 全局收敛及局部收敛皆属于理论分析, 在实际应用中, 最优化问题一般需要求出满足一定精度的近似解, 即数值解. 与收敛性相联系, **二次终止性**也描述了迭代点列的走向趋势, 它是指对任意的严格凸二次函数, 从任意初始点出发, 算法经有限步迭代后均能达到最优解.

收敛速度 算法的计算效率通常依赖于收敛速度, 因而在算法产生的点列 $\{f(x_k)\}$, $\{x_k\}$ 收敛的前提下, 由数列 $\{f(x_k)-f(x^*)\}$, $\{\|x_k-x^*\|\}$ 趋于零的速度来量化. 通常是速度越快, 算法的效率就越高. 以下就以 $\{\|x_k-x^*\|\}$ 为例说明.

由前后两个迭代点靠近最优解的程度比可以定义算法的 Q-收敛, 由收敛于零的数列来度量 $\{\|x_k-x^*\|\}$ 趋于零的速度可以定义 R-收敛.

定义 5.1.1 设点列 $\{x_k\}$ 收敛到点 x^*, 且存在 $q\geqslant 0$ 和 $r\geqslant 1$ 满足

$$\limsup_{k\to+\infty}\frac{\|x_{k+1}-x^*\|}{\|x_k-x^*\|^r}\leqslant q.$$

当 $r=1$ 时, 若 $0<q<1$, 则称迭代点列 $\{x_k\}$ **Q-线性收敛**到 x^*; 若 $q=0$, 则称迭代点列 $\{x_k\}$ **Q-超线性收敛**到 x^*; 若 $q=1$, 则称点列 $\{x_k\}$ **Q-次线性收敛**到 x^*; 当 $r>1$ 时, 若 $q<+\infty$, 则称迭代点列 $\{x_k\}$ **Q-r 阶收敛**到 x^*, 简称 r 阶收敛到 x^*.

通过上述定义易知算法 Q-r 阶收敛必 Q-超线性收敛.

定义 5.1.2 设点列 $\{x_k\}$ 收敛到最优解 x^*, 且存在 $\alpha>0$, $0<p<1$ 使

$$\|x_k-x^*\|\leqslant\alpha p^k,$$

则称 $\{x_k\}$ **R-线性收敛**到 x^*. 若存在 $\alpha>0$ 和收敛于零的正数列 $\{p_k\}$ 使

$$\|x_k-x^*\|\leqslant\alpha\prod_{i=0}^{k}p_i,$$

则称点列 $\{x_k\}$ **R-超线性收敛**到 x^*.

在收敛速度的理论分析中, 超线性收敛比线性收敛速度要快, 且点列 Q-(超)线性收敛必 R-(超)线性收敛. 但在实际计算中, 由于计算误差及算法程序本身的影响, 算法的数值效果与理论分析并不能保证完全一致.

上述收敛速度都是针对迭代点列而言的, 算法的收敛速度有时也用迭代点列相应的函数值序列 $\{f(x_k)\}$ 来刻画. 下面给出最常用的 $O(1/k)$ 次线性收敛速率的定义.

定义 5.1.3　在算法迭代过程中, 设迭代点列 $\{x_k\}$ 收敛到最优解 x^*, 若存在常数 C 使得迭代点列相应的函数值数列 $\{f(x_k)\}$ 满足

$$f(x_k) - f(x^*) \leqslant C\frac{1}{k},$$

则称算法 $O(1/k)$ **次线性收敛**.

算法稳定性　在数值计算中, 随着算法的进行, 初始数据所产生的舍入误差具有遗传性. 若该误差对最终结果的影响较小, 则称该算法是稳定的.

算法复杂性　包括计算复杂性、存储复杂性和逻辑复杂性. 算法的每一迭代步所需的计算量和存储量对算法效率都有重要影响. 算法理论的收敛速度再快, 若每一迭代步的计算量或存储量过大, 也会导致算法的迭代过程变慢, 从而对算法的整体效率产生巨大影响. 另外也希望逻辑上尽量简捷.

算法效率　是综合收敛速度与计算成本而定义的指标. 一般是收敛速度与计算成本的比值, 如:

$$E = \frac{\log r}{w},$$

其中 E 表示算法效率, r 为算法的收敛阶, w 为单次计算成本, 详情见 [16] 等文献.

数值效果　对于理论性质极好的算法, 若其数值效果很差, 则该方法很难被认可并广泛运用. 因此, 数值效果也是很重要的评价指标.

事实上, 由于理论分析过程中某些条件在实际中可能得不到满足, 以及计算过程中数据处理及初始点和参数选取的影响, 最优化问题的某些算法的理论性质与数值效果并不能保持一致. 除此之外, 同一算法的性能指标还与具体的问题及运算平台有关, 因此很难找到算法的统一量化评价标准.

5.2　梯度法与次梯度法

本节首先介绍求解一般无约束优化问题的梯度法, 然后给出次梯度法以求解非光滑凸目标函数下的无约束优化问题.

5.2.1 梯度法

梯度法是求解无约束优化问题中最简单可靠的算法, 该算法仅需求目标函数的梯度信息, 计算过程数据存储量小. 最早的梯度法由 Cauchy 于 1847 年提出[26], 该算法以目标函数的负梯度方向为搜索方向, 并取最优步长. 后续研究表明不同步长规则对梯度法的表现影响很大.

考虑如下无约束优化问题:

$$\min_{x\in\mathbb{R}^n} f(x), \tag{5.2}$$

其中目标函数 $f(x)$ 为可微函数, 有效域 $\mathrm{dom}f=\mathbb{R}^n$. 并假设该优化问题存在最优解 x^*, 且最优值 $f(x^*)$ 是有限值.

由于最优化问题 (5.2) 的目标函数 $f(x)$ 为可微函数, 取其负梯度方向作为搜索方向 (易知为下降最快的的方向), 步长由适当的规则产生, 则可得如下梯度法.

算法 5.2.1 梯度法

步骤 1. 给定初始点 $x_0\in\mathbb{R}^n$ 及参数 $\epsilon\geqslant 0$, 令 $k=0$.

步骤 2. 若梯度满足 $\|\nabla f(x_k)\|\leqslant\epsilon$, 则算法停止; 否则, 进入下一步.

步骤 3. 取负梯度方向作为搜索方向, 即

$$d_k=-\nabla f(x_k).$$

步骤 4. 步长 α_k 由适当的步长规则产生.

步骤 5. 更新迭代点

$$x_{k+1}=x_k+\alpha_k d_k,$$

并令 $k=k+1$, 返回步骤 2.

梯度法常采用最优步长、固定步长或 Armijo 步长规则, 其中最优步长规则下的梯度法又称最速下降法. 一般最优步长规则仅用于算法的理论分析, 在数值计算中通常采用固定步长、Armijo 步长或其他非精确的步长规则.

对于算法中的停机准则, 在理论分析中一般取 $\epsilon=0$ 以保证算法求得问题的精确解, 但算法在实际运行中通常会根据问题要求精度及计算能力选择适当小的正 ϵ 值.

首先总结最优步长规则下算法的基本性质, 并略去其证明.

定理 5.2.1 对于无约束优化问题 (5.2), 若目标函数可微, 则算法 5.2.1 (梯度法) 在采用最优步长规则下:

(1) 相邻两迭代点的搜索方向互相垂直, 即

$$\langle d_k, d_{k+1}\rangle=0.$$

(2) 迭代点列 $\{x_k\}$ 的任一聚点 x^* 满足 $\nabla f(x^*)=0$.

(3) 若目标函数为严格凸二次函数 $f(x)=\frac{1}{2}x^{\mathrm{T}}\boldsymbol{G}x$, 则该算法线性收敛, 且依赖于目标函数的条件数, 即

$$\frac{f(x_{k+1})-f(x^*)}{f(x_k)-f(x^*)}\leqslant\left(\frac{\lambda_1-\lambda_n}{\lambda_1+\lambda_n}\right)^2,$$

其中 λ_1, λ_n 分别为系数矩阵 $\boldsymbol{G}$ 的最大与最小特征值.

下面对固定步长及 Armijo 步长规则下梯度法的收敛性进行分析, 由于迭代法仅能得近似解, 因此考虑取到 ϵ-次优解的情况.

定理 5.2.2 对于最优化问题 (5.2), 若目标函数 $f(x)$ 为可微凸函数, 且梯度 $\nabla f(x)$ 是 L-Lipschitz 连续的, 则算法 5.2.1 (梯度法) 在适当步长规则下 $O(1/k)$ 次线性收敛.

证明 梯度法中的迭代更新步为

$$x_{k+1}=x_k-\alpha_k\nabla f(x_k).$$

由于目标函数梯度是 L-Lipschitz 连续的, 故借助定理 1.8.6 可得

$$\begin{aligned}f(x_{k+1})&=f(x_k-\alpha_k\nabla f(x_k))\\&\leqslant f(x_k)+\nabla f(x_k)^{\mathrm{T}}[-\alpha_k\nabla f(x_k)]+\frac{L}{2}\|-\alpha_k\nabla f(x_k)\|^2\\&=f(x_k)-\alpha_k\left(1-\frac{L\alpha_k}{2}\right)\|\nabla f(x_k)\|^2.\end{aligned}\tag{5.3}$$

下面根据步长规则选取的不同, 分两种情况讨论:

(1) 固定步长, 取 $\alpha_k\equiv\alpha\in\left(0,\frac{1}{L}\right]$, 满足 $1-\frac{L\alpha}{2}\geqslant\frac{1}{2}$, 则由式 (5.3) 得

$$\begin{aligned}f(x_{k+1})&\leqslant f(x_k)-\frac{\alpha}{2}\|\nabla f(x_k)\|^2\\&\leqslant f(x^*)+\nabla f(x_k)^{\mathrm{T}}(x_k-x^*)-\frac{\alpha}{2}\|\nabla f(x_k)\|^2\\&=f(x^*)+\frac{1}{2\alpha}[\|x_k-x^*\|^2-\|x_k-x^*-\alpha\nabla f(x_k)\|^2]\\&=f(x^*)+\frac{1}{2\alpha}[\|x_k-x^*\|^2-\|x_{k+1}-x^*\|^2].\end{aligned}\tag{5.4}$$

上式中的第二个不等号由凸函数的等价定义易得.

现在分别取 $k=0,1,2,\cdots,k-1$, 并将所得不等式左右分别相加得

$$\sum_{i=0}^{k-1}[f(x_{i+1})-f(x^*)]\leqslant\frac{1}{2\alpha}\sum_{i=0}^{k-1}[\|x_i-x^*\|^2-\|x_{i+1}-x^*\|^2]$$

$$
\begin{aligned}
&= \frac{1}{2\alpha}[\|x_0 - x^*\|^2 - \|x_k - x^*\|^2] \\
&\leqslant \frac{1}{2\alpha}\|x_0 - x^*\|^2. \qquad (5.5)
\end{aligned}
$$

由式 (5.4) 中的第一个不等式可得 $f(x_{k+1}) \leqslant f(x_k)$, 故

$$
f(x_k) - f(x^*) \leqslant \frac{1}{k}\sum_{i=0}^{k-1}[f(x_{i+1}) - f(x^*)] \leqslant \frac{1}{2k\alpha}\|x_0 - x^*\|^2.
$$

因而在取固定步长 $\alpha \in \left(0, \frac{1}{L}\right]$ 时, 梯度法 $O(1/k)$ 次线性收敛.

(2) Armijo 步长, 即初始步长取 $\alpha_0 \geqslant 0$, 第 k 步的步长从 α_0 开始选取, 若满足下式则选定其作为该步步长, 否则使其与 γ 相乘, 如此往复直到找到满足下式的步长为止,

$$
f(x_k - \alpha_k \nabla f(x_k)) < f(x_k) - \sigma\alpha_k\|\nabla f(x_k)\|^2.
$$

通常 $0 < \gamma < 1$, 取 $\sigma = \frac{1}{2}$, 则步长满足

$$
\alpha_k \geqslant \alpha_{\min} = \min\left\{\alpha_0, \frac{\gamma}{L}\right\}.
$$

事实上, 通常取 $\alpha_0 = 1$, 且若 $\alpha_k = \alpha_0\gamma^m$, 则有 $\alpha_0\gamma^{m-1} > \frac{1}{L}$, 故 $\alpha_k = \alpha_0\gamma^m > \frac{\gamma}{L}$.

又由式 (5.4) 得

$$
f(x_{k+1}) \leqslant f(x^*) + \frac{1}{2\alpha_{\min}}[\|x_k - x^*\|^2 - \|x_{k+1} - x^*\|^2].
$$

分别取 $k = 0, 1, 2, \cdots$, 并将所有不等式左右分别相加得

$$
f(x_k) - f(x^*) \leqslant \frac{1}{k}\sum_{i=0}^{k-1}[f(x_{i+1}) - f(x^*)] \leqslant \frac{1}{2k\alpha_{\min}}\|x_0 - x^*\|^2,
$$

从而可得 α_k 采用 Armijo 步长时, 梯度法 $O(1/k)$ 次线性收敛. □

通过下述结论可知, 在目标函数强凸且梯度 L-Lipschitz 连续时, 梯度法在适当步长下线性收敛.

定理 5.2.3 对于最优化问题 (5.2), 若目标函数 $f(x)$ 为可微模 c 强凸函数, 且梯度 $\nabla f(x)$ 是 L-Lipschitz 连续的, 则取固定步长 $\alpha_k \equiv \alpha \in \left(0, \frac{2}{c+L}\right)$ 时, 算法 5.2.1 (梯度法) 的迭代点列 $\{x_k\}$ Q-线性收敛.

证明 梯度法的迭代步为

$$
x_{k+1} = x_k - \alpha_k \nabla f(x_k),
$$

取固定步长 $\alpha_k \equiv \alpha \in \left(0, \dfrac{2}{c+L}\right)$. 由于目标函数 $f(x)$ 为可微模 c 强凸函数, 且梯度 $\nabla f(x)$ 是 L-Lipschitz 连续的, 故借助定理 1.8.7 可得

$$
\begin{aligned}
&\|x_{k+1}-x^*\|^2 \\
=&\|x_k-\alpha\nabla f(x_k)-x^*\|^2 \\
=&\|x_k-x^*\|^2-2\alpha\nabla f(x_k)^{\mathrm{T}}(x_k-x^*)+\alpha^2\|\nabla f(x_k)\|^2 \\
\leqslant&\|x_k-x^*\|^2-2\alpha\left[\frac{cL}{c+L}\|x_k-x^*\|^2+\frac{1}{c+L}\|\nabla f(x_k)\|^2\right]+\alpha^2\|\nabla f(x_k)\|^2 \\
=&\left(1-\alpha\frac{2cL}{c+L}\right)\|x_k-x^*\|^2+\alpha\left(\alpha-\frac{2}{c+L}\right)\|\nabla f(x_k)\|^2 \\
\leqslant&\left(1-\alpha\frac{2cL}{c+L}\right)\|x_k-x^*\|^2.
\end{aligned}
$$

因为 $1-\alpha\dfrac{2cL}{c+L}<1$, 故梯度法的迭代点列 Q-线性收敛. □

梯度法作为较简单的迭代法, 优势十分明显, 迭代过程无须目标函数的二阶信息, 且具有良好的全局收敛性. 但梯度法在一般条件下的收敛速度相对较慢, 且需要目标函数可微的性质. 于是出现了很多改进算法, 比如次梯度法、邻近梯度法、加速梯度法等. 我们将在后续章节陆续给出.

5.2.2　次梯度法

针对无约束优化问题, 梯度法虽较为简单, 却仅适用于目标函数光滑的情况. 如果目标函数非光滑但为凸函数, 可以考虑使用次梯度法. 该方法与梯度法的主要不同在于用次梯度代替梯度.

考虑如下无约束优化问题:

$$
\min_{x\in\mathbb{R}^n} \quad f(x), \tag{5.6}
$$

其中目标函数 $f(x)$ 为凸函数但可能非光滑, 有效域 $\mathrm{dom}f=\mathbb{R}^n$, 并假设该优化问题存在最优解 x^*, 且最优值 $f(x^*)$ 是有限值.

由于凸函数在其有效域的内部是次可微的, 故上述问题的目标函数在每一个点都存在次微分. 取目标函数 $f(x)$ 的任意次梯度的负方向作为搜索方向, 步长由适当的规则产生, 则可得如下次梯度法.

算法 5.2.2　次梯度法

步骤 1. 给定初始点 $x_0\in\mathbb{R}^n$ 及参数 $\epsilon\geqslant 0$, 令 $k=0$.

步骤 2. 若存在次梯度 $g(x_k)\in\partial f(x_k)$, 使得 $\|g(x_k)\|\leqslant\epsilon$, 则算法停止; 否则, 进入下一步.

步骤 3. 任意取定某个次梯度方向的负方向作为搜索方向, 即

$$d_k = -g(x_k), \quad \forall g(x_k) \in \partial f(x_k).$$

步骤 4. 步长 α_k 由适当的步长规则产生.

步骤 5. 更新迭代点

$$x_{k+1} = x_k + \alpha_k d_k,$$

并令 $k = k+1$, 返回步骤 2.

针对求解最优化问题 (5.6) 的次梯度法, 分别在不同步长规则下对其收敛性进行分析.

定理 5.2.4 对于无约束优化问题 (5.6), 若目标函数 $f(x)$ 为凸函数且是 L-Lipschitz 连续的, 则算法 5.2.2 (次梯度法) 满足

(1) 当取固定步长 $\alpha_k \equiv \alpha$ 时, 算法无法保证收敛到最优解, 但能够收敛于一个 $\dfrac{\alpha L^2}{2}$-次优解. 若取 $\alpha = \dfrac{\epsilon}{L^2}$, 则算法在 $\left\lceil \dfrac{L^2\|x_0 - x^*\|^2}{\epsilon^2} \right\rceil$ 次迭代后可得 ϵ-次优解.

(2) 当步长满足 $\alpha_k\|g(x_k)\| = \theta$ 时, 算法无法保证收敛到最优解, 但能够收敛于一个 $\dfrac{\theta L}{2}$-次优解. 若取 $\theta = \dfrac{\epsilon}{L}$, 则算法在 $\left\lceil \dfrac{L^2\|x_0 - x^*\|^2}{\epsilon^2} \right\rceil$ 次迭代后可得 ϵ-次优解.

(3) 给定 $k > 0$, 若步长满足 $\alpha_i\|g(x_i)\| = \dfrac{M}{\sqrt{k}}$, $i = 1, 2, \cdots$ 且 $\|x_0 - x^*\| \leqslant M$, 则算法 $O\left(1/\sqrt{k}\right)$ 次线性收敛, 并迭代 $\left\lceil \dfrac{M^2L^2}{\epsilon^2} \right\rceil$ 次后可得 ϵ-次优解.

(4) 当取缩减步长时, 算法收敛.

证明 次梯度法的迭代更新步为

$$x_{k+1} = x_k + \alpha_k d_k.$$

由于目标函数 $f(x)$ 为凸函数, 故借助次梯度的定义可得

$$f(x^*) \geqslant f(x_k) - g(x_k)^{\mathrm{T}}(x_k - x^*), \quad \forall g(x_k) \in \partial f(x_k).$$

从而有

$$\begin{aligned}
\|x_{k+1} - x^*\|^2 &= \|x_k - \alpha_k g(x_k) - x^*\|^2 \\
&= \|x_k - x^*\|^2 - 2\alpha_k g(x_k)^{\mathrm{T}}(x_k - x^*) + \alpha_k^2\|g(x_k)\|^2
\end{aligned}$$

$$\leqslant \|x_k - x^*\|^2 - 2\alpha_k[f(x_k) - f(x^*)] + \alpha_k^2\|g(x_k)\|^2. \tag{5.7}$$

进而可得

$$2\alpha_k[f(x_k) - f(x^*)] \leqslant \|x_k - x^*\|^2 - \|x_{k+1} - x^*\|^2 + \alpha_k^2\|g(x_k)\|^2.$$

现在分别取 $k = 0, 1, 2, \cdots$, 并将所有不等式两边分别相加得

$$\begin{aligned}2\sum_{i=0}^{k-1}\alpha_i[f(x_i) - f(x^*)] &\leqslant \|x_0 - x^*\|^2 - \|x_k - x^*\|^2 + \sum_{i=0}^{k-1}\alpha_i^2\|g(x_i)\|^2 \\ &\leqslant \|x_0 - x^*\|^2 + \sum_{i=0}^{k-1}\alpha_i^2\|g(x_i)\|^2.\end{aligned}$$

记

$$f_{\min}(x) = \min_{0\leqslant i\leqslant k-1} f(x_i),$$

则有

$$2\sum_{i=0}^{k-1}\alpha_i[f_{\min}(x) - f(x^*)] \leqslant \|x_0 - x^*\|^2 + \sum_{i=0}^{k-1}\alpha_i^2\|g(x_i)\|^2. \tag{5.8}$$

又因为目标函数 $f(x)$ 是 L-Lipschitz 连续的, 即

$$|f(x_1) - f(x_2)| \leqslant L\|x_1 - x_2\|, \quad \forall x_1,\ x_2 \in \mathrm{dom} f,$$

从而有

$$\|g(x)\| \leqslant L, \quad \forall g(x) \in \partial f(x), \tag{5.9}$$

进而由式 (5.8) 可得

$$2\sum_{i=0}^{k-1}\alpha_i[f_{\min}(x) - f(x^*)] \leqslant \|x_0 - x^*\|^2 + \sum_{i=0}^{k-1}\alpha_i^2 L^2. \tag{5.10}$$

针对不同步长规则, 分别讨论次梯度法的收敛性.

(1) 当步长 $\alpha_i \equiv \alpha,\ i = 0, 1, \cdots$ 为固定步长时, 由式 (5.10) 得

$$\begin{aligned}f_{\min}(x) - f(x^*) &\leqslant \frac{\|x_0 - x^*\|^2 + k\alpha^2L^2}{2\,k\alpha} \\ &= \frac{1}{2k\alpha}\|x_0 - x^*\|^2 + \frac{\alpha L^2}{2},\end{aligned}$$

故无法收敛到最优解, 只能收敛于一个 $\dfrac{\alpha L^2}{2}$-次优解. 经计算可得, 若取 $\alpha = \dfrac{\epsilon}{L^2}$, 则在 $\left\lceil \dfrac{L^2\|x_0 - x^*\|^2}{\epsilon^2} \right\rceil$ 次迭代后可得 ϵ-次优解.

(2) 当步长满足 $\alpha_i\|g(x_i)\|=\theta,\ i=0,1,\cdots$ 时, 由式 (5.8) 得

$$f_{\min}(x)-f(x^*)\leqslant\frac{\|x_0-x^*\|^2+k\theta^2}{2\sum\limits_{i=0}^{k-1}\alpha_i}.$$

又由式 (5.9) 得

$$\|g(x_i)\|\leqslant L,\quad \forall g(x_i)\in\partial f(x_i),$$

故 $\alpha_i\geqslant\dfrac{\theta}{L},\ \ i=0,1,\cdots$. 因此

$$f_{\min}(x)-f(x^*)\leqslant\frac{\|x_0-x^*\|^2+k\theta^2}{2k\theta/L}=\frac{L}{2k\theta}\|x_0-x^*\|^2+\frac{\theta L}{2}.$$

故不能收敛到最优解, 但可得一个 $\dfrac{\theta L}{2}$-次优解. 取 $\theta=\dfrac{\epsilon}{L}$, 则在 $\left\lceil\dfrac{L^2\|x_0-x^*\|^2}{\epsilon^2}\right\rceil$ 次迭代后可得 ϵ-次优解.

(3) 给定 $k>0$, 若步长满足 $\alpha_i\|g(x_i)\|=\dfrac{M}{\sqrt{k}},\ i=0,1,\cdots$, 其中 $M\geqslant\|x_0-x^*\|$, 则由式 (5.8) 及 (5.9) 得

$$\begin{aligned}f_{\min}(x)-f(x^*)&\leqslant\frac{\|x_0-x^*\|^2+\sum\limits_{i=0}^{k-1}\alpha_i^2g(x_i)^2}{2\sum\limits_{i=0}^{k-1}\alpha_i}\\&\leqslant\frac{M^2+\sum\limits_{i=0}^{k-1}\dfrac{M^2}{k}}{2\sum\limits_{i=0}^{k-1}\dfrac{M}{\sqrt{k}L}}=\frac{ML}{\sqrt{k}}.\end{aligned}$$

从而次梯度法 $O\left(1/\sqrt{k}\right)$ 次线性收敛, 且迭代 $\left\lceil\dfrac{M^2L^2}{\epsilon^2}\right\rceil$ 次后可得 ϵ-次优解.

(4) 当步长满足 $\alpha_i\to0$, 且 $\sum\limits_{i=0}^{+\infty}\alpha_i=+\infty$ 时, 由式 (5.10) 得

$$f_{\min}(x)-f(x^*)\leqslant\frac{\|x_0-x^*\|^2+L^2\sum\limits_{i=0}^{k-1}\alpha_i^2}{2\sum\limits_{i=0}^{k-1}\alpha_i}.$$

由于当 $k \to +\infty$ 时, $\dfrac{\sum\limits_{i=1}^{k} \alpha_i^2}{\sum\limits_{i=1}^{k} \alpha_i} \to 0$, 故有 $f_{\min}(x) \to f(x^*)$, 从而次梯度法收敛. □

次梯度法可以处理一般的不可微凸优化问题, 且算法简单, 框架与梯度法一致. 但是, 次梯度法的收敛速度比较慢, 而且没有好的停机准则. 事实上, 梯度法与次梯度法互不包含, 梯度法可以求解非凸问题但要求目标函数光滑, 次梯度法可以对非光滑问题进行求解但目标函数需要为凸函数. 下一节将介绍求解带约束优化问题的算法.

5.3 投影梯度法与投影次梯度法

本节主要讨论求解约束优化问题的投影梯度法与投影次梯度法, 在此之前先介绍一下投影类算法的主要思想.

投影类算法主要用于求解约束优化问题, 在求解过程中先考虑将目标函数作为无约束优化问题迭代一步, 再向可行域上做投影. 从而建立可行搜索方向, 并在适当步长下更新迭代点.

5.3.1 投影梯度法

考虑如下约束优化问题:

$$\begin{aligned} \min \quad & f(x), \\ \text{s.t.} \quad & x \in X, \end{aligned} \tag{5.11}$$

其中目标函数 $f(x)$ 可微, 有效域 $\mathrm{dom} f = \mathbb{R}^n$, 可行域 $X \subseteq \mathbb{R}^n$ 为非空紧凸集. 并假设该优化问题存在最优解 x^*, 且最优值 $f(x^*)$ 是有限值.

针对目标函数可微的无约束优化问题, 梯度法选择以负梯度方向作为搜索方向, 在适当步长下产生可行迭代点列 $\{x_k\}$, 然而对于上述约束优化问题 (5.11), 若依然采用梯度法则难以保证迭代点的可行性, 即迭代点 x_{k+1} 可能不在可行域 X 中. 因此我们考虑先按照梯度法的迭代方式产生候选迭代点, 若该点恰好在可行域 X 中, 则选择由 x_k 到该点的方向作为搜索方向, 采用适当步长更新迭代点; 若该点在可行域之外, 则借助定义 1.2.3 给出的投影算子, 将候选迭代点 "拉回" 到可行域 X 内, 再选择由 x_k 到该投影点的方向作为搜索方向, 采用适当步长更新迭代点. 我们称该方法为投影梯度法. 如果投影后选取的步长为 1, 则为通常的投影梯度法, 这也是本节讨论的重点内容.

在正式介绍投影梯度法迭代框架之前, 先利用投影算子给出约束优化问题的一个最优性条件.

定理 5.3.1 设 $X \subseteq \mathbb{R}^n$ 为非空闭凸集. 则 $x \in X$ 为约束优化问题 (5.11) 的稳定点当且仅当对任意的 $\alpha > 0$, 皆有

$$x = P_X(x - \alpha\nabla f(x)),$$

其中 $P_X(x - \alpha\nabla f(x)) = \arg\min\{\|\alpha\nabla f(x)\| \mid x \in X\}$ 表示投影算子.

证明 $x \in X$ 是约束优化问题 (5.11) 的稳定点, 由定理 4.2.2 可得

$$\langle \nabla f(x), y - x\rangle \geqslant 0, \quad \forall y \in X,$$

从而对任意的 $\alpha > 0$, 满足

$$\langle \alpha\nabla f(x), y - x\rangle \geqslant 0, \quad \forall y \in X,$$

即

$$\langle x - \alpha\nabla f(x) - x, y - x\rangle \leqslant 0, \quad \forall y \in X.$$

由定理 1.2.2, 上式成立的充要条件是 $x = P_X(x - \alpha\nabla f(x))$. □

下面给出求解约束优化问题 (5.11) 的投影梯度法框架.

算法 5.3.1 投影梯度法

步骤 1. 给定初始点 $x_0 \in X$ 及参数 $\epsilon \geqslant 0$, 令 $k = 0$.

步骤 2. 梯度更新步

$$y_k = x_k - \alpha_k\nabla f(x_k),$$

其中 α_k 为适当规则下的梯度步长.

步骤 3. 投影更新步

$$x_{k+1} = P_X(y_k).$$

步骤 4. 若 $\|x_k - x_{k+1}\| \leqslant \epsilon$, 算法终止. 否则, 令 $k = k + 1$ 返回步骤 2.

接下来考虑固定步长与 Armijo 步长规则下, 投影梯度法的收敛情况.

定理 5.3.2 若最优化问题 (5.11) 的目标函数 $f(x)$ 可微且梯度 $\nabla f(x)$ 是 L-Lipschitz 连续的, 则取固定步长 $\alpha_k \equiv \alpha \in \left(0, \dfrac{2}{L}\right)$ 或 Armijo 步长时, 算法 5.3.1 (投影梯度法) 的迭代点列 $\{x_k\}$ 的任一极限点皆为稳定点.

证明 我们仅证固定步长情况, 其余可参考文献 [115]. 固定步长下投影梯度法的迭代更新步为

$$x_{k+1} = P_X(x_k - \alpha_k\nabla f(x_k)) = P_X(x_k - \alpha\nabla f(x_k)).$$

由定理 1.2.2 得

$$\langle y_k - x_{k+1}, x - x_{k+1}\rangle \leqslant 0, \quad \forall x \in X,$$

即

$$\langle x_k - \alpha \nabla f(x_k) - x_{k+1}, x - x_{k+1} \rangle \leqslant 0, \quad \forall x \in X.$$

取 $x = x_k$, 则有

$$\langle x_k - \alpha \nabla f(x_k) - x_{k+1}, x_k - x_{k+1} \rangle \leqslant 0.$$

故

$$\nabla f(x_k)^{\mathrm{T}}(x_{k+1} - x_k) \leqslant -\frac{1}{\alpha}\|x_k - x_{k+1}\|^2.$$

从而由定理 1.8.6 得

$$\begin{aligned} f(x_{k+1}) - f(x_k) &\leqslant \nabla f(x_k)^{\mathrm{T}}(x_{k+1} - x_k) + \frac{L}{2}\|x_{k+1} - x_k\|^2 \\ &\leqslant -\frac{1}{\alpha}\|x_k - x_{k+1}\|^2 + \frac{L}{2}\|x_{k+1} - x_k\|^2 \\ &= \left(\frac{L}{2} - \frac{1}{\alpha}\right)\|x_k - x_{k+1}\|^2. \end{aligned}$$

由于 $\alpha < \dfrac{2}{L}$, 故上式右边非正, 若迭代点列 $\{x_k\}$ 有极限点, 则上式左边趋于 0. 因此 $\|x_k - x_{k+1}\| \to 0$, 从而若 x^* 为点列的极限点, 则 $P_X(x^* - \alpha \nabla f(x^*)) = x^*$, 进而由定理 5.3.1 可得 x^* 为稳定点. □

进一步, 若最优化问题 (5.11) 的目标函数还是凸函数, 则有下述定理成立.

定理 5.3.3　若最优化问题 (5.11) 的目标函数 $f(x)$ 为可微凸函数且梯度 $\nabla f(x)$ 是 L-Lipschitz 连续的, 则算法 5.3.1 (投影梯度法) 在固定步长 $\alpha_k \equiv \dfrac{1}{L}$ 下 $O(1/k)$ 次线性收敛.

证明　由算法可得, 在步长 $\alpha_k \equiv \dfrac{1}{L}$ 时, 投影梯度法的迭代步为

$$x_{k+1} = P_X\Big(x_k - \frac{1}{L}\nabla f(x_k)\Big).$$

为了叙述方便, 记 $G(x_k) \triangleq L(x_k - x_{k+1})$. 首先由定理 1.2.2 可得

$$\langle x_{k+1} - y_k, x_{k+1} - y \rangle \leqslant 0, \quad \forall y \in X,$$

即

$$\left\langle x_{k+1} - x_k + \frac{1}{L}\nabla f(x_k), x_{k+1} - y \right\rangle \leqslant 0, \quad \forall y \in X.$$

由于梯度 $\nabla f(x)$ 的 Lipschitz 常数 $L > 0$, 故

$$\langle L(x_{k+1} - x_k) + \nabla f(x_k), x_{k+1} - y \rangle \leqslant 0, \quad \forall y \in X.$$

从而整理可得

$$\nabla f(x_k)^{\mathrm{T}}(x_{k+1}-y) \leqslant G(x_k)^{\mathrm{T}}(x_{k+1}-y), \quad \forall y \in X.$$

又因为目标函数的梯度是 L-Lipschitz 连续的, 故由定理 1.8.6 并结合目标函数的凸性可得, 对任意的 $y \in X$ 皆有

$$\begin{aligned}
f(x_{k+1})-f(y) &= f(x_{k+1})-f(x_k)+f(x_k)-f(y) \\
&\leqslant \nabla f(x_k)^{\mathrm{T}}(x_{k+1}-x_k)+\frac{L}{2}\|x_{k+1}-x_k\|^2+\nabla f(x_k)^{\mathrm{T}}(x_k-y) \\
&= \nabla f(x_k)^{\mathrm{T}}(x_{k+1}-y)+\frac{1}{2L}\|G(x_k)\|^2 \\
&\leqslant G(x_k)^{\mathrm{T}}(x_{k+1}-y)+\frac{1}{2L}\|G(x_k)\|^2 \\
&= G(x_k)^{\mathrm{T}}(x_k-y)+G(x_k)^{\mathrm{T}}(x_{k+1}-x_k)+\frac{1}{2L}\|G(x_k)\|^2 \\
&= G(x_k)^{\mathrm{T}}(x_k-y)-\frac{1}{L}\|G(x_k)\|^2+\frac{1}{2L}\|G(x_k)\|^2 \\
&= G(x_k)^{\mathrm{T}}(x_k-y)-\frac{1}{2L}\|G(x_k)\|^2.
\end{aligned} \tag{5.12}$$

若令 $y=x_k$, 则有

$$f(x_{k+1})-f(x_k) \leqslant -\frac{1}{2L}\|G(x_k)\|^2<0,$$

从而可得

$$f(x_{k+1})-f(x^*) \leqslant f(x_k)-f(x^*). \tag{5.13}$$

若令 $y=x^*$, 则有

$$\begin{aligned}
f(x_{k+1})-f(x^*) &\leqslant G(x_k)^{\mathrm{T}}(x_k-x^*)-\frac{1}{2L}\|G(x_k)\|^2 \\
&= \frac{L}{2}\left[\|x_k-x^*\|^2-\|x_k-x^*-\frac{1}{L}\,G(x_k)\|^2\right] \\
&= \frac{L}{2}[\|x_k-x^*\|^2-\|x_{k+1}-x^*\|^2].
\end{aligned}$$

将上式分别取 $i=0,1,\cdots,k-1$ 并两端分别相加可得

$$\sum_{i=0}^{k-1}[f(x_{i+1})-f(x^*)] \leqslant \frac{L}{2}[\|x_0-x^*\|^2-\|x_k-x^*\|^2] \leqslant \frac{L}{2}\|x_0-x^*\|^2.$$

从而由式 (5.13) 得

$$f(x_k)-f(x^*) \leqslant \frac{L}{2k}\|x_0-x^*\|^2.$$

□

5.3.2　投影次梯度法

考虑如下约束优化问题:

$$
\begin{aligned}
\min \quad & f(x), \\
\text{s.t.} \quad & x \in X,
\end{aligned}
\tag{5.14}
$$

其中目标函数 $f(x)$ 为不可微凸函数, 有效域 $\mathrm{dom} f = \mathbb{R}^n$, 可行域 $X \subseteq \mathbb{R}^n$ 为非空紧凸集, 并假设该优化问题存在最优解 x^*, 且最优值 $f(x^*)$ 是有限值.

次梯度法是求解目标函数为不可微凸函数的无约束优化问题的常用算法, 因此当约束优化问题的目标函数凸不可微时, 自然想到如下的投影次梯度法.

算法 5.3.2　投影次梯度法

步骤 1. 给定初始点 $x_0 \in X$ 及参数 $\epsilon \geqslant 0$, 令 $k = 0$.

步骤 2. 次梯度更新步

$$
y_k = x_k - \alpha_k g(x_k), \quad \forall g(x_k) \in \partial f(x_k),
$$

其中 α_k 为适当规则下的梯度步长, $g(x_k)$ 为目标函数在点 x_k 处的次梯度.

步骤 3. 投影更新步

$$
x_{k+1} = P_X(y_k).
$$

步骤 4. 若 $\|x_k - x_{k+1}\| \leqslant \epsilon$, 算法终止. 否则, 令 $k = k + 1$, 返回步骤 2.

该方法既是投影梯度法对于目标函数不可微情况下的推广, 又可以看作次梯度法对于约束优化问题的推广.

接下来分别考虑固定步长与缩减步长规则下, 投影次梯度法的收敛情况.

为了叙述方便, 记最优解集为

$$
X^* = \left\{ x^* \in X \;\middle|\; f(x^*) = \min_{x \in X} f(x) \right\}.
$$

首先考虑次梯度更新步中采用固定步长规则时投影次梯度法的收敛性.

定理 5.3.4　若最优化问题 (5.14) 的目标函数 $f(x)$ 为凸函数且 L-Lipschitz 连续, 则算法 5.3.2 (投影次梯度法) 在固定步长 $\alpha_k \equiv \alpha$ 下 $O(1/k)$ 次线性收敛, 且可达到一个 $\dfrac{\alpha L^2}{2}$-次优解.

证明　投影次梯度法的迭代更新公式为

$$
x_{k+1} = P_X(y_k) = P_X(x_k - \alpha_k g(x_k)), \quad \forall g(x_k) \in \partial f(x_k).
$$

故由定理 1.2.4 可得, 对任意的 $y \in X$,

$$\begin{aligned}\|x_{k+1}-y\|^2 &= \|P_X(y_k)-y\|^2 \\ &\leqslant \|y_k-y\|^2 - \|P_X(y_k)-y_k\|^2 \\ &\leqslant \|x_k-\alpha g(x_k)-y\|^2 \\ &= \|x_k-y\|^2 - 2\alpha g(x_k)^{\mathrm{T}}(x_k-y)+\alpha^2\|g(x_k)\|^2.\end{aligned}$$

又因为目标函数 $f(x)$ 为凸函数且是 L-Lipschitz 连续的, 故有

$$\|x_{k+1}-y\|^2 \leqslant \|x_k-y\|^2 - 2\alpha[f(x_k)-f(y)]+\alpha^2L^2. \tag{5.15}$$

若令 $y=x^*$, 则有

$$\|x_{k+1}-x^*\|^2 \leqslant \|x_k-x^*\|^2 - 2\alpha[f(x_k)-f(x^*)]+\alpha^2L^2,$$

即

$$2\alpha[f(x_k)-f(x^*)] \leqslant \|x_k-x^*\|^2 - \|x_{k+1}-x^*\|^2+\alpha^2L^2.$$

上式分别取 $i=0,2,\cdots,k-1$, 并将所得不等式左右分别相加可得

$$\begin{aligned}\sum_{i=0}^{k-1}[f(x_i)-f(x^*)] &\leqslant \frac{1}{2\alpha}[\|x_0-x^*\|^2-\|x^k-x^*\|^2]+\frac{k\alpha L^2}{2} \\ &\leqslant \frac{1}{2\alpha}\|x_0-x^*\|^2+\frac{k\alpha L^2}{2}.\end{aligned}$$

若令 $\bar{x}_k=\frac{1}{k}\sum_{i=0}^{k-1}x_i$, 则由函数 $f(x)$ 的凸性可得

$$f(\bar{x}_k) \leqslant \frac{1}{k}\sum_{i=0}^{k-1}f(x_i),$$

故

$$f(\bar{x}_k)-f(x^*) \leqslant \frac{1}{2k\alpha}\|x_0-x^*\|^2+\frac{\alpha L^2}{2}.$$

进而可得算法 $O(1/k)$ 次线性收敛, 且可达到一个 $\frac{\alpha L^2}{2}$-次优解. □

现记任意点 $x\in\mathbb{R}^n$ 到最优解集的距离为 $\mathrm{dist}(x,X^*)$, 简记为 $d(x)$:

$$d(x)=\mathrm{dist}(x,X^*)=\min_{x^*\in X^*}\|x-x^*\|.$$

下面基于该距离给出适当固定步长规则下投影次梯度法迭代点列的收敛性.

定理 5.3.5　设最优化问题 (5.14) 的目标函数 $f(x)$ 为凸函数且是 L-Lipschitz 连续的. 若最优解集 X^* 非空, 且存在 $\gamma > 0$, 使得

$$f(x) - f(x^*) \geqslant \gamma[d(x)]^2, \quad \forall x \in X, \tag{5.16}$$

则算法 5.3.2 (投影次梯度法) 取固定步长 $\alpha_k \equiv \alpha < \dfrac{1}{2\gamma}$ 时, 对于任意 $\epsilon > 0$, 有下式成立:

$$[d(x_{k+1})]^2 \leqslant (1 - 2\alpha\gamma)^{k+1}[d(x_0)]^2 + \frac{\alpha L^2}{2\gamma},$$

即迭代点列 $\{x_k\}$ 线性收敛于 $\dfrac{\alpha L^2}{2\gamma}$-次优解.

证明　与前一定理的证明类似, 易得式 (5.15), 取 $y = x^*$, 则有

$$\|x_{k+1} - x^*\|^2 \leqslant \|x_k - x^*\|^2 - 2\alpha[f(x_k) - f(x^*)] + \alpha^2 L^2, \quad \forall x^* \in X^*.$$

由距离 $d(x)$ 的定义可得

$$\|x_{k+1} - x^*\|^2 \leqslant [d(x_k)]^2 - 2\alpha[f(x_k) - f(x^*)] + \alpha^2 L^2, \quad \forall x^* \in X^*.$$

又因为 $[d(x_{k+1})]^2 \leqslant \|x_{k+1} - x^*\|^2$, 故借助式 (5.16) 可得

$$\begin{aligned}[d(x_{k+1})]^2 &\leqslant [d(x_k)]^2 - 2\alpha[f(x_k) - f(x^*)] + \alpha^2 L^2 \\ &\leqslant (1 - 2\alpha\gamma)[d(x_k)]^2 + \alpha^2 L^2.\end{aligned}$$

由归纳法可得对任意 k, 成立

$$[d(x_{k+1})]^2 \leqslant (1 - 2\alpha\gamma)^{k+1}[d(x_0)]^2 + \alpha^2\ L^2 \sum_{j=0}^{k}(1 - 2\alpha\gamma)^j,$$

又因为

$$\sum_{j=0}^{k}(1 - 2\alpha\gamma)^j \leqslant \frac{1}{2\alpha\gamma},$$

从而可得

$$[d(x_{k+1})]^2 \leqslant (1 - 2\alpha\gamma)^{k+1}[d(x_0)]^2 + \frac{\alpha L^2}{2\gamma}.$$

结论得证. □

现在考虑次梯度更新步中采用缩减步长规则时投影次梯度法的收敛性.

定理 5.3.6 设最优化问题 (5.14) 的目标函数 $f(x)$ 为凸函数且是 L-Lipschitz 连续的. 若最优解集 X^* 非空, 则取缩减步长 α_k 时, 算法 5.3.2 (投影次梯度法) 满足

$$\liminf_{k\to+\infty} f(x_k) = f(x^*).$$

进一步, 若缩减步长 α_k 满足

$$\sum_{k=0}^{+\infty} \alpha_k^2 < +\infty,$$

则投影梯度法产生的迭代点列 $\{x_k\}$ 收敛于最优解 $x^* \in X^*$.

证明 反证法. 假设存在 $\epsilon > 0$, 使得

$$\liminf_{k\to+\infty} f(x_k) - 2\epsilon > f(x^*).$$

则存在点 $\hat{y} \in X$, 使得

$$\liminf_{k\to+\infty} f(x_k) - 2\epsilon > f(\hat{y}).$$

取 k_0 足够大, 使得对任意 $k \geqslant k_0$, 有

$$f(x_k) \geqslant \liminf_{k\to+\infty} f(x_k) - \epsilon.$$

将上述两式相加, 可得对任意 $k > k_0$,

$$f(x_k) - f(\hat{y}) > \epsilon.$$

令等式 (5.15) 中的 $y = \hat{y}$, 并结合上述不等式可得, 对任意 $k > k_0$, 皆有

$$\begin{aligned}
\|x_{k+1} - \hat{y}\|^2 &\leqslant \|x_k - \hat{y}\|^2 - 2\alpha_k[f(x_k) - f(\hat{y})] + \alpha_k^2 L^2 \\
&\leqslant \|x_k - \hat{y}\|^2 - 2\alpha_k \epsilon + \alpha_k^2 L^2 \\
&= \|x_k - \hat{y}\|^2 - \alpha_k(2\epsilon - \alpha_k L^2).
\end{aligned}$$

由于 $\alpha_k \to 0$, 不失一般性, 假设 k_0 足够大, 从而使得

$$2\epsilon - \alpha_k L^2 \geqslant \epsilon, \quad \forall k \geqslant k_0.$$

因此对任意的 $k > k_0$, 有

$$\begin{aligned}
\|x_{k+1} - \hat{y}\|^2 &\leqslant \|x_k - \hat{y}\|^2 - \alpha_k \epsilon \\
&\leqslant \|x_{k-1} - \hat{y}\|^2 - \alpha_{k-1}\epsilon - \alpha_k \epsilon \\
&\leqslant \cdots
\end{aligned}$$

$$\leqslant \|x_{k_0}-\hat{y}\|^2-\epsilon\sum_{i=k_0}^{k}\alpha_i.$$

上式当 k 充分大时不成立, 从而有 $\liminf\limits_{k\to+\infty} f(x_k)=f(x^*)$.

因为最优解集 X^* 非空, 由式 (5.15) 取 $y=\bar{x}\in X^*$ 可得

$$\|x_{k+1}-\bar{x}\|^2\leqslant\|x_k-\bar{x}\|^2-2\alpha_k[f(x_k)-f(\bar{x})]+\alpha_k^2L^2,\quad\forall\bar{x}\in\bar{x}.\tag{5.17}$$

由于 $\sum\limits_{k=0}^{+\infty}\alpha_k=+\infty$, $\sum\limits_{k=0}^{+\infty}\alpha_k^2<+\infty$, 故当 k 充分大之后, 数列 $\{\|x_k-\bar{x}\|\}$ 单调递减, 从而有界并收敛, 因此迭代点列 $\{x_k\}$ 有界, 取其收敛于 $x^*\in X^*$ 的子列 $\{x_{k_i}\}$, 则有

$$\lim_{i\to+\infty}\|x_{k_i}-x^*\|=0.$$

又因为数列 $\{\|x_k-x^*\|\}$ 单调递减, 故易得 $\|x_k-x^*\|\to 0$, 即 $\{x_k\}$ 收敛于 $\bar{x}$. □

该结论表明, 若最优解集非空, 则迭代点列 $\{x_k\}$ 必收敛于一个最优解. 此结论比点列 $\{x_k\}$ 的所有极限点皆为稳定点的结论更强, 且后者通常作为梯度法解可微非凸问题的典型结论.

5.4 邻近梯度法

本节首先介绍邻近算子的定义及相关性质, 然后研究求解目标函数可分为两部分的无约束优化问题的邻近梯度法.

定义 5.4.1 给定闭凸函数 $h(x)$, 任取 $x\in\mathbb{R}^n$, 若满足

$$\mathrm{Prox}_h(x)=\arg\min_u\left\{h(u)+\frac{1}{2}\|u-x\|^2\right\},$$

则称 $\mathrm{Prox}_h(x)$ 为函数 $h(x)$ 在点 x 处的邻近算子.

由于函数 $h(x)$ 为闭凸函数, 借助次微分定义下的最优性条件定理 (定理 1.7.3) 可得如下结论.

定理 5.4.1 若 $u^*=\mathrm{Prox}_h(x)$ 为闭凸函数 $h(x)$ 在点 x 处的邻近算子, 则 $x-u^*\in\partial h(u^*)$ 当且仅当对任意的 $y\in\mathrm{dom}h$, 皆有

$$h(y)\geqslant h(u^*)+(x-u^*)^{\mathrm{T}}(y-u^*).$$

证明 由邻近算子的定义得

$$u^* = \text{Prox}_h(x) = \arg\min_u \left\{ h(u) + \frac{1}{2}\|u - x\|^2 \right\}.$$

借助定理 1.7.3 可得, $u^* = \text{Prox}_h(x)$ 当且仅当

$$0 \in \partial h(u^*) + u^* - x,$$

从而有 $x - u^* \in \partial h(u^*)$.

又因为函数 $h(x)$ 为凸函数, 从而由次梯度的定义可得, $x - u^* \in \partial h(u^*)$ 当且仅当

$$h(y) \geqslant h(u^*) + (x - u^*)^{\text{T}}(y - u^*), \quad \forall y \in \text{dom}\ h.$$

从而结论得证. □

接下来给出两个关于邻近算子的重要结论, 其中定理 5.4.2 中的等式被称为预解恒等式, 在众多经典泛函分析书及文献 [13, 128] 中皆有提及; 定理 5.4.3 是与邻近算子相关的两个重要不等式, 详情可参看文献 [22, 44, 75] 和 [62].

定理 5.4.2 对任意的 $\alpha, \beta > 0$, 皆有

$$\text{Prox}_{\beta h}(x) = \text{Prox}_{\alpha h}\left(\frac{\alpha}{\beta}x + \left(1 - \frac{\alpha}{\beta}\right)\text{Prox}_{\beta h}(x)\right).$$

证明 由定理 5.4.1 中 (1) 的邻近包含关系可得

$$x - \text{Prox}_{\beta h}(x) \in \partial \beta h(\text{Prox}_{\beta h}(x)),$$

从而有

$$\frac{\alpha}{\beta}x + \left(1 - \frac{\alpha}{\beta}\right)\text{Prox}_{\beta h}(x) - \text{Prox}_{\beta h}(x) \in \partial \alpha h(\text{Prox}_{\beta h}(x)),$$

即

$$\text{Prox}_{\beta h}(x) = \arg\min_u \left\{ \alpha h(u) + \frac{1}{2}\left\| u - \frac{\alpha}{\beta}x - \left(1 - \frac{\alpha}{\beta}\right)\text{Prox}_{\beta h}(x) \right\|^2 \right\},$$

从而结论得证. □

定理 5.4.3 对于 $\alpha \geqslant \beta > 0$ 及任意的 $x, d \in \mathbb{R}^n$, 皆有下式成立:

(1) $\|x - \text{Prox}_{\alpha h}(x + \alpha d)\| \geqslant \|x - \text{Prox}_{\beta h}(x + \beta d)\|$;

(2) $\dfrac{\|x - \text{Prox}_{\alpha h}(x + \alpha d)\|}{\alpha} \leqslant \dfrac{\|x - \text{Prox}_{\beta h}(x + \beta d)\|}{\beta}$.

证明 由定理 5.4.1 中的邻近包含关系可得

$$x + \alpha d - \text{Prox}_{\alpha h}(x + \alpha d) \in \alpha \partial h(\text{Prox}_{\alpha h}(x + \alpha d)),$$

$$x+\beta d-\mathrm{Prox}_{\beta h}(x+\beta d)\in\beta\partial h(\mathrm{Prox}_{\beta h}(x+\beta d)),$$

故由次微分的单调性知

$$\left\langle\frac{x-\mathrm{Prox}_{\alpha h}(x+\alpha d)}{\alpha}-\frac{x-\mathrm{Prox}_{\beta h}(x+\beta d)}{\beta},\mathrm{Prox}_{\alpha h}(x+\alpha d)-\mathrm{Prox}_{\beta h}(x+\beta d)\right\rangle\geqslant 0,$$

从而有

$$\begin{aligned}&\frac{\|x-\mathrm{Prox}_{\alpha h}(x+\alpha d)\|^2}{\alpha}+\frac{\|x-\mathrm{Prox}_{\beta h}(x+\beta d)\|^2}{\beta}\\ \leqslant&\left(\frac{1}{\alpha}+\frac{1}{\beta}\right)\|x-\mathrm{Prox}_{\alpha h}(x+\alpha d)\|\cdot\|x-\mathrm{Prox}_{\beta h}(x+\beta d)\|.\end{aligned}$$

显然上式中当一个范数为 0 时, 另一个也为 0, 此时结论显然成立. 若二者皆不为 0, 则有

$$\left(\frac{\|x-\mathrm{Prox}_{\alpha h}(x+\alpha d)\|}{\|x-\mathrm{Prox}_{\beta h}(x+\beta d)\|}-1\right)\left(\frac{\|x-\mathrm{Prox}_{\alpha h}(x+\alpha d)\|}{\|x-\mathrm{Prox}_{\beta h}(x+\beta d)\|}-\frac{\alpha}{\beta}\right)\leqslant 0,$$

故

$$1\leqslant\frac{\|x+\mathrm{Prox}_{\alpha h}(x+\alpha d)\|}{\|x+\mathrm{Prox}_{\beta h}(x+\beta d)\|}\leqslant\frac{\alpha}{\beta},$$

从而结论得证. □

现在考虑目标函数可分成两部分的无约束优化问题:

$$\min_{x\in\mathbb{R}^n}\quad f(x)=g(x)+h(x),\tag{5.18}$$

其中有效域 $\mathrm{dom}f=\mathbb{R}^n$. 假设该优化问题存在最优解 x^*, 最优值 $f(x^*)$ 是有限值, 且函数 $g(x)$, $h(x)$ 满足如下条件:

(1) $g(x)$ 为可微凸函数, 且梯度 $\nabla g(x)$ 是 L-Lipschitz 连续的;

(2) $h(x)$ 为闭凸函数, 且关于 h 的邻近算子的计算不昂贵;

(3) 存在常数 $c\geqslant 0$ 使得 $g(x)-\frac{c}{2}x^{\mathrm{T}}x$ 为凸函数.

实际上, 由上述条件 (3) 可知, 当 $c=0$ 时, 要求 $g(x)$ 为一般凸函数即可; 当 $c>0$ 时, 要求 $g(x)$ 为模 c 强凸函数.

对于一般的无约束优化问题, 目标函数 $f(x)$ 可微与否可以分别采用梯度法与次梯度法进行求解, 针对上述优化问题 (5.18), 我们考虑采用邻近梯度法 “分别” 优化两个目标求解. 该算法的基本思想如下: 给定当前点 x_k, 首先针对可微函数

$g(x)$ 做梯度步得到 $y_{k+1}=x_k-\alpha_k\nabla g(x_k)$, 而下一迭代点 x_{k+1} 的选取, 既要考虑到它靠近 y_{k+1}, 又要考虑到使 $h(x)$ 下降, 确切地说, 这是通过邻近算子实现的, 即 $x_{k+1}=\mathrm{Prox}_{\alpha_k h}(y_{k+1})$, 其中 $\mathrm{Prox}(\cdot)$ 为邻近算子.

下面给出求解无约束优化问题 (5.18) 的邻近梯度法.

算法 5.4.1 邻近梯度法

步骤 1. 给定初始点 $x_0\in\mathbb{R}^n$ 及参数 $\epsilon\geqslant 0$, 令 $k=0$.

步骤 2. 步长 α_k 由适当的步长规则产生.

步骤 3. 迭代更新步

$$
\begin{aligned}
y_{k+1}&=x_k-\alpha_k\nabla g(x_k),\\
x_{k+1}&=\mathrm{Prox}_{\alpha_k h}(y_{k+1}).
\end{aligned}
$$

步骤 4. 若 $\|x_{k+1}-x_k\|\leqslant\epsilon$, 算法停止; 否则, 令 $k=k+1$, 返回步骤 2.

该算法中步长 α_k 的确定一般采用固定步长或 Armijo 步长规则, 且其迭代更新步实质上是求解一个局部近似问题, 即

$$
\begin{aligned}
x_{k+1}&=\mathrm{Prox}_{\alpha_k h}(x_k-\alpha_k\nabla g(x_k))\\
&=\arg\min_u\left\{\alpha_k h(u)+\frac{1}{2}\|u-x_k+\alpha_k\nabla g(x_k)\|^2\right\}\\
&=\arg\min_u\left\{h(u)+g(x_k)+\frac{1}{2\alpha_k}\|u-x_k+\alpha_k\nabla g(x_k)\|^2\right\}\\
&=\arg\min_u\left\{h(u)+g(x_k)+\nabla g(x_k)^{\mathrm{T}}(u-x_k)+\frac{1}{2\alpha_k}\|u-x_k\|^2+\frac{\alpha_k}{2}\|\nabla g(x_k)\|^2\right\}\\
&=\arg\min_u\left\{h(u)+g(x_k)+\nabla g(x_k)^{\mathrm{T}}(u-x_k)+\frac{1}{2\alpha_k}\|u-x_k\|^2\right\}.
\end{aligned}
$$

接下来将给出极小化目标函数可分为两部分的无约束优化问题的几个特殊例子, 该问题的一般模型如式 (5.18), 即

$$
\min_{x\in\mathbb{R}^n}\quad g(x)+h(x).
$$

当函数 $h(x)=0$ 时, 上述问题变为一般的无约束优化问题, 邻近梯度法退化为经典的梯度法, 相应的迭代更新步变为

$$
x_{k+1}=x_k-\alpha_k\nabla g(x_k).
$$

当函数 $h(x)=\delta_X(x)$ 为集合 X 上的指示函数时, 邻近梯度法退化为投影梯度法, 相应的迭代更新步变为

$$
x_{k+1}=P_X(x_k-\alpha_k\nabla g(x_k)).
$$

事实上, 邻近梯度法也可以看作类似梯度法的迭代形式. 具体地, 令

$$G_{\alpha_k}(x_k)=\frac{1}{\alpha_k}[x_k-\mathrm{Prox}_{\alpha_k h}(x_k-\alpha_k\nabla g(x_k))],$$

则邻近梯度法的迭代更新步如下:

$$\begin{aligned}x_{k+1}&=\mathrm{Prox}_{\alpha_k h}(x_k-\alpha_k\nabla g(x_k))\\&=x_k-\alpha_k G_{\alpha_k}(x_k),\end{aligned}$$

其中 $G_{\alpha_k}(x_k)$ 为类似梯度法中的梯度项, 它具有梯度的多个性质, 比如在稳定点处为 0.

由 $G_{\alpha_k}(x_k)$ 的定义, 结合定理 5.4.1 可得

$$G_{\alpha_k}(x_k)\in\nabla g(x_k)+\partial h(x_k-\alpha_k G_{\alpha_k}(x_k)).$$

特别地, $G_{\alpha_k}(x_k)=0$ 当且仅当 x_k 为 $f(x_k)=g(x_k)+h(x_k)$ 的最小值.

下面讨论固定步长与 Armijo 步长规则下, 邻近梯度法的收敛情况.

定理 5.4.4 若最优化问题 (5.18) 的目标函数中 $g(x)$ 为可微凸函数, 且梯度 $\nabla g(x)$ 是 L-Lipschitz 连续的, $h(x)$ 为闭凸函数, 则算法 5.4.1 (邻近梯度法) 在固定步长或 Armijo 步长规则下 $O(1/k)$ 次线性收敛.

若目标函数中 $g(x)$ 还满足模 c 强凸, 则取固定步长或 Armijo 步长时, 邻近梯度法的迭代点列 $\{x_k\}$ Q-线性收敛. 进一步, 若取固定步长 $\alpha_k\equiv\dfrac{1}{L}$, 则有

$$f(x_k)-f(x^*)\leqslant\frac{L}{2}\left(1-\frac{c}{L}\right)^k\|x_0-x^*\|^2.$$

证明 由于模 c 强凸函数, 当 $c=0$ 时退化为凸函数, 故我们由强凸函数的情况展开讨论. 首先由于函数 $g(x)$ 模 c 强凸且梯度是 L-Lipschitz 连续的, 故由定理 1.8.4 及定理 1.8.6 分别可得

$$g(y)\geqslant g(x)+\nabla g(x)^{\mathrm T}(y-x)+\frac{c}{2}\|y-x\|^2,\quad\forall x,y\in\mathbb{R}^n.\tag{5.19}$$

$$g(y)\leqslant g(x)+\nabla g(x)^{\mathrm T}(y-x)+\frac{L}{2}\|y-x\|^2,\quad\forall x,y\in\mathbb{R}^n.\tag{5.20}$$

令 $x=x_k,\ y=x_k-\alpha_k G_{\alpha_k}(x_k)$, 并代入式 (5.19) 与 (5.20) 可得: 对任意步长 α_k, 皆有

$$\frac{c\alpha_k^2}{2}\|G_{\alpha_k}(x_k)\|^2\leqslant g(x_k-\alpha_k G_{\alpha_k}(x_k))-g(x_k)+\alpha_k\nabla g(x_k)^{\mathrm T}G_{\alpha_k}(x_k)$$

$$\leqslant \frac{L\alpha_k^2}{2}\|G_{\alpha_k}(x_k)\|^2. \tag{5.21}$$

若步长 $\alpha_k \in \left(0, \frac{1}{L}\right]$, 则由上式 (5.21) 可得

$$\begin{aligned} g(x_k - \alpha_k G_{\alpha_k}(x_k)) &\leqslant g(x_k) - \alpha_k \nabla g(x_k)^{\mathrm{T}} G_{\alpha_k}(x_k) + \frac{L{\alpha_k}^2}{2}\|G_{\alpha_k}(x_k)\|^2 \\ &\leqslant g(x_k) - \alpha_k \nabla g(x_k)^{\mathrm{T}} G_{\alpha_k}(x_k) + \frac{\alpha_k}{2}\|G_{\alpha_k}(x_k)\|^2. \end{aligned} \tag{5.22}$$

进一步, 若 $\alpha_k G_{\alpha_k}(x_k) \neq 0$, 则有 $c\alpha_k \leqslant 1$.

从而对于任意 $z \in \mathbb{R}^n$, 结合式 (5.20)—(5.22) 可得

$$\begin{aligned} f(x_{k+1}) &= f(x_k - \alpha_k G_{\alpha_k}(x_k)) \\ &= g(x_k - \alpha_k G_{\alpha_k}(x_k)) + h(x_k - \alpha_k G_{\alpha_k}(x_k)) \\ &\leqslant g(x_k) - \alpha_k \nabla g(x_k)^{\mathrm{T}} G_{\alpha_k}(x_k) + \frac{\alpha_k}{2}\|G_{\alpha_k}(x_k)\|^2 + h(x_k - \alpha_k G_{\alpha_k}(x_k)) \\ &\leqslant g(z) - \nabla g(x_k)^{\mathrm{T}}(z - x_k) - \frac{c}{2}\|z - x_k\|^2 - \alpha_k \nabla g(x_k)^{\mathrm{T}} G_{\alpha_k}(x_k) \\ &\quad + \frac{\alpha_k}{2}\|G_{\alpha_k}(x_k)\|^2 + h(z) - [G_{\alpha_k}(x_k)^{\mathrm{T}} - \nabla g(x_k)]^{\mathrm{T}}[z - x_k + \alpha_k G_{\alpha_k}(x_k)] \\ &= g(z) + h(z) + G_{\alpha_k}(x_k)^{\mathrm{T}}(x_k - z) - \frac{\alpha_k}{2}\|G_{\alpha_k}(x_k)\|^2 - \frac{c}{2}\|x_k - z\|^2 \\ &= f(z) + G_{\alpha_k}(x_k)^{\mathrm{T}}(x_k - z) - \frac{\alpha_k}{2}\|G_{\alpha_k}(x_k)\|^2 - \frac{c}{2}\|x_k - z\|^2. \end{aligned} \tag{5.23}$$

在式 (5.23) 中, 若令 $z = x_k$, 则有

$$f(x_{k+1}) \leqslant f(x_k) - \frac{\alpha_k}{2}\|G_{\alpha_k}(x_k)\|^2,$$

进而可得邻近算法为下降算法.

若令 $z = x^*$, 则有

$$\begin{aligned} f(x_{k+1}) - f(x^*) &\leqslant G_{\alpha_k}(x_k)^{\mathrm{T}}(x_k - x^*) - \frac{\alpha_k}{2}\|G_{\alpha_k}(x_k)\|^2 - \frac{c}{2}\|x_k - x^*\|^2 \\ &= \frac{1}{2\alpha_k}[\|x_k - x^*\|^2 - \|x_k - x^* - \alpha_k G_{\alpha_k}(x_k)\|^2] - \frac{c}{2}\|x_k - x^*\|^2 \\ &= \frac{1}{2\alpha_k}[(1 - c\alpha_k)\|x_k - x^*\|^2 - \|x_{k+1} - x^*\|^2]. \end{aligned} \tag{5.24}$$

当强凸系数 $c = 0$ (即目标函数 $g(x)$ 为凸函数) 时, 可得

$$f(x_{k+1}) - f(x^*) \leqslant \frac{1}{2\alpha_k}[\|x_k - x^*\|^2 - \|x_{k+1} - x^*\|^2]. \tag{5.25}$$

对上式取 $k=0,1,2,\cdots,k-1$, 并将所有不等式两边分别相加可得

$$\begin{aligned}\sum_{i=0}^{k-1}[f(x_{i+1})-f(x^*)] &\leqslant \frac{1}{2\alpha_k}\sum_{i=0}^{k-1}[\|x_i-x^*\|^2-\|x_{i+1}-x^*\|^2]\\ &=\frac{1}{2\alpha_k}[\|x_0-x^*\|^2-\|x_k-x^*\|^2]\\ &\leqslant \frac{1}{2\alpha_k}\|x_0-x^*\|^2.\end{aligned}$$

又因为迭代点列的函数值 $f(x_k)$ 是非增的, 故

$$f(x_k)-f(x^*)\leqslant \frac{1}{k}\sum_{i=0}^{k-1}[f(x_i)-f(x^*)]\leqslant \frac{1}{2k\alpha_k}\|x_0-x^*\|^2.$$

若取固定步长 $\alpha_k\equiv\alpha\in\left(0,\frac{1}{L}\right]$, 则易得在函数 $g(x)$ 为凸函数且梯度是 L-Lipschitz 连续的, 且 $h(x)$ 为闭凸函数时, 邻近梯度法 $O(1/k)$ 次线性收敛.

当强凸系数 $c>0$ 时, 借助不等式 (5.24) 及 $f(x_{k+1})\geqslant f(x^*)$ 可得

$$\|x_{k+1}-x^*\|^2\leqslant(1-c\alpha_k)\|x_k-x^*\|^2. \tag{5.26}$$

由于取固定步长 $\alpha_k\equiv\alpha\in\left(0,\frac{1}{L}\right)$ 时有 $c\alpha\leqslant 1$, 若记 $q=1-c\alpha<1$, 则

$$\|x_{k+1}-x^*\|^2\leqslant q\|x_k-x^*\|^2,$$

进而可得, 此时邻近梯度法的迭代点列 Q-线性收敛. 若采用 Armijo 步长规则, 类似可证结论成立, 此处省略.

进一步, 若取固定步长 $\alpha_k\equiv\frac{1}{L}$, 则借助不等式 (5.24) 和 (5.26) 整理可得

$$f(x_k)-f(x^*)\leqslant\frac{L}{2}\left(1-\frac{c}{L}\right)^k\|x_0-x^*\|^2.$$ □

最后讨论没有强凸假设时邻近梯度法的线性收敛性, 在此之前先给出局部误差界的概念.

定义 5.4.2 设 X^* 为优化问题 (5.18) 的最优解集, $d(x,X^*)=\min\limits_{x^*\in X^*}\|x-x^*\|$ 为任意点 $x\in\mathbb{R}^n$ 到最优解集 X^* 的距离. 任取 $\xi\geqslant\min f(x)$, 若存在正数 κ, ϵ, 使得对任意满足 $\|x-\mathrm{Prox}_h(x-\nabla g(x))\|\leqslant\epsilon$, $f(x)\leqslant\xi$ 的 x, 皆有

$$d(x,X^*)\leqslant\kappa\|x-\mathrm{Prox}_h(x-\nabla g(x))\|, \tag{5.27}$$

则称局部误差界成立.

通过下述定理可知, 基于局部误差界可以得到邻近梯度法线性收敛性的结论, 证明过程见文献 [127].

定理 5.4.5 设最优化问题 (5.18) 的目标函数中 $g(x)$ 为可微凸函数, 梯度 $\nabla g(x)$ 是 L-Lipschitz 连续的, $h(x)$ 为闭凸函数, 且满足 $\lim\limits_{\|x\|\to+\infty}(g(x)+h(x))=+\infty$, 若最优解集 X^* 非空且局部误差界成立, 则算法 5.4.1 (邻近梯度法) 的迭代序列 $\{f(x_k)\}$ Q-线性收敛, $\{x_k\}$ R-线性收敛.

显然, 在去掉强凸假设后增加了一个局部误差界条件 (5.27), 线性收敛性依然满足. 并且幸运的是在许多应用中都满足局部误差界条件, 从而保证了在实际应用中邻近梯度法依然具有线性收敛性.

现在介绍几个针对优化问题

$$\min_{x\in\mathbb{R}^n} \quad f(x)=g(x)+h(x),$$

局部误差界条件成立的具有代表性的例子.

例 5.4.1[95,定理 3.1] 函数 $g(x)$ 为强凸函数, 且满足梯度 $\nabla g(x)$ 是 Lipschitz 连续的; 函数 $h(x)$ 为任意闭正常凸函数.

例 5.4.2[75,定理 2.1] 函数 $g(x)=\phi(\boldsymbol{A}x)+\langle c,x\rangle$, 其中 $\boldsymbol{A}\in\mathbb{R}^{m\times n}$, x, $c\in\mathbb{R}^n$, 函数 $\phi(x)$ 为正常凸函数, 且在非空开有效域 $\operatorname{dom}\phi$ 上连续可微. 若 $\phi(x)$ 为强凸函数, 则需满足在有效域的任意紧子集上梯度 $\nabla\phi(x)$ Lipschitz 连续; 函数 $h(x)$ 有多面体上图.

例 5.4.3[112,127,128] 函数 $g(x)=\phi(\boldsymbol{A}x)$, 其中 $\boldsymbol{A}\in\mathbb{R}^{m\times n}$, $x\in\mathbb{R}^n$, 函数 $\phi(x)$ 与例 5.4.2 一致; 函数 $h(x)$ 是稀疏块 Lasso 的正则项, 即

$$h(x)=\sum_{J\in\mathcal{J}} w_J\|x_J\|+\lambda\|x\|_1$$

或

$$h(x)=\sum_{J\in\mathcal{J}} w_J\|\boldsymbol{B}_J x_J\|,$$

其中 $x\in\mathbb{R}^n$, $\mathcal{J}$ 是集合 $\{1,2,\cdots,n\}$ 的一个分划, $\{w_J\}_{J\in\mathcal{J}}$ 是给定的一个非负常数, $\boldsymbol{B}_J$ 是与 x_J 相容的非奇异矩阵.

上述三个例子均已经在相应文献中被证明确实使局部误差界条件成立, 感兴趣的读者可自行查阅相关文献.

例 5.4.4[133] 对于优化问题

$$\min_{x\in\mathbb{R}^{m\times n}} \quad g(x)+h(x),$$

函数

$$g(x)=\phi(\mathcal{A}(x))+\langle c,x\rangle,$$

其中变量 $x \in \mathbb{R}^{m\times n}$, 常量 $c \in \mathbb{R}^{m\times n}$, $\mathcal{A}: \mathbb{R}^{m\times n} \to \mathbb{R}^s$ 为线性算子, 函数 $\phi: \mathbb{R}^s \to \mathbb{R}$ 为闭正常强凸函数, 且梯度 $\nabla\phi$ 是 Lipschitz 连续的; 函数

$$h(x) = \|x\|_*,$$

其中核范数 $\|x\|_*$ 定义为矩阵 x 的所有奇异值之和.

若存在最优解 x^*, 使得下式成立:

$$0 \in \nabla g(x^*) + \text{ri}\ (\partial h(x^*)),$$

则上述优化问题的局部误差界条件成立, 具体的证明过程可参阅文献 [133].

5.5 牛 顿 法

本节主要介绍求解无约束优化问题的牛顿法, 首先讨论该算法与之前介绍的梯度类算法的区别.

前几节讨论的与梯度相关的算法统称为梯度类算法, 此类算法主要基于目标函数的一阶信息 (梯度信息) 产生迭代点, 收敛速度相对较慢; 本节考虑的牛顿法将利用目标函数的二阶近似产生新的迭代点, 局部收敛速度会大幅提高.

考虑如下无约束优化问题:

$$\min_{x\in\mathbb{R}^n} \quad f(x), \tag{5.28}$$

其中目标函数 $f(x)$ 为二阶连续可微函数, 有效域为 $\text{dom}f = \mathbb{R}^n$. 并假设该优化问题存在最优解 x^*, 且最优值 $f(x^*)$ 是有限值.

由于该优化问题的目标函数 $f(x)$ 二阶可微, 故 $f(x_k + d)$ 在 x_k 点的二阶泰勒展开式为

$$f(x_k + d) \approx f(x_k) + d^{\mathrm{T}}\nabla f(x_k) + \frac{1}{2}d^{\mathrm{T}}\nabla^2 f(x_k)d.$$

若 $\nabla^2 f(x_k)$ 正定, 则上述不等式右侧为关于 d 的强凸二次函数. 考虑将这个以 d 为变量的函数作为目标函数的无约束问题, 由一阶最优性条件易得**牛顿方程**如下:

$$\nabla^2 f(x_k)d = -\nabla f(x_k). \tag{5.29}$$

解该方程得最优解:

$$d^* = -[\nabla^2 f(x_k)]^{-1}\nabla f(x_k),$$

通常称上述 d^* 的方向为**牛顿方向**. 取牛顿方向作为迭代法的搜索方向, 则可得求解无约束优化问题 (5.28) 的牛顿法.

算法 5.5.1 牛顿法

步骤 1. 给定初始点 $x_0 \in \mathbb{R}^n$ 及参数 $\epsilon \geqslant 0$, 令 $k=0$.

步骤 2. 若梯度满足 $\|\nabla f(x_k)\| \leqslant \epsilon$, 则算法停止; 否则, 进入下一步.

步骤 3. 取牛顿方向作为搜索方向, 即

$$d_k = -[\nabla^2 f(x_k)]^{-1}\nabla f(x_k).$$

步骤 4. 步长 α_k 由适当的步长规则产生.

步骤 5. 更新迭代点

$$x_{k+1} = x_k + \alpha_k d_k,$$

并令 $k=k+1$, 返回步骤 2.

在上述牛顿法的迭代框架下, 根据步长规则选取方式的不同, 可以生成不同的牛顿法, 包括经典牛顿法与全局牛顿法.

经典牛顿法是指选取单位步长 $\alpha_k \equiv 1$ 的情形. 对于该算法, 若目标函数为严格凸二次函数, 则无论初始点如何选取, 算法皆可以一步迭代到最优解, 即具有二次终止性. 若目标函数为一般非二次函数, 则当迭代点靠近最优解时, 该算法可以很快地收敛到最优解.

定理 5.5.1 对于最优化问题 (5.28), 给定局部最优解 x^*, 若目标函数 $f(x)$ 二阶连续可微, 且 Hessian 矩阵 $\nabla^2 f(x^*)$ 正定, 则经典牛顿法的迭代点列 $\{x_k\}$ 满足

(1) 若初始点 x_0 充分靠近 x^*, 则迭代点列 $\{x_k\}$ 超线性收敛于 x^*;

(2) 若初始点 x_0 充分靠近 x^*, 且 Hessian 矩阵 $\nabla^2 f(x)$ 在 x^* 附近是 L-Lipschitz 连续的, 则 $\{x_k\}$ 二阶收敛于 x^*.

证明 (1) 由 Hessian 矩阵 $\nabla^2 f(x^*)$ 正定得, 当 x_k 充分靠近 x^* 时 $[\nabla^2 f(x_k)]^{-1}$ 存在. 又因为在局部极小值点 x^* 处 $\nabla f(x^*)=0$, 故由泰勒展开式得

$$0 = \nabla f(x^*) = \nabla f(x_k) + \nabla^2 f(x_k)(x^* - x_k) + o(\|x_k - x^*\|).$$

等式两边分别左乘 $[\nabla^2 f(x_k)]^{-1}$, 整理可得

$$x_k - x^* - [\nabla^2 f(x_k)]^{-1}\nabla f(x_k) = o(\|x_k - x^*\|),$$

即

$$x_{k+1} - x^* = o(\|x_k - x^*\|).$$

从而在初始点 x_0 充分靠近 x^* 时, 点列 $\{x_k\}$ 超线性收敛到 x^*.

(2) 当 x_k 充分靠近 x^* 时, 由 Hessian 矩阵 $\nabla^2 f(x^*)$ 正定及 $\nabla^2 f(x)$ 的连续性可得, 存在 $M>0$, 使得对任意的 $k \geqslant 0$, 有

$$\|[\nabla^2 f(x_k)]^{-1}\| \leqslant M.$$

又因为 $\nabla^2 f(x)$ 是 L-Lipschitz 连续的, 故借助中值定理可得

$$\begin{aligned}\|x_{k+1}-x^*\| &= \|x_k - x^* - [\nabla^2 f(x_k)]^{-1}\nabla f(x_k)\| \\ &= \|[\nabla^2 f(x_k)]^{-1}[\nabla^2 f(x_k)(x_k - x^*) - \nabla f(x_k) + \nabla f(x^*)]\| \\ &\leqslant M\left\|\int_0^1 [\nabla^2 f(x_k) - \nabla^2 f(x^* + \tau(x_k - x^*))](x_k - x^*)\, d\tau\right\| \\ &\leqslant M\int_0^1 \|\nabla^2 f(x_k) - \nabla^2 f(x^* + \tau(x_k - x^*))\|\|(x_k - x^*)\|d\tau \\ &\leqslant LM\|x_k - x^*\|^2\int_0^1 (1-\tau)d\tau \\ &= \frac{1}{2}LM\|x_k - x^*\|^2.\end{aligned}$$

从而可得牛顿法二阶收敛. □

上述结论表明, 经典牛顿法的突出优势在于收敛速度快, 具有局部二阶收敛性. 然而当初始点离最优解很远时, 可能导致算法缓慢, 甚至不收敛. 为了使牛顿法具有好的全局收敛性, 我们考虑全局牛顿法. 该算法同样以牛顿方向作为搜索方向, 但步长 α_k 由线搜索产生, 且线搜索得到的点 $x_k + \alpha_k d_k$ 满足

$$f(x_k) - f(x_k + \alpha_k d_k) \geqslant \bar{\theta}\|\nabla f(x_k)\|^2\cos^2(d_k, -\nabla f(x_k)),$$

其中 $\bar{\theta} > 0$ 是一个常数.

通过下述定理可以得知全局牛顿法具有全局收敛性.

定理 5.5.2 若最优化问题 (5.28) 的目标函数 $f(x)$ 为强凸函数且二阶连续可微, 则全局牛顿法的迭代点列 $\{x_k\}$ 满足

$$\lim_{k\to+\infty}\|\nabla f(x_k)\| = 0,$$

且 x_k 收敛到 $f(x)$ 的唯一极小值点.

证明 因为目标函数 $f(x)$ 为强凸函数, 故存在常数 $\theta > 0$, 对任意 $x \in \mathbb{R}^n$, 有

$$\lambda_n(\nabla^2 f(x)) \geqslant \theta,$$

其中 $\lambda_n(\nabla^2 f(x))$ 表示 Hessian 矩阵 $\nabla^2 f(x)$ 的最小特征值.

由全局牛顿法的步长选取规则可知, 存在常数 $\bar{\theta} > 0$ 使得

$$f(x_k) - f(x_k + \alpha_k d_k) \geqslant \bar{\theta}\|\nabla f(x_k)\|^2\cos^2(d_k, -\nabla f(x_k)),$$

故 $f(x_k)$ 严格单调下降, 从而可得迭代点列 $\{x_k\}$ 必有界, 即存在常数 $M > 0$, 使得对任意的 k 有下式成立:

$$\|\nabla^2 f(x_k)\| \leqslant M.$$

又因为搜索方向 $d_k = -[\nabla^2 f(x_k)]^{-1}\nabla f(x_k)$, 故

$$\begin{aligned}
\cos^2(d_k, -\nabla f(x_k)) &= \frac{[\langle d_k, -\nabla f(x_k)\rangle]^2}{\|d_k\|^2\|\nabla f(x_k)\|^2} \\
&= \frac{\{\nabla f(x_k)^{\mathrm{T}}[\nabla^2 f(x_k)]^{-1}\nabla f(x_k)\}^2}{\|d_k\|^2\|\nabla f(x_k)\|^2} \\
&= \frac{\{\nabla f(x_k)^{\mathrm{T}}[\nabla^2 f(x_k)]^{-1}\nabla f(x_k)\}^2}{\nabla f(x_k)^{\mathrm{T}}[\nabla^2 f(x_k)]^{-2}\nabla f(x_k)\|\nabla f(x_k)\|^2} \\
&\geqslant \frac{\nabla f(x_k)^{\mathrm{T}}[\nabla^2 f(x_k)]^{-1}\nabla f(x_k)}{\lambda_n([\nabla^2 f(x_k)]^{-1})\|\nabla f(x_k)\|^2} \\
&\geqslant \theta\frac{\nabla f(x_k)^{\mathrm{T}}[\nabla^2 f(x_k)]^{-1}\nabla f(x_k)}{\|\nabla f(x_k)\|^2} \\
&\geqslant \frac{\theta}{M}.
\end{aligned}$$

从而有

$$+\infty > \sum_{k=1}^{+\infty}[f(x_k) - f(x_{k+1})] \geqslant \sum_{k=1}^{+\infty}\theta\bar{\theta}M^{-1}\|\nabla f(x_k)\|^2.$$

进而有

$$\lim_{k\to+\infty}\|\nabla f(x_k)\| = 0.$$

由目标函数 $f(x)$ 为强凸函数知, 仅存在一个稳定点, 从而可得 x_k 必收敛于 $f(x)$ 的唯一极小点 x^*. □

除了上述特别指出的两个牛顿法外, 还有许多其他具体的牛顿法, 这些算法都是为了克服牛顿法严重依赖初始点的选取或者目标函数的 Hessian 矩阵在迭代过程中可能出现奇异导致算法中断的情况提出的. 比如: 为保证算法的收敛性, 在迭代过程中引入以 1 作试探步长的线搜索, 则得到阻尼牛顿法; 为保证搜索方向的下降性, 在牛顿方向不满足下降条件时就转向负梯度方向, 则得到 "杂交" 牛顿法; 最后, 为减少计算量, 若取牛顿方程的近似解 (比如用共轭梯度法求解) 作为搜索方向, 则得到非精确牛顿法, 又称截断牛顿法.

总体而言, 牛顿法虽然有快的收敛速度, 且在不可执行时有很多补救措施, 然而它还有一个致命的缺陷: 在迭代过程中需要计算目标函数的 Hessian 矩阵, 使算法的计算量和存储量很大, 从而导致算法效率的降低. 针对该问题, 我们可以使用自动微分方法 (具体方法参看文献 [129]) 计算 Hessian 矩阵, 也可以使用同样具有较快的收敛速度的拟牛顿法替代牛顿法, 以避免二阶信息的计算.

5.6 拟牛顿法

本节主要讨论求解无约束优化问题的拟牛顿法, 首先介绍拟牛顿法的一般框

架, 然后分小节依次介绍几个具体的算法.

同样考虑如下无约束优化问题:

$$\min_{x \in \mathbb{R}^n} \quad f(x), \tag{5.30}$$

其中目标函数 $f(x)$ 为二阶连续可微的函数, 有效域为 $\mathrm{dom} f = \mathbb{R}^n$. 并假设该优化问题存在最优解 x^*, 且最优值 $f(x^*)$ 是有限值.

为了避免牛顿法中目标函数 Hessian 矩阵的计算, 同时又使算法具有快的收敛性, 考虑目标函数 $f(x)$ 的二阶逼近, 用对称矩阵 $\boldsymbol{B}_k \in \mathbb{R}^{n\times n}$ 来近似替代 Hessian 矩阵 $\nabla^2 f(x_k)$, 即令

$$f(x_k + d) \approx f(x_k) + d^{\mathrm{T}} \nabla f(x_k) + \frac{1}{2} d^{\mathrm{T}} \boldsymbol{B}_k d. \tag{5.31}$$

需要注意的是 $\boldsymbol{B}_k$ 的构造需要满足如下条件:

(1) 构造简单, 避免目标函数 Hessian 矩阵的计算;

(2) 可以“近似”Hessian 矩阵, 或者说具有 Hessian 矩阵的某些性质.

若矩阵 $\boldsymbol{B}_k$ 正定, 则 (5.31) 近似式右侧关于 d 的函数的稳定点为

$$d_k = -\boldsymbol{B}_k^{-1} \nabla f(x_k),$$

可以以此作为拟牛顿法的搜索方向.

接下来考虑如何在得到 $\nabla^2 f(x_k)$ 的近似对称矩阵 $\boldsymbol{B}_k$ 后, 构造 $\boldsymbol{B}_{k+1}$ 使其与 $\nabla^2 f(x_{k+1})$ 也满足某种近似. 为此, 计算梯度函数 $\nabla f(x)$ 在 x_{k+1} 点的线性近似, 并令 $x = x_k$, 可得

$$\nabla f(x_k) \approx \nabla f(x_{k+1}) + \nabla^2 f(x_{k+1})(x_k - x_{k+1}). \tag{5.32}$$

为了叙述方便, 我们引入记号 s_k, y_k 如下:

$$y_k = \nabla f(x_{k+1}) - \nabla f(x_k),$$

$$s_k = x_{k+1} - x_k = \alpha_k d_k,$$

如无特别说明, 拟牛顿法中的所有 s_k, y_k 都遵从此记号的定义. 此外, 在拟牛顿法中用 $\boldsymbol{B}_k$ 表示目标函数在迭代点 x_k 处的 Hessian 矩阵 $\nabla^2 f(x_k)$ 的近似阵, 用 $\boldsymbol{H}_k$ 表示在迭代点 x_k 处的 Hessian 矩阵的逆矩阵 $[\nabla^2 f(x_k)]^{-1}$ 的近似阵.

借助 s_k, y_k 的记号, 将式 (5.32) 整理可得

$$y_k \approx \nabla^2 f(x_{k+1}) s_k.$$

我们希望矩阵 $\boldsymbol{B}_{k+1}$ 为 Hessian 矩阵 $\nabla^2 f(x_{k+1})$ 的一个近似, 不妨要求 $\boldsymbol{B}_{k+1}$ 也满足上式, 即

$$y_k = \boldsymbol{B}_{k+1} s_k.$$

上式被称为**拟牛顿方程**或**拟牛顿条件**.

为了避免迭代更新过程中逆矩阵的计算, 可以令 $\boldsymbol{H}_{k+1} = \boldsymbol{B}_{k+1}^{-1}$, 则拟牛顿方程可写作

$$\boldsymbol{H}_{k+1} y_k = s_k.$$

下面给出求解最优化问题 (5.30) 的拟牛顿法的一般框架.

算法 5.6.1　拟牛顿法

步骤 1. 给定初始点 $x_0 \in \mathbb{R}^n$, $\boldsymbol{B}_0$ (或 $\boldsymbol{H}_0$) $\in \mathbb{R}^{n\times n}$ 及参数 $\epsilon \geqslant 0$, 令 $k=0$.

步骤 2. 若梯度满足 $\|\nabla f(x_k)\| \leqslant \epsilon$, 则算法停止; 否则, 进入下一步.

步骤 3. 确定搜索方向

$$d_k = -\boldsymbol{B}_k^{-1}\nabla f(x_k) \quad (\text{或 } d_k = -\boldsymbol{H}_k \nabla f(x_k)).$$

步骤 4. 步长 α_k 由适当的步长规则产生.

步骤 5. 更新迭代点

$$x_{k+1} = x_k + \alpha_k d_k.$$

步骤 6. 构造满足拟牛顿方程的 $\boldsymbol{B}_{k+1}$ (或 $\boldsymbol{H}_{k+1}$), 令 $k=k+1$. 返回步骤 2.

拟牛顿法就是在每个迭代步借助拟牛顿方程构造 $\nabla^2 f(x_k)$ 的一个近似对称矩阵 $\boldsymbol{B}_k$, 或 $[\nabla^2 f(x_k)]^{-1}$ 的一个近似对称矩阵 $\boldsymbol{H}_k$ (该近似并非指数值上的近似而是性能上近似), 然后沿拟牛顿方向 $d_k = -\boldsymbol{B}_k^{-1}\nabla f(x_k)$ 或 $d_k = -\boldsymbol{H}_k\nabla f(x_k)$ 进行线搜索. 因此, 拟牛顿法的核心就是借助拟牛顿方程产生目标函数 Hessian 矩阵的一个近似.

因为拟牛顿方程中即使矩阵 $\boldsymbol{B}_{k+1}$ (或 $\boldsymbol{H}_{k+1}$) 对称, 变量的个数也远大于方程的个数, 所以拟牛顿方程的解不能唯一确定. 从而需要求得拟牛顿方程的一个 (组) 特解, 注意这里构造 $\boldsymbol{B}_{k+1}$ 是从对矩阵 $\boldsymbol{B}_k$ (或 $\boldsymbol{H}_k$) 进行某种修正得到的, 即

$$\boldsymbol{B}_{k+1} = \boldsymbol{B}_k + \Delta \boldsymbol{B}_k$$

或

$$\boldsymbol{H}_{k+1} = \boldsymbol{H}_k + \Delta \boldsymbol{H}_k,$$

其中 $\Delta\boldsymbol{B}_k$ 及 $\Delta\boldsymbol{H}_k$ 称为修正项. 为提高 $\boldsymbol{B}_{k+1}$ 与 Hessian 矩阵或 $\boldsymbol{H}_{k+1}$ 与 Hessian 矩阵的逆的近似度, 一般要求修正项充分利用现有信息, 且计算量不能太大, 通常情况下修正项的秩不超过 2. 下面的小节中我们将给出常见的几种修正方法, 并分析相应拟牛顿法的收敛性.

5.6.1　对称秩-1 拟牛顿法

对称秩-1 拟牛顿法, 即采用对称秩-1 矩阵作为修正项, 具体地, 令

$$\boldsymbol{H}_{k+1} = \boldsymbol{H}_k + v_k v_k^{\mathrm{T}},$$

其中 $v_k \in \mathbb{R}^n$. 由拟牛顿方程 $\boldsymbol{H}_{k+1} y_k = s_k$ 得

$$\boldsymbol{H}_k y_k + v_k v_k^{\mathrm{T}} y_k = s_k.$$

这是一个含有 n 个未知量 v_k 和 n 个等式的方程, 若 $v_k^{\mathrm{T}} y_k \neq 0$, 则容易解得

$$v_k = \frac{1}{v_k^{\mathrm{T}} y_k}(s_k - \boldsymbol{H}_k y_k), \quad (v_k^{\mathrm{T}} y_k)^2 = (s_k - \boldsymbol{H}_k y_k)^{\mathrm{T}} y_k.$$

进而得 $\boldsymbol{H}_k$ 的对称秩 -1 校正公式

$$\boldsymbol{H}_{k+1} = \boldsymbol{H}_k + \frac{(s_k - \boldsymbol{H}_k y_k)(s_k - \boldsymbol{H}_k y_k)^{\mathrm{T}}}{(s_k - \boldsymbol{H}_k y_k)^{\mathrm{T}} y_k}. \tag{5.33}$$

利用拟牛顿方程 $y_k = \boldsymbol{B}_{k+1} s_k$ 类似推导可得 $\boldsymbol{B}_k$ 的校正公式:

$$\boldsymbol{B}_{k+1} = \boldsymbol{B}_k + \frac{(y_k - \boldsymbol{B}_k s_k)(y_k - \boldsymbol{B}_k s_k)^{\mathrm{T}}}{(y_k - \boldsymbol{B}_k s_k)^{\mathrm{T}} s_k}. \tag{5.34}$$

在式 (5.33) 与 (5.34) 中将 $\boldsymbol{B}$ 与 $\boldsymbol{H}$ 对换, s_k 与 y_k 对换, 得到的公式仍为 (5.33) 与 (5.34), 从而称 (5.33) 与 (5.34) 是自对偶的.

利用对称秩-1 校正公式, 可建立相应的拟牛顿法.

算法 5.6.2　对称秩-1 拟牛顿法

步骤 1. 给定初始点 $x_0 \in \mathbb{R}^n$, $\boldsymbol{H}_0 \in \mathbb{R}^{n \times n}$ 及参数 $\epsilon \geqslant 0$, 令 $k = 0$.

步骤 2. 若梯度满足 $\|\nabla f(x_k)\| \leqslant \epsilon$, 则算法停止; 否则, 进入下一步.

步骤 3. 确定搜索方向

$$d_k = -\boldsymbol{H}_k \nabla f(x_k).$$

步骤 4. 步长 α_k 由适当的步长规则产生.

步骤 5. 更新迭代点

$$x_{k+1} = x_k + \alpha_k d_k.$$

步骤 6. 计算矩阵

$$\boldsymbol{H}_{k+1} = \boldsymbol{H}_k + \frac{(s_k - \boldsymbol{H}_k y_k)(s_k - \boldsymbol{H}_k y_k)^{\mathrm{T}}}{(s_k - \boldsymbol{H}_k y_k)^{\mathrm{T}} y_k},$$

令 $k = k + 1$, 返回步骤 2.

一般取初始阵 $\boldsymbol{H}_0 = \boldsymbol{I}$, 由于 $(s_k - \boldsymbol{H}_k y_k)^{\mathrm{T}} y_k > 0$ 并不总成立, 因此对于对称秩 -1 校正公式, $\boldsymbol{H}_k$ 的正定性无法保证遗传给 $\boldsymbol{H}_{k+1}$, 而且即使在目标函数 $f(x)$ 为凸函数的情况下依然可能出现分母 $(s_k - \boldsymbol{H}_k y_k)^{\mathrm{T}} y_k \approx 0$ 的情况. 然而该校正公式的最大优势在于: $\boldsymbol{H}_{k+1}$ 对 Hessian 矩阵的逆 $\nabla^2 f(x_{k+1})^{-1}$ 常有很好的近似.

在此我们仅给出该拟牛顿法的收敛性结果, 略去证明过程.

定理 5.6.1 设最优化问题 (5.30) 的目标函数为如下严格凸二次函数

$$f(x) = \frac{1}{2} x^{\mathrm{T}} \boldsymbol{A} x + b^{\mathrm{T}} x,$$

其中矩阵 $\boldsymbol{A}$ 对称正定. 任意给定初始点 x_0 和对称正定阵 $\boldsymbol{H}_0$, 若算法 5.6.2 (对称秩 -1 拟牛顿法) 产生的迭代点列满足 $(s_k - \boldsymbol{H}_k y_k)^{\mathrm{T}} y_k \neq 0$, 则当向量组 $s_0, s_1, s_2, \cdots, s_{n-1}$ 线性无关时, 有

$$\boldsymbol{H}_n = \boldsymbol{A}^{-1}.$$

进一步, 若取最优步长或单位步长, 则该拟牛顿法具有二次终止性.

5.6.2 DFP 拟牛顿法

DFP 校正公式是采用一个秩不大于 2 的对称矩阵对 $\boldsymbol{H}_k$ 进行修正得到矩阵 $\boldsymbol{H}_{k+1}$, 使其满足拟牛顿方程. 确切地说, 令

$$\boldsymbol{H}_{k+1} = \boldsymbol{H}_k + a s_k s_k^{\mathrm{T}} + b \boldsymbol{H}_k y_k y_k^{\mathrm{T}} \boldsymbol{H}_k,$$

其中 a, b 为待定常数. 由拟牛顿方程可得

$$\boldsymbol{H}_k y_k + a(s_k^{\mathrm{T}} y_k) s_k + b(y_k^{\mathrm{T}} \boldsymbol{H}_k y_k) \boldsymbol{H}_k y_k = s_k.$$

不妨假设 s_k, $\boldsymbol{H}_k y_k$ 线性无关, 则有

$$a = \frac{1}{s_k^{\mathrm{T}} y_k}, \quad b = -\frac{1}{y_k^{\mathrm{T}} \boldsymbol{H}_k y_k},$$

继而可得到 DFP 校正公式:

$$\boldsymbol{H}_{k+1}^{\mathrm{DFP}} = \boldsymbol{H}_k + \frac{s_k s_k^{\mathrm{T}}}{s_k^{\mathrm{T}} y_k} - \frac{\boldsymbol{H}_k y_k y_k^{\mathrm{T}} \boldsymbol{H}_k}{y_k^{\mathrm{T}} \boldsymbol{H}_k y_k}. \tag{5.35}$$

相应地,

$$\boldsymbol{B}_{k+1}^{\mathrm{DFP}} = \left(\boldsymbol{I} - \frac{y_k s_k^{\mathrm{T}}}{y_k^{\mathrm{T}} s_k}\right) \boldsymbol{B}_k \left(\boldsymbol{I} - \frac{s_k y_k^{\mathrm{T}}}{y_k^{\mathrm{T}} s_k}\right) + \frac{y_k y_k^{\mathrm{T}}}{y_k^{\mathrm{T}} s_k}. \tag{5.36}$$

相应的 DFP 拟牛顿法的框架如下.

算法 5.6.3 DFP 拟牛顿法

步骤 1. 给定初始点 $x_0 \in \mathbb{R}^n$, $\boldsymbol{H}_0 \in \mathbb{R}^{n\times n}$ 及参数 $\epsilon \geqslant 0$, 令 $k=0$.

步骤 2. 若梯度满足 $\|\nabla f(x_k)\| \leqslant \epsilon$, 则算法停止; 否则, 进入下一步.

步骤 3. 确定搜索方向

$$d_k = -\boldsymbol{H}_k \nabla f(x_k).$$

步骤 4. 步长 α_k 由适当的步长规则产生.

步骤 5. 更新迭代点

$$x_{k+1} = x_k + \alpha_k d_k.$$

步骤 6. 计算矩阵

$$\boldsymbol{H}_{k+1} = \boldsymbol{H}_k + \frac{s_k s_k^{\mathrm{T}}}{s_k^{\mathrm{T}} y_k} - \frac{\boldsymbol{H}_k y_k y_k^{\mathrm{T}} \boldsymbol{H}_k}{y_k^{\mathrm{T}} \boldsymbol{H}_k y_k},$$

令 $k=k+1$, 返回步骤 2.

由于矩阵 $\boldsymbol{H}_k$ 正定, 故能保证拟牛顿方向 $d_k = -\boldsymbol{H}_k \nabla f(x_k)$ 为下降方向, 通过下述结论可以说明 DFP 校正公式能将 $\boldsymbol{H}_k$ 的正定性遗传给 $\boldsymbol{H}_{k+1}$.

定理 5.6.2 假设矩阵 $\boldsymbol{H}_k$ 正定, 则 $\boldsymbol{H}_{k+1}$ 正定的充分必要条件是 $s_k^{\mathrm{T}} y_k > 0$.

证明 由矩阵 $\boldsymbol{H}_k$ 正定, 故存在非奇异三角阵 $\boldsymbol{L}_k$, 使得 $\boldsymbol{H}_k = \boldsymbol{L}_k \boldsymbol{L}_k^{\mathrm{T}}$, 对任意 $z \in \mathbb{R}^n \backslash \{0\}$, 由 DFP 校正公式,

$$\begin{aligned} z^{\mathrm{T}} \boldsymbol{H}_{k+1} z &= z^{\mathrm{T}} \boldsymbol{L}_k \boldsymbol{L}_k^{\mathrm{T}} z + \frac{z^{\mathrm{T}} s_k s_k^{\mathrm{T}} z}{s_k^{\mathrm{T}} y_k} - \frac{z^{\mathrm{T}} \boldsymbol{L}_k \boldsymbol{L}_k^{\mathrm{T}} y_k y_k^{\mathrm{T}} \boldsymbol{L}_k \boldsymbol{L}_k^{\mathrm{T}} z}{y_k^{\mathrm{T}} \boldsymbol{L}_k \boldsymbol{L}_k^{\mathrm{T}} y_k} \\ &= \|\boldsymbol{L}_k^{\mathrm{T}} z\|^2 - \frac{\langle \boldsymbol{L}_k^{\mathrm{T}} z, \boldsymbol{L}_k^{\mathrm{T}} y_k \rangle^2}{\|\boldsymbol{L}_k^{\mathrm{T}} y_k\|^2} + \frac{(z^{\mathrm{T}} s_k)^2}{s_k^{\mathrm{T}} y_k}. \end{aligned}$$

首先假设 $s_k^{\mathrm{T}} y_k > 0$, 若 $\boldsymbol{L}_k^{\mathrm{T}} z$ 与 $\boldsymbol{L}_k^{\mathrm{T}} y_k$ 线性无关, 则由 Cauchy-Schwarz 不等式得

$$z^{\mathrm{T}} \boldsymbol{H}_{k+1} z > 0.$$

若 $\boldsymbol{L}_k^{\mathrm{T}} z$ 与 $\boldsymbol{L}_k^{\mathrm{T}} y_k$ 线性相关, 则存在 $\theta \neq 0$, 使 $\boldsymbol{L}_k^{\mathrm{T}} z = \theta \boldsymbol{L}_k^{T} y_k$. 由 $\boldsymbol{L}_k$ 非奇异得 $z = \theta y_k$, 从而

$$z^{\mathrm{T}} \boldsymbol{H}_{k+1} z = \frac{(z^{\mathrm{T}} s_k)^2}{s_k^{\mathrm{T}} y_k} = \theta^2 s_k^{\mathrm{T}} y_k > 0.$$

下面假设 $\boldsymbol{H}_k$, $\boldsymbol{H}_{k+1}$ 均正定, 由于 $s_k^{\mathrm{T}} y_k = 0$ 时, DFP 校正公式无意义, 故假设 $s_k^{\mathrm{T}} y_k < 0$. 取 $z = y_k \in \mathbb{R}^n$, 则有

$$z^{\mathrm{T}} \boldsymbol{H}_{k+1} z = \frac{\|\boldsymbol{L}_k^{\mathrm{T}} z\|^2 \|\boldsymbol{L}_k^{\mathrm{T}} y_k\|^2 - \langle \boldsymbol{L}_k^{\mathrm{T}} z, \boldsymbol{L}_k^{\mathrm{T}} y_k \rangle^2}{\|\boldsymbol{L}_k^{\mathrm{T}} y_k\|^2} + \frac{(s_k^{\mathrm{T}} y_k)^2}{s_k^{\mathrm{T}} y_k} = \frac{(s_k^{\mathrm{T}} y_k)^2}{s_k^{\mathrm{T}} y_k} < 0.$$

这与 $\boldsymbol{H}_{k+1}$ 正定矛盾, 结论得证. □

若最优化问题 (5.30) 的目标函数为强凸函数, 则 $s_k^{\mathrm{T}}y_k > 0$ 自然成立. 从而, $\boldsymbol{H}_k$ 的正定性可以遗传给 $\boldsymbol{H}_{k+1}$.

若目标函数非强凸函数, 在步长满足一定限制时, 例如, 采用 (强) Wolfe 步长规则或最优步长规则, 条件 $s_k^{\mathrm{T}}y_k > 0$ 同样能够满足. 事实上, 若采用 (强)Wolfe 步长规则, 则有

$$\nabla f(x_{k+1})^{\mathrm{T}}s_k \geqslant \sigma_2 \nabla f(x_k)^{\mathrm{T}}s_k,$$

即

$$y_k^{\mathrm{T}}s_k \geqslant (\sigma_2 - 1)\nabla f(x_k)^{\mathrm{T}}s_k.$$

又因为 $\sigma_2 < 1$ 且 s_k 满足下降性, 故有 $s_k^{\mathrm{T}}y_k > 0$.

又若采用最优步长规则, 则有 $\nabla f(x_{k+1})^{\mathrm{T}}d_k = 0$. 由于 d_k 满足下降性, 故有 $s_k^{\mathrm{T}}y_k > 0$.

接下来将 DFP 拟牛顿法的收敛性结论总结如下, 且略去证明.

定理 5.6.3 在采用算法 5.6.3 (DFP 拟牛顿法) 求解最优化问题 (5.30) 时:

(1) 若目标函数 $f(x) = \dfrac{1}{2}x^{\mathrm{T}}\boldsymbol{A}x + b^{\mathrm{T}}x$ 为严格凸二次函数, 且 $H_0 = I$, 则最优步长规则下的 DFP 拟牛顿法具有二次终止性.

(2) 设 x^* 为极小值点, 若目标函数 $f(x)$ 的 Hessian 矩阵 $\nabla^2 f(x)$ 正定且 L-Lipschitz 连续, 则 DFP 拟牛顿法取固定步长 $\alpha_k \equiv 1$(或 $\alpha_k \to 1$) 时局部 Q-超线性收敛于 x^*.

(3) 若目标函数 $f(x)$ 为凸函数, 则最优步长规则下 DFP 拟牛顿法具有全局收敛性.

下面定理说明当目标函数为强凸函数时, DFP 拟牛顿法的 Q-超线性收敛.

定理 5.6.4 若最优化问题 (5.30) 的目标函数 $f(x)$ 为强凸函数且二阶连续可微, 则算法 5.6.3 (DFP 拟牛顿法) 在最优步长规则下的迭代点列 $\{x_k\}$ Q-超线性收敛于 $f(x)$ 的唯一极小值点 x^*.

5.6.3 BFGS 拟牛顿法

与 DFP 类似, BFGS 校正公式也采用一个秩不大于 2 的对称矩阵对 $\boldsymbol{B}_k$ 进行修正得到矩阵 $\boldsymbol{B}_{k+1}$, 并使其满足拟牛顿方程. 具体校正公式如下:

$$\boldsymbol{B}_{k+1}^{\mathrm{BFGS}} = \boldsymbol{B}_k + \frac{y_k y_k^{\mathrm{T}}}{y_k^{\mathrm{T}}s_k} - \frac{\boldsymbol{B}_k s_k s_k^{\mathrm{T}}\boldsymbol{B}_k}{s_k^{\mathrm{T}}\boldsymbol{B}_k s_k}. \tag{5.37}$$

相应地,

$$\boldsymbol{H}_{k+1}^{\mathrm{BFGS}} = \left(\boldsymbol{I} - \frac{s_k y_k^{\mathrm{T}}}{s_k^{\mathrm{T}}y_k}\right)\boldsymbol{H}_k\left(\boldsymbol{I} - \frac{y_k s_k^{\mathrm{T}}}{s_k^{\mathrm{T}}y_k}\right) + \frac{s_k s_k^{\mathrm{T}}}{s_k^{\mathrm{T}}y_k}. \tag{5.38}$$

显然 BFGS 校正公式与 DFP 校正公式在形式上具有某种一致性: 将两公式中的 y_k 与 s_k 对换, $\boldsymbol{H}_k$ 与 $\boldsymbol{B}_k$ 对换, 就可得到对方. 因此将它们称为对偶公式.

相应的 BFGS 拟牛顿法的框架如下.

算法 5.6.4 BFGS 拟牛顿法

步骤 1. 给定初始点 $x_0 \in \mathbb{R}^n$, $\boldsymbol{B}_0 \in \mathbb{R}^{n\times n}$ 及参数 $\epsilon \geqslant 0$, 令 $k=0$.

步骤 2. 若梯度满足 $\|\nabla f(x_k)\| \leqslant \epsilon$, 则算法停止; 否则, 进入下一步.

步骤 3. 确定搜索方向

$$d_k = -\boldsymbol{B}_k^{-1}\nabla f(x_k).$$

步骤 4. 步长 α_k 由适当的步长规则产生.

步骤 5. 更新迭代点

$$x_{k+1} = x_k + \alpha_k d_k.$$

步骤 6. 计算矩阵

$$\boldsymbol{B}_{k+1} = \boldsymbol{B}_k + \frac{y_k y_k^{\mathrm{T}}}{y_k^{\mathrm{T}} s_k} - \frac{\boldsymbol{B}_k s_k s_k^{\mathrm{T}} \boldsymbol{B}_k}{s_k^{\mathrm{T}} \boldsymbol{B}_k s_k},$$

令 $k=k+1$, 返回步骤 2.

若矩阵 $\boldsymbol{B}_k$ 正定, 则拟牛顿方向 $d_k = -\boldsymbol{B}_k^{-1}\nabla f(x_k)$ 为下降方向. 与定理 5.6.2 类似, 可得 BFGS 校正公式具有 $\boldsymbol{B}_k$ 正定性的遗传性.

定理 5.6.5 假设矩阵 $\boldsymbol{B}_k$ 正定, 则 $\boldsymbol{B}_{k+1}$ 正定的充分必要条件是 $s_k^{\mathrm{T}} y_k > 0$.

若目标函数为严格凸二次函数, 则 DFP 算法和 BFGS 算法的数值效果类似, 若目标函数为一般的非线性函数, 则 DFP 算法比 BFGS 算法的数值效果会差很多, 这是源于 BFGS 算法有较强的自我校正能力, 即一旦出现 H_k 对目标函数的 Hessian 矩阵的逆近似很差的情况, BFGS 校正公式与 DFP 校正公式相比能进行有效校正. 鉴于 BFGS 校正公式强的稳定性, 它成为最受欢迎的拟牛顿法. 不过, BFGS 校正公式的这种能力也仅限于特定的步长, 如 Wolfe 步长.

接下来讨论 BFGS 拟牛顿法的收敛情况, 且略去其证明.

定理 5.6.6 设最优化问题 (5.30) 的目标函数 $f(x)$ 二阶连续可微, 且 Hessian 矩阵 $\nabla^2 f(x)$ 是 L-Lipschitz 连续的. 若 x^* 为极小值点, 且 $\nabla^2 f(x^*)$ 正定, 则算法 5.6.4 (BFGS 拟牛顿法) 在取固定步长 $\alpha_k \equiv 1$(或 $\alpha_k \to 1$) 时局部 Q-超线性收敛于 x^*.

下述结论说明在非精确线搜索下 BFGS 拟牛顿法具有全局收敛性.

定理 5.6.7 若最优化问题 (5.30) 的目标函数 $f(x)$ 为凸函数且在有界集 $\{x \in \mathbb{R}^n \mid f(x) \leqslant f(x_0)\}$ 上二阶连续可微, 则对任意的正定矩阵 $\boldsymbol{B}_0$, 算法 5.6.4 (BFGS 拟牛顿法) 在 Wolfe 线搜索下产生的迭代点列 x_k 或者有限步终止于 x^*, 或者满足

$$\lim_{k\to+\infty} \|\nabla f(x_k)\| = 0.$$

证明 由假设可得存在常数 $M>0$, 使得对任意的 k 满足

$$\frac{\|y_k\|^2}{s_k^{\mathrm{T}}y_k}\leqslant M.$$

故由 BFGS 修正公式可得

$$\operatorname{tr}(\boldsymbol{B}_{k+1})=\operatorname{tr}(\boldsymbol{B}_0)-\sum_{i=0}^{k}\frac{\|\boldsymbol{B}_is_i\|^2}{s_i^{\mathrm{T}}\boldsymbol{B}_is_i}+\sum_{i=0}^{k}\frac{\|y_i\|^2}{s_i^{\mathrm{T}}y_i}\leqslant -\sum_{i=0}^{k}\frac{\|\boldsymbol{B}_is_i\|^2}{s_i^{\mathrm{T}}\boldsymbol{B}_is_i}+\bar{M}k,$$

其中 $\bar{M}=M+\dfrac{\operatorname{tr}(\boldsymbol{B}_0)}{k}$. 从而有

$$\det(\boldsymbol{B}_{k+1})\leqslant\left(\frac{\operatorname{tr}(\boldsymbol{B}_{k+1})}{n}\right)^n\leqslant\left(\frac{\bar{M}k}{n}\right)^n,$$

以及

$$\sum_{i=1}^{k}\frac{\|\boldsymbol{B}_is_i\|^2}{s_i^{\mathrm{T}}\boldsymbol{B}_is_i}\leqslant\bar{M}k.$$

由上式可得

$$\prod_{i=1}^{k}\frac{\|\boldsymbol{B}_is_i\|^2}{s_i^{\mathrm{T}}\boldsymbol{B}_is_i}\leqslant\bar{M}^k.$$

又因为 $\det(\boldsymbol{B}_{k+1})=\dfrac{s_k^{\mathrm{T}}y_k}{s_k^{\mathrm{T}}\boldsymbol{B}_ks_k}\det(\boldsymbol{B}_k)$, 故

$$\textstyle\prod_{i=1}^{k}\dfrac{s_i^{\mathrm{T}}y_i}{s_i^{\mathrm{T}}\boldsymbol{B}_is_i}=\dfrac{\det(\boldsymbol{B}_{k+1})}{\det(\boldsymbol{B}_1)}.$$

从而有

$$\prod_{i=1}^{k}\frac{\|\boldsymbol{B}_is_i\|^2\ s_i^{\mathrm{T}}y_i}{(s_i^{\mathrm{T}}\boldsymbol{B}_is_i)^2}\leqslant\frac{\left(\dfrac{\bar{M}k}{n}\right)^n\bar{M}^k}{\det(\boldsymbol{B}_1)}\leqslant(\hat{M})^k,$$

其中 $\hat{M}>0$ 是某一常数. 由 Wolfe 线搜索的第二个条件可得

$$s_k^{\mathrm{T}}y_k\geqslant-(1-\sigma_2)s_k^{\mathrm{T}}\nabla f(x_k).$$

从而有

$$\prod_{i=1}^{k}\frac{\|\nabla f(x_i)\|^2}{-s_i^{\mathrm{T}}\nabla f(x_i)}\leqslant\left(\frac{\hat{M}}{1-\sigma_2}\right)^k.$$

由 Wolfe 线搜索的第一个条件可得

$$\sum_{i=1}^{+\infty}-s_i^{\mathrm{T}}\nabla f(x_i)<+\infty,$$

于是

$$\lim_{k\to+\infty} -s_k^{\mathrm{T}}\nabla f(x_k)=0.$$

综上

$$\liminf_{k\to+\infty}\|\nabla f(x_k)\|^2=0.$$

又因为 $f(x)$ 是凸函数, 故结论得证. □

5.6.4　有限内存 BFGS 拟牛顿法

BFGS 拟牛顿法对于中小规模的无约束优化问题十分有效. 但随着问题规模变大, 算法需要的内存量将变大, 使得原始的 BFGS 算法效率有所下降, 因此提出了有限内存的 BFGS 算法. 该算法的基本出发点是减少内存. 基于 $\boldsymbol{H}_k$ 的 BFGS 修正公式

$$\boldsymbol{H}_{k+1}=\left(\mathrm{I}-\frac{s_k y_k^{\mathrm{T}}}{s_k^{\mathrm{T}}y_k}\right)\boldsymbol{H}_k\left(\boldsymbol{I}-\frac{y_k s_k^{\mathrm{T}}}{s_k^{\mathrm{T}}y_k}\right)+\frac{s_k s_k^{\mathrm{T}}}{s_k^{\mathrm{T}}y_k},$$

令 $\rho_k=\dfrac{1}{s_k^{\mathrm{T}}y_k}$, $\boldsymbol{V}_k=(\boldsymbol{I}-\rho_k y_k s_k^{\mathrm{T}})$, 则有

$$\begin{aligned}\boldsymbol{H}_{k+1}=&\left(\boldsymbol{V}_k^{\mathrm{T}}\cdots\boldsymbol{V}_{k-i}^{\mathrm{T}}\right)\boldsymbol{H}_{k-i}(\boldsymbol{V}_{k-i}\cdots\boldsymbol{V}_k)\\&+\sum_{j=0}^{i}\rho_{k-i+j}\left(\prod_{l=0}^{i-j-1}\boldsymbol{V}_{k-l}^{\mathrm{T}}\right)s_{k-i+j}s_{k-i+j}^{\mathrm{T}}\left(\prod_{l=0}^{i-j-1}\boldsymbol{V}_{k-l}^{\mathrm{T}}\right)^{\mathrm{T}}.\end{aligned}$$

从而可得 $m+1$ 步的有限 BFGS 校正公式

$$\begin{aligned}\boldsymbol{H}_{k+1}=&\boldsymbol{V}_k^{\mathrm{T}}\cdots\boldsymbol{V}_{k-m}^{\mathrm{T}}\boldsymbol{H}_k^0\boldsymbol{V}_{k-m}\cdots\boldsymbol{V}_k\\&+\sum_{j=0}^{m}\rho_{k-m+j}\left(\prod_{l=0}^{m-j-1}\boldsymbol{V}_{k-l}^{\mathrm{T}}\right)s_{k-m+j}s_{k-m+j}^{\mathrm{T}}\left(\prod_{l=0}^{m-j-1}\boldsymbol{V}_{k-l}^{T}\right)^{\mathrm{T}},\end{aligned}$$

其中 $\boldsymbol{H}_k^0$ 是预先给定的简单的正定阵或者由某种方式自动产生, 比如:

$$\boldsymbol{H}_k^{(0)}=\frac{s_k^{\mathrm{T}}y_k}{\|y_k\|^2}\boldsymbol{I}.$$

由此可知, 有限内存 BFGS 算法过程中只需存储 $s_i,\ y_i,\ i=k-m,\cdots,k$.

具体的有限内存 BFGS 算法的一般框架如下.

算法 5.6.5　有限内存 BFGS 拟牛顿法

步骤 1.　给定初始点 $x_0\in\mathbb{R}^n$, 对称正定矩阵 $\boldsymbol{H}_0\in\mathbb{R}^{n\times n}$, 非负整数 m, 令 $k=0$.

步骤 2. 若梯度满足 $\|\nabla f(x_k)\|\leqslant\epsilon$, 则算法停止; 否则, 进入下一步.

步骤 3. 确定搜索方向

$$d_k = -\boldsymbol{H}_k \nabla f(x_k).$$

步骤 4. 由 Wolfe 线搜索确定步长 $\alpha_k > 0$.

步骤 5. 更新迭代点

$$x_{k+1} = x_k + \alpha_k d_k.$$

步骤 6. 记 $\hat{m} = \min\{k, m\}$, 若 $k = 0$, 则 $\boldsymbol{H}_k^{(0)} = \boldsymbol{H}_0$, 否则, $\boldsymbol{H}_k^{(0)} = \dfrac{s_k^{\mathrm{T}} y_k}{\|y_k\|^2}\boldsymbol{I}$, 计算矩阵

$$\begin{aligned}\boldsymbol{H}_{k+1} &= \boldsymbol{V}_k^{\mathrm{T}} \cdots \boldsymbol{V}_{k-m}^{\mathrm{T}} \boldsymbol{H}_k^{(0)} \boldsymbol{V}_{k-m} \cdots \boldsymbol{V}_k \\ &\quad + \sum_{j=0}^{\hat{m}} \rho_{k-\hat{m}+j} \left(\prod_{l=0}^{\hat{m}-j-1} \boldsymbol{V}_{k-l}^{\mathrm{T}} \right) s_{k-\hat{m}+j} s_{k-\hat{m}+j}^{\mathrm{T}} \left(\prod_{l=0}^{\hat{m}-j-1} \boldsymbol{V}_{k-l}^{\mathrm{T}} \right)^{\mathrm{T}}.\end{aligned}$$

令 $k = k + 1$, 返回步骤 2.

通过下述结论可知, 当目标函数为强凸函数时, 易得 $\boldsymbol{B}_k$ 和 $\boldsymbol{H}_k$ 一致有界, 从而算法收敛.

定理 5.6.8 若最优化问题 (5.30) 的目标函数为强凸函数且二阶连续可微, 则算法 5.6.5 (有限内存 BFGS 拟牛顿法) 的迭代点列 $\{x_k\}$ 至少 R-线性收敛于 $f(x)$ 的唯一极小点.

证明 由于目标函数 $f(x)$ 强凸, 故点列 $\{x_k\}$ 必有界且存在常数 M, 使得

$$\frac{\|y_k\|^2}{s_k^{\mathrm{T}} y_k} \leqslant M, \quad \frac{\|s_k\|^2}{s_k^{\mathrm{T}} y_k} \leqslant M.$$

从而有

$$\|\boldsymbol{V}_k\| \leqslant 1 + M.$$

不失一般性, 假设 $\|\boldsymbol{H}_0\| \leqslant M$, 则对任意的 k, 均有

$$\|\boldsymbol{H}_{k+1}\| \leqslant (m+1)(1+M)^{2(m+1)} M.$$

另一方面, 由 $\boldsymbol{H}_{k+1}$ 的迭代更新可得

$$\boldsymbol{B}_k^{i+1} = \boldsymbol{B}_k^i - \frac{\boldsymbol{B}_k^i s_{k-\hat{m}+i} s_{k-\hat{m}+i}^{\mathrm{T}} \boldsymbol{B}_k^i}{s_{k-\hat{m}+i}^{\mathrm{T}} \boldsymbol{B}_k^i s_{k-\hat{m}+i}} + \frac{y_{k-\hat{m}+i} y_{k-\hat{m}+i}^{\mathrm{T}}}{s_{k-\hat{m}+i}^{\mathrm{T}} y_{k-\hat{m}+i}}.$$

$\boldsymbol{B}_k^{(0)} = [\boldsymbol{H}_k^{(0)}]^{-1}$, 从而有 $\boldsymbol{B}_k^{(\hat{m}+1)} = \boldsymbol{B}_{k+1} = \boldsymbol{H}_{k+1}^{-1}$, 进而可得

$$\operatorname{tr}(\boldsymbol{B}_{k+1}) \leqslant mM,$$

故存在 $\delta>0$, 使得对任意 k 都有下式成立:

$$\cos(d_k,-\nabla f(x_k))\geqslant\delta>0.$$

从而存在 $\delta'\in(0,1)$, 使得

$$f(x_{k+1})-f(x^*)\leqslant\delta'[f(x_k)-f(x^*)].$$

由目标函数的强凸性得, 存在 $\bar{\delta}>0$, 使得

$$\begin{aligned}\|x_k-x_*\|&\leqslant\bar{\delta}[f(x_k)-f(x^*)]^{\frac{1}{2}}\\&\leqslant\bar{\delta}(\delta')^{-1/2}[f(x_1)-f(x^*)]^{\frac{1}{2}}(\sqrt{\delta'})^k.\end{aligned}$$

即 $\{x_k\}$ R-线性收敛于 x^*. □

若 $m=0$, 则可将定理 5.6.8 的结果推广到一般的凸函数.

定理 5.6.9 若最优化问题 (5.30) 的目标函数 $f(x)$ 为连续可微的凸函数, 且梯度 $\nabla f(x)$ 是 L-Lipschitz 连续的, 算法 5.6.5 (有限内存 BFGS 拟牛顿法) 在 $m=0$ 情况下满足

$$\lim_{k\to+\infty}f(x_k)=-\infty$$

或者

$$\lim_{k\to+\infty}\|\nabla f(x_k)\|=0.$$

证明 反证法. 假定结论不成立, 则必有

$$\sum_{k=1}^{+\infty}[f(x_k)-f(x_{k+1})]<+\infty,$$

$$\limsup_{k\to+\infty}\|\nabla f(x_k)\|>0.$$

由于 $f(x)$ 是凸函数, 故存在常数 $\delta>0$, 使得对任意 k 有

$$\|\nabla f(x_k)\|\geqslant\delta.$$

因为 $m=0$, 故

$$\begin{aligned}\boldsymbol{B}_{k+1}&=\frac{\|y_k\|^2}{s_k^{\mathrm{T}}y_k}\left(\boldsymbol{I}-\frac{s_ks_k^{\mathrm{T}}}{s_k^{\mathrm{T}}s_k}\right)+\frac{y_ky_k^{\mathrm{T}}}{s_k^{\mathrm{T}}y_k},\\\boldsymbol{H}_{k+1}&=\frac{s_k^{\mathrm{T}}y_k}{\|y_k\|^2}\boldsymbol{I}-\frac{s_ky_k^{\mathrm{T}}+y_ks_k^{\mathrm{T}}}{\|y_k\|^2}+2\frac{s_ks_k^{\mathrm{T}}}{s_k^{\mathrm{T}}y_k}.\end{aligned}$$

所以

$$\mathrm{tr}(\boldsymbol{B}_{k+1})=n\frac{\|y_k\|^2}{s_k^{\mathrm{T}}y_k},$$

$$\mathrm{tr}(\boldsymbol{H}_{k+1}) = (n-2)\frac{s_k^{\mathrm{T}}y_k}{\|y_k\|^2} + 2\frac{\|s_k\|^2}{s_k^{\mathrm{T}}y_k} \leqslant n\frac{\|s_k\|^2}{s_k^{\mathrm{T}}y_k}.$$

由 Wolfe 线搜索得

$$s_k^{\mathrm{T}}y_k > (1-\sigma_2)\alpha_k\nabla f(x_k)^{\mathrm{T}}\boldsymbol{H}_k\nabla f(x_k).$$

因为目标函数梯度是 L-Lipschitz 连续的, 故

$$\frac{\|y_k\|^2}{s_k^{\mathrm{T}}y_k} \leqslant L.$$

从而有

$$\begin{aligned}
+\infty &> \sum_{k=0}^{+\infty}[f(x_k)-f(x_{k+1})] \\
&\geqslant \sigma_1\sum_{k=0}^{+\infty}[-s_k^{\mathrm{T}}\nabla f(x_k)] \\
&= \sigma_1\sum_{k=0}^{+\infty}\alpha_k\nabla f(x_k)^{\mathrm{T}}\boldsymbol{H}_k\nabla f(x_k) \\
&\geqslant \sigma_1\delta^2\sum_{k=0}^{+\infty}\frac{\alpha_k}{\mathrm{tr}(\boldsymbol{B}_k)} \\
&\geqslant \sigma_1\delta^2(nL)^{-1}\sum_{k=0}^{+\infty}\alpha_k,
\end{aligned}$$

即 $\alpha_k \to 0$, 且

$$\mathrm{tr}(\boldsymbol{H}_{k+1}) \leqslant n\frac{\alpha_k\nabla f(x_k)^{\mathrm{T}}\boldsymbol{H}_k^2\nabla f(x_k)}{(1-\sigma_2)\nabla f(x_k)^{\mathrm{T}}\boldsymbol{H}_k\nabla f(x_k)} \leqslant \frac{n\alpha_k}{(1-\sigma_2)}\mathrm{tr}(\boldsymbol{H}_k).$$

从而必有 $\mathrm{tr}(\boldsymbol{H}_k)\to 0$, 矛盾. 从而结论得证. □

在实际计算中, 显然 m 的大小取决于问题的维数、机器容许的内存. 一般来说, m 的取值在 3 至 8 之间[74].

第 6 章　加速与高阶算法及正则化

设计算法十分重要, 通常有两方面的要求: 一方面希望它的收敛速度快, 另一方面希望它具有全局收敛性. 对于前者, 本章给出对已有算法的加速方法; 对于后者, 本章介绍将局部收敛算法改进为全局收敛算法的正则化技巧. 确切地说, 本章首先介绍加速邻近梯度法, 然后研究三次正则化牛顿法及其加速版本, 最后讨论张量方法及其正则化加速.

6.1　加速邻近梯度法

本节主要研究算法 5.4.1 (邻近梯度法) 的加速. 首先介绍一般的 Nesterov 加速法, 然后给出特殊的 Nesterov 加速法, 即 FISTA 算法. 在此之前先回顾目标函数可分成两部分的无约束优化问题 (5.18) 如下:

$$\min_{x\in\mathbb{R}^n} f(x) = g(x) + h(x), \tag{6.1}$$

其中有效域 $\mathrm{dom}f = \mathbb{R}^n$. 假设该优化问题存在最优解 x^*, 最优值 $f(x^*)$ 是有限值, 且函数 $g(x)$, $h(x)$ 满足如下条件:

(1) $g(x)$ 为可微的凸函数, 且梯度 $\nabla g(x)$ 是 L-Lipschitz 连续的;

(2) $h(x)$ 为闭凸函数, 且关于 h 的邻近算子的计算不昂贵;

(3) 存在常数 $c \geqslant 0$ 使得 $g(x) - \dfrac{c}{2}x^{\mathrm{T}}x$ 为凸函数.

特别地, 当函数 $h(x) = 0$ 时, 优化问题 (6.1) 变为一般的无约束优化问题, 相应的邻近梯度法则退化为经典的梯度法. 因此我们仅讨论加速邻近梯度法, 而将加速梯度法看作它的一种特殊情况, 不再单独研究.

对于最优化问题 (6.1), 通常采用邻近梯度法求解. 为了提高该算法的收敛速率, 一般采用增加惯性项的方式来实现. 具体地, 我们将分两小节进行讨论, 6.1.1 小节主要讨论一般的 Nesterov 加速法及其收敛性质, 由于 FISTA 方法作为 Nesterov 加速法的特殊情况具有更广泛的应用, 因此将其单独作为 6.1.2 小节进行讨论.

6.1.1　Nesterov 加速法

Nesterov 于 1983 年在文献 [84] 中首次提出了加速梯度法, 该算法达到了 Nemirovskii 于 1979 年在文献 [83] 中证明的一阶方法最优全局收敛率, 即 $O(1/k^2)$.

其本质思想是恰当利用上一步更新的方向, 即 “惯性”, 达到加速的目的. 现在我们根据这一思想构建加速邻近梯度法, 它是比加速梯度法更为一般的算法. 事实上, 当无约束优化问题 (6.1) 的目标函数中 $h(x)=0$ 时, 它就是加速梯度法.

求解最优化问题 (6.1) 的 Nesterov 加速邻近梯度法的框架如下.

算法 6.1.1 Nesterov 加速邻近梯度法

步骤 1. 给定初始点 $x_0=v_0=y_1\in\mathbb{R}^n$, $\gamma_0>0$ 及参数 $\epsilon\geqslant 0$, 令 $k=1$.

步骤 2. 沿负梯度 $-\nabla g(y_k)$ 方向的搜索步长 α_k 由适当的步长规则产生.

步骤 3. 计算 $\theta_k>0$, 满足

$$\frac{\theta_k^2}{\alpha_k}=(1-\theta_k)\gamma_{k-1}+c\theta_k,$$

并令 $\gamma_k=\dfrac{\theta_k^2}{\alpha_k}$.

步骤 4. 迭代更新步:

$$\begin{aligned}
y_k&=x_{k-1}+\frac{\theta_k\gamma_{k-1}}{\gamma_{k-1}+c\theta_k}(v_{k-1}-x_{k-1}),\\
x_k&=\operatorname{Prox}_{\alpha_k h}(y_k-\alpha_k\nabla g(y_k)),\\
v_k&=x_{k-1}+\frac{1}{\theta_k}(x_k-x_{k-1}).
\end{aligned}$$

步骤 5. 若 $\|x_k-x_{k-1}\|\leqslant\epsilon$, 算法停止; 否则, 令 $k=k+1$, 返回步骤 2.

针对上述算法有如下几点说明:

第一、步骤 2 中步长 α_k 一般采用固定步长或 Armijo 步长规则确定.

第二、步骤 3 中参数 $\theta_k>0$, $\gamma_k>0$ 满足

$$\frac{\theta_k^2}{\alpha_k}=(1-\theta_k)\gamma_{k-1}+c\theta_k,\quad \gamma_k=\frac{\theta_k^2}{\alpha_k}.$$

若 $c>0$, 且 $\alpha_k\leqslant\dfrac{1}{L}$, 则 $\alpha_k\leqslant\dfrac{1}{L}<\dfrac{1}{c}$, 即 $c\alpha_k<1$, 从而有 $\theta_k<1$. 进一步, 若 α_k 为常数, 则序列 θ_k 完全由初始值 γ_0 确定. 特别地, 若 $c=0$, 则该算法可以简化为 FISTA 算法, 我们将在下一小节集中讨论.

第三、算法的第一次迭代 $(k=1)$ 相当于在 $y_1=x_0$ 处的一个邻近梯度步, 之后的迭代 $(k\geqslant 2)$ 相当于在外推点 y_k 的邻近梯度步, 即

$$\begin{aligned}
y_k&=x_{k-1}+\frac{\theta_k\gamma_{k-1}}{\gamma_{k-1}+c\theta_k}(v_{k-1}-x_{k-1})\\
&=x_{k-1}+\frac{\theta_k\gamma_{k-1}}{\gamma_{k-1}+c\theta_k}\left(\frac{1-\theta_{k-1}}{\theta_{k-1}}\right)(x_{k-1}-x_{k-2}),
\end{aligned}$$

$$x_k = \mathrm{Prox}_{\alpha_k h}(y_k - \alpha_k \nabla g(y_k)).$$

考虑特殊的参数取值, 若 $c > 0$, 令 $\gamma_0 = c$, 则步骤 2 中的参数满足

$$\gamma_k = c, \quad \theta_k = \sqrt{c\alpha_k}, \quad \forall k \geqslant 1.$$

从而算法的迭代步如下:

$$\begin{aligned} y_k &= x_{k-1} + \frac{\sqrt{\alpha_k}}{\sqrt{\alpha_{k-1}}} \frac{1-\sqrt{c\alpha_{k-1}}}{1+\sqrt{c\alpha_k}}(x_{k-1} - x_{k-2}), \\ x_k &= \mathrm{Prox}_{\alpha_k h}(y_k - \alpha_k \nabla g(y_k)). \end{aligned}$$

进一步, 若固定步长 $\alpha_k = \dfrac{1}{L}$, 则 y_k 的迭代公式进一步简化为

$$y_k = x_{k-1} + \frac{1-\sqrt{c/L}}{1+\sqrt{c/L}}(x_{k-1} - x_{k-2}).$$

由下述结论可知, Nesterov 加速邻近梯度法取参数 $\gamma_0 > c$ 时, 在固定步长 $\alpha_k \equiv \dfrac{1}{L}$ 下与邻近梯度法的收敛定理 (定理 5.4.4) 相比, 收敛速度确实有所提高.

定理 6.1.1　若最优化问题 (6.1) 的目标函数中 $g(x)$ 为可微模 c 强凸函数且梯度 $\nabla g(x)$ 是 L-Lipschitz 连续的, $h(x)$ 为闭凸函数, 则算法 6.1.1（Nesterov 加速邻近梯度法）在给定初始参数 γ_0 下取固定步长 $\alpha_k \equiv \dfrac{1}{L}$ 或 Armijo 步长时, 算法的收敛率由 $\lambda_k = \prod\limits_{i=1}^{k}(1-\theta_i)$ 确定, 即

$$f(x_k) - f(x^*) \leqslant \lambda_k \left[f(x_0) - f(x^*) + \frac{\gamma_0}{2}\|x_0 - x^*\|^2 \right].$$

进一步, 若初始参数 $\gamma_0 > c$, 则在固定步长 $\alpha_k \equiv \dfrac{1}{L}$ 下有

$$f(x_k) - f(x^*) \leqslant \left(1-\sqrt{c/L}\right)^k \left[f(x_0) - f(x^*) + \frac{\gamma_0}{2}\|x_0 - x^*\|^2 \right].$$

证明　与算法 5.4.1 类似, 为了分析方便, 令

$$G_{\alpha_k}(y_k) = \frac{1}{\alpha_k}[y_k - \mathrm{Prox}_{\alpha_k h}(y_k - \alpha_k \nabla g(y_k))], \tag{6.2}$$

则 Nesterov 加速邻近梯度法第 k 步迭代更新公式如下:

$$\begin{aligned} y_k &= x_{k-1} + \frac{\theta_k \gamma_{k-1}}{\gamma_{k-1} + c\theta_k}(v_{k-1} - x_{k-1}), \\ x_k &= y_k - \alpha_k G_{\alpha_k}(y_k), \\ v_k &= x_{k-1} + \frac{1}{\theta_k}(x_k - x_{k-1}). \end{aligned} \tag{6.3}$$

且易证得 (详见本定理证明之后的说明)v_k, v_{k-1} 及 y_k 满足下式:

$$\gamma_k v_k = (1-\theta_k)\gamma_{k-1}v_{k-1} + c\theta_k y_k - \theta_k G_{\alpha_k}(y_k). \tag{6.4}$$

由 γ_k 的定义, 再结合上述等式可得

$$\begin{aligned}
&\theta_k G_{\alpha_k}(y_k)^{\mathrm{T}}(x^*-y_k)\\
=&[(1-\theta_k)\gamma_{k-1}v_{k-1}+c\theta_k y_k-\gamma_k v_k]^{\mathrm{T}}(x^*-y_k)\\
=&[(1-\theta_k)\gamma_{k-1}(v_{k-1}-x^*)+c\theta_k(y_k-x^*)-\gamma_k(v_k-x^*)]^{\mathrm{T}}(x^*-y_k)\\
=&(1-\theta_k)\gamma_{k-1}(v_{k-1}-x^*)^{\mathrm{T}}(x^*-y_k)-c\theta_k\|x^*-y_k\|^2\\
&-\gamma_k(v_k-x^*)^{\mathrm{T}}(x^*-y_k)\\
=&\frac{1}{2}[(1-\theta_k)\gamma_{k-1}][\|v_{k-1}-y_k\|^2-\|v_{k-1}-x^*\|^2-\|x^*-y_k\|^2]\\
&-c\theta_k\|x^*-y_k\|^2-\frac{\gamma_k}{2}[\|v_k-y_k\|^2-\|v_k-x^*\|^2-\|x^*-y_k\|^2]\\
=&\frac{1}{2}[(1-\theta_k)\gamma_{k-1}][\|v_{k-1}-y_k\|^2-\|v_{k-1}-x^*\|^2]-\frac{c\theta_k}{2}\|x^*-y_k\|^2\\
&-\frac{\gamma_k}{2}[\|v_k-y_k\|^2-\|v_k-x^*\|^2],
\end{aligned}\tag{6.5}$$

$$\begin{aligned}
&\frac{\gamma_k}{2}\|y_k-v_k\|^2\\
=&\frac{1}{2\gamma_k}\|(1-\theta_k)\gamma_{k-1}(y_k-v_{k-1})+\theta_k G_{\alpha_k}(y_k)\|^2\\
=&\frac{1}{2\gamma_k}[(1-\theta_k)^2\gamma_{k-1}^2]\|y_k-v_{k-1}\|^2+\frac{\alpha_k}{2}\|G_{\alpha_k}(y_k)\|^2\\
&+\frac{1}{\gamma_k}[\theta_k(1-\theta_k)\gamma_{k-1}]G_{\alpha_k}(y_k)^{\mathrm{T}}(y_k-v_{k-1})\\
=&(1-\theta_k)\left[\frac{1}{2\gamma_k}[\gamma_{k-1}(\gamma_k-c\theta_k)]\|y_k-v_{k-1}\|^2+G_{\alpha_k}(y_k)^{\mathrm{T}}(x_{k-1}-y_k)\right]\\
&+\frac{\alpha_k}{2}\|G_{\alpha_k}(y_k)\|^2.
\end{aligned}\tag{6.6}$$

又因为 $g(x)$ 为模 c 强凸函数且梯度是 L-Lipschitz 连续的, 故由定理 1.8.4 及定理 1.8.6 分别可得

$$g(y)\geqslant g(x)+\nabla g(x)^{\mathrm{T}}(y-x)+\frac{c}{2}\|y-x\|^2,\quad \forall x,y\in\mathbb{R}^n. \tag{6.7}$$

$$g(y)\leqslant g(x)+\nabla g(x)^{\mathrm{T}}(y-x)+\frac{L}{2}\|y-x\|^2,\quad \forall x,y\in\mathbb{R}^n. \tag{6.8}$$

令 $x=y_k$, $y=y_k-\alpha_k G_{\alpha_k}(y_k)$, 并代入式 (6.7) 与 (6.8) 中可得

$$\frac{c\alpha_k^2}{2}\|G_{\alpha_k}(y_k)\|^2\leqslant g(y_k-\alpha_k G_{\alpha_k}(y_k))-g(y_k)+\alpha_k\nabla g(y_k)^{\mathrm{T}}G_{\alpha_k}(y_k)\leqslant\frac{L\alpha_k^2}{2}\|G_{\alpha_k}(y_k)\|^2.$$

若取固定步长 $\alpha_k \equiv \alpha \in \left(0, \frac{1}{L}\right]$, 则由上式可得

$$
\begin{aligned}
g(y_k - \alpha G_\alpha(y_k)) &\leqslant g(y_k) - \alpha \nabla g(y_k)^{\mathrm{T}} G_\alpha(y_k) + \frac{L\alpha^2}{2}\|G_\alpha(y_k)\|^2 \\
&\leqslant g(y_k) - \alpha \nabla g(y_k)^{\mathrm{T}} G_\alpha(y_k) + \frac{\alpha}{2}\|G_\alpha(y_k)\|^2.
\end{aligned} \tag{6.9}
$$

由不等式 (6.9) 成立且 $\alpha G_\alpha(y_k) \neq 0$, 可得 $c\alpha \leqslant 1$.

从而对于任意 $z \in \mathbb{R}^n$, 结合式 (6.8), (6.9), 类似定理 5.4.4 的证明可得

$$
f(x_k) = f(y_k - \alpha G_\alpha(y_k)) \leqslant f(z) + G_\alpha(y_k)^{\mathrm{T}}(y_k - z) - \frac{\alpha}{2}\|G_\alpha(y_k)\|^2 - \frac{c}{2}\|y_k - z\|^2. \tag{6.10}
$$

取 $z = x_{k-1}$ 和 x^*, 分别代入上式可得

$$
\begin{aligned}
f(x_k) &\leqslant f(x_{k-1}) + G_\alpha(y_k)^{\mathrm{T}}(y_k - x_{k-1}) - \frac{\alpha}{2}\|G_\alpha(y_k)\|^2 - \frac{c}{2}\|y_k - x_{k-1}\|^2. \\
f(x_k) &\leqslant f(x^*) + G_\alpha(y_k)^{\mathrm{T}}(y_k - x^*) - \frac{\alpha}{2}\|G_\alpha(y_k)\|^2 - \frac{c}{2}\|y_k - x^*\|^2.
\end{aligned} \tag{6.11}
$$

将上述两个不等式的左右两边分别乘 $1-\theta_k$ 与 θ_k, 再将所得不等式的左右两边分别相加整理可得

$$
\begin{aligned}
f(x_k) - f(x^*) \leqslant{}& (1-\theta_k)[f(x_{k-1}) - f(x^*)] - G_\alpha(y_k)^{\mathrm{T}}[(1-\theta_k)x_{k-1} + \theta_k x^* - y_k] \\
& - \frac{\alpha}{2}\|G_\alpha(y_k)\|^2 - \frac{c\theta_k}{2}\|y_k - x^*\|^2.
\end{aligned} \tag{6.12}
$$

将上式与式 (6.5), (6.6) 结合, 并令 $\lambda_k = \prod_{i=1}^{k}(1-\theta_i)$, 易得

$$
\begin{aligned}
& f(x_k) - f(x^*) + \frac{\gamma_k}{2}\|x^* - v_k\|^2 \\
\leqslant{}& (1-\theta_k)\bigg[f(x_{k-1}) - f(x^*) - G_\alpha(y_k)^{\mathrm{T}}(x_{k-1} - y_k) \\
& + \frac{\gamma_{k-1}}{2}\|x^* - v_{k-1}\|^2 - \frac{\gamma_{k-1}}{2}\|y_k - v_{k-1}\|^2\bigg] - \frac{\alpha}{2}\|G_\alpha(y_k)\|^2 + \frac{\gamma_k}{2}\|y_k - v_k\|^2. \\
={}& (1-\theta_k)\bigg[f(x_{k-1}) - f(x^*) - G_\alpha(y_k)^{\mathrm{T}}(x_{k-1} - y_k) \\
& + \frac{\gamma_{k-1}}{2}\|x^* - v_{k-1}\|^2 - \frac{\gamma_{k-1}}{2}\|y_k - v_{k-1}\|^2\bigg] \\
& + (1-\theta_k)\left[\frac{\gamma_{k-1}(\gamma_k - c\theta_k)}{2\gamma_k}\|y_k - v_{k-1}\|^2 + G_\alpha(y_k)^{\mathrm{T}}(x_{k-1} - y_k)\right] \\
={}& (1-\theta_k)\left[f(x_{k-1}) - f(x^*) + \frac{\gamma_{k-1}}{2}\|x^* - v_{k-1}\|^2 - \frac{\gamma_{k-1}c\theta_k}{2\gamma_k}\|y_k - v_{k-1}\|^2\right]
\end{aligned}
$$

$$
\begin{aligned}
&\leqslant (1-\theta_k)\left[f(x_{k-1})-f(x^*)+\frac{\gamma_{k-1}}{2}\|x^*-v_{k-1}\|^2\right] \\
&\leqslant \lambda_k\left[f(x_0)-f(x^*)+\frac{\gamma_0}{2}\|x^*-v_0\|^2\right]. \qquad (6.13)
\end{aligned}
$$

又因为 $\gamma_k>0$, 所以

$$
f(x_k)-f(x^*)\leqslant \lambda_k\left[f(x_0)-f(x^*)+\frac{\gamma_0}{2}\|x^*-v_0\|^2\right].
$$

由 $\gamma_k=\dfrac{\theta_k^2}{\alpha}=(1-\theta_k)\gamma_{k-1}+c\theta_k$ 可得

$$
1-\theta_i=\frac{\gamma_i-c\theta_i}{\gamma_{i-1}}\leqslant\frac{\gamma_i}{\gamma_{i-1}},\quad \forall i\in[k],
$$

从而有

$$
\lambda_k=\prod_{i=1}^{k}(1-\theta_i)\leqslant\frac{\gamma_k}{\gamma_0}.
$$

又因为 $\lambda_i\leqslant\lambda_{i-1}$, 故

$$
\frac{1}{\sqrt{\lambda_i}}-\frac{1}{\sqrt{\lambda_{i-1}}}\geqslant\frac{\lambda_{i-1}-\lambda_i}{2\lambda_{i-1}\sqrt{\lambda_i}}=\frac{\theta_i}{2\sqrt{\lambda_i}}\geqslant\frac{\theta_i}{2\sqrt{\gamma_i/\gamma_0}}=\frac{1}{2}\sqrt{\gamma_0\alpha}.
$$

上述不等式分别取 $i=1$ 到 $i=k$, 并将不等式左右分别相加整理, 可得

$$
\frac{1}{\sqrt{\lambda_k}}-\frac{1}{\sqrt{\lambda_0}}\geqslant\frac{1}{2}\sqrt{\gamma_0}\sum_{i=1}^{k}\sqrt{\alpha},
$$

进而有

$$
\lambda_k\leqslant\frac{4}{\left(2/\sqrt{\gamma_0}+\sqrt{\gamma_0}\sum\limits_{i=1}^{k}\sqrt{\alpha}\right)^2}. \qquad (6.14)
$$

若取 $\alpha_k=\dfrac{1}{L}$, 则

$$
\lambda_k\leqslant\frac{4}{(2/\sqrt{\gamma_0}+k\sqrt{\gamma_0/L})^2}. \qquad (6.15)
$$

进而有

$$
\begin{aligned}
f(x_k)-f(x^*)&\leqslant\lambda_k\left[f(x_0)-f(x^*)+\frac{\gamma_0}{2}\|x_0-x^*\|^2\right]\\
&\leqslant\frac{4}{(2/\sqrt{\gamma_0}+k\sqrt{r_0/L})^2}\left[f(x_0)-f(x^*)+\frac{\gamma_0}{2}\|x_0-x^*\|^2\right].
\end{aligned}
$$

若采用 Armijo 步长, 即在第 k 步取步长 $\alpha_k\geqslant\alpha_{k\min}=\min\left\{\hat{\alpha}_k,\dfrac{\beta}{L}\right\}$, 与固定

步长下收敛性的证明类似, 仅在 λ_k 的放缩不同, 即

$$\lambda_k \leqslant \frac{4}{\left(2/\sqrt{\gamma_0}+\sqrt{\gamma_0}\sum_{i=1}^{k}\sqrt{\alpha_i}\right)^2} \leqslant \frac{4}{(2/\sqrt{\gamma_0}+k\sqrt{\gamma_0\alpha_{k\min}})^2}.$$

类似可证结论成立, 详细过程可参照固定步长的证明.

进一步, 若初始参数 $\gamma_0 > c$, 则由 $\gamma_k = (1-\theta_k)\gamma_{k_1} + c\theta_k$ 易得对任意的 $i = 1,2,\cdots,k$, 皆有 $\gamma_i > c$. 又因为 $\gamma_i = \dfrac{\theta_i^2}{\alpha_i}$, 所以 $\theta_i = \sqrt{\gamma_i\alpha_i} \geqslant \sqrt{c\alpha_i}$, 从而有

$$\lambda_k = \prod_{i=1}^{k}(1-\theta_i) \leqslant \prod_{i=1}^{k}(1-\sqrt{c\alpha_i}).$$

此时, 在固定步长 $\alpha_k \equiv \dfrac{1}{L}$ 下有

$$\lambda_k \leqslant (1-\sqrt{c/L})^k,$$

从而

$$f(x_k)-f(x^*) \leqslant \left(1-\sqrt{c/L}\right)^k\left[f(x_0)-f(x^*)+\frac{\gamma_0}{2}\|x_0-x^*\|^2\right]. \qquad \square$$

对于上述证明我们给出如下说明:

要想获得式 (6.4), 首先将 v_k, x_k 的迭代步结合, 并借助 $\gamma_k = \dfrac{\theta_k^2}{\alpha_k}$ 得到

$$v_k = x_{k-1}+\frac{1}{\theta_k}[y_k-\alpha_k G_{\alpha_k}(y_k)-x_{k-1}] = \frac{1}{\theta_k}[y_k-(1-\theta_k)x_{k-1}]-\frac{\theta_k}{\gamma_k}G_{\alpha_k}(y_k). \quad (6.16)$$

再结合 y_k 的更新公式得

$$(\gamma_{k-1}+c\theta_k)y_k-\gamma_k x_{k-1} = \theta_k\gamma_{k-1}v_{k-1}.$$

最后将式 (6.16) 的左右两边各乘 $\gamma_k = \gamma_{k-1}+c\theta_k-\theta_k\gamma_{k-1}$, 可得

$$\begin{aligned}
\gamma_k v_k &= \frac{\gamma_k}{\theta_k}[y_k-(1-\theta_k)x_{k-1}]-\theta_k G_{\alpha_k}(y_k)\\
&= \frac{1-\theta_k}{\theta_k}[(\gamma_{k-1}+c\theta_k)y_k-\gamma_k x_{k-1}]+c\theta_k y_k-\theta_k G_{\alpha_k}(y_k)\\
&= (1-\theta_k)\gamma_{k-1}v_{k-1}+c\theta_k y_k-\theta_k G_{\alpha_k}(y_k).
\end{aligned}$$

6.1.2　FISTA 算法

FISTA (Fast Iterative Shrinkage-Thresholding Algorithm) 算法是 Nesterov 加速邻近梯度法的特殊情况, 它不要求目标函数中 $g(x)$ 的强凸性质, 且算法的收敛速率可以达到 $O(1/k^2)$ 次线性收敛, 明显高于邻近梯度法的 $O(1/k)$.

现将求解最优化问题 (6.1) 的 FISTA 加速邻近梯度法的框架呈现如下.

算法 6.1.2 FISTA 加速邻近梯度法

步骤 1. 给定初始点 $x_0 = v_0 = y_1 \in \mathbb{R}^n$ 及参数 $\epsilon \geqslant 0$, 令 $k = 1$.

步骤 2. 沿负梯度 $-\nabla g(y_k)$ 方向的搜索步长 α_k 由适当的步长规则产生.

步骤 3. 若 $k = 1$, 则 $\theta_1 = 1$; 若 $k \geqslant 2$, 则确定参数 θ_k, 满足

$$\frac{1-\theta_k}{\theta_k^2} \leqslant \frac{1}{\theta_{k-1}^2}, \quad \forall k \geqslant 2.$$

步骤 4. 迭代更新步:

$$\begin{aligned} y_k &= x_{k-1} + \theta_k(v_{k-1} - x_{k-1}), \\ x_k &= \mathrm{Prox}_{\alpha_k h}(y_k - \alpha_k \nabla g(y_k)), \\ v_k &= x_{k-1} + \frac{1}{\theta_k}(x_k - x_{k-1}). \end{aligned}$$

步骤 5. 若 $\|x_k - x_{k-1}\| \leqslant \epsilon$, 算法停止; 否则, 令 $k = k+1$ 返回步骤 2.

若步骤 3 中的参数取 $\theta_k = \dfrac{2}{k+1}$, 并将算法的中间变量 v_k 去掉, 则当 $k \geqslant 2$ 时, 该算法第 k 步的迭代更新公式如下:

$$\begin{aligned} y_k &= x_{k-1} + \frac{k-2}{k+1}(x_{k-1} - x_{k-2}), \\ x_k &= \mathrm{Prox}_{\alpha_k h}(y_k - \alpha_k \nabla g(y_k)). \end{aligned}$$

当 $k = 1$ 时, 即算法的第一步迭代, 相当于在初始点 x_0 处的邻近梯度步.

定理 6.1.2 若最优化问题 (6.1) 的目标函数中 $g(x)$ 为可微凸函数且梯度 $\nabla g(x)$ 是 L-Lipschitz 连续的, $h(x)$ 为闭凸函数, 则算法 6.1.2 (FISTA 加速邻近梯度法) 在参数 $\theta_k = \dfrac{2}{k+1}$, 且步长 α_k 取固定步长或 Armijo 步长规则时 $O(1/k^2)$ 次线性收敛.

证明 由参数 θ_k 的定义得, 对于参数序列 $\theta_k = \dfrac{2}{k+1}$ 满足 $\theta_1 = 1$ 且

$$\frac{1-\theta_k}{\theta_k^2} \leqslant \frac{1}{\theta_{k-1}^2}, \quad \forall k \geqslant 2. \tag{6.17}$$

下述结论类似于定理 6.1.1 的证明中的式 (6.11), 只不过其中的 $c = 0$, $G_{\alpha_k}(y_k) = \dfrac{y_k - x_k}{\alpha_k}$ (由式 (6.3)) 及简单变换后, 即得下式:

$$f(x_k) \leqslant f(x_{k-1}) + \frac{1}{\alpha_k}(x_k - y_k)^{\mathrm{T}}(x_{k-1} - x_k) + \frac{1}{2\alpha_k}\|x_k - y_k\|^2,$$

$$f(x_k) \leqslant f(x^*) + \frac{1}{\alpha_k}(x_k - y_k)^{\mathrm{T}}(x^* - x_k) + \frac{1}{2\alpha_k}\|x_k - y_k\|^2.$$

现用 $(1-\theta_k)$ 与第一个式子相乘, θ_k 与第二个式子相乘, 并将所得的两个式子相加得

$$\begin{aligned}
& f(x_k) - \theta_k f(x^*) - (1-\theta_k) f(x_{k-1}) \\
= & f(x_k) - f(x^*) - (1-\theta_k)[f(x_{k-1}) - f(x^*)] \\
\leqslant & \frac{1}{\alpha_k}(x_k - y_k)^{\mathrm{T}}[\theta_k x^* + (1-\theta_k)x_{k-1} - x_k] + \frac{1}{2\alpha_k}\|x_k - y_k\|^2 \\
= & \frac{1}{2\alpha_k}[\|y_k - (1-\theta_k)x_{k-1} - \theta_k x^*\|^2 - \|x_k - (1-\theta_k)x_{k-1} - \theta_k x^*\|^2] \\
= & \frac{\theta_k^2}{2\alpha_k}[\|v_{k-1} - x^*\|^2 - \|v_k - x^*\|^2].
\end{aligned}$$

从而有

$$\begin{aligned}
& \frac{\alpha_k}{\theta_k^2}[f(x_k) - f(x^*)] + \frac{1}{2}\|v_k - x^*\|^2 \\
\leqslant & \frac{(1-\theta_k)\alpha_k}{\theta_k^2}[f(x_{k-1}) - f(x^*)] + \frac{1}{2}\|v_{k-1} - x^*\|^2.
\end{aligned} \tag{6.18}$$

若取固定步长 $\alpha_k \equiv \alpha = \dfrac{1}{L}$, 则对式 (6.18) 进行递归, 并借助不等式 (6.17) 可得

$$\begin{aligned}
& \frac{\alpha}{\theta_k^2}[f(x_k) - f(x^*)] + \frac{1}{2}\|v_k - x^*\|^2 \\
\leqslant & \frac{(1-\theta_k)\alpha}{\theta_k^2}[f(x_{k-1}) - f(x^*)] + \frac{1}{2}\|v_{k-1} - x^*\|^2 \\
\leqslant & \frac{\alpha}{\theta_{k-1}^2}[f(x_{k-1}) - f(x^*)] + \frac{1}{2}\|v_{k-1} - x^*\|^2 \\
\leqslant & \cdots \\
\leqslant & \frac{\alpha}{\theta_1^2}[f(x_1) - f(x^*)] + \frac{1}{2}\|v_1 - x^*\|^2 \\
\leqslant & \frac{(1-\theta_1)\alpha}{\theta_1^2}[f(x_0) - f(x^*)] + \frac{1}{2}\|v_0 - x^*\|^2 \\
= & \frac{1}{2}\|v_0 - x^*\|^2. \\
= & \frac{1}{2}\|x_0 - x^*\|^2.
\end{aligned}$$

从而可得

$$f(x_k) - f(x^*) \leqslant \frac{\theta_k^2}{2\alpha}\|x_0 - x^*\|^2 = \frac{2L}{(k+1)^2}\|x_0 - x^*\|^2.$$

因此, FISTA 加速邻近梯度法在固定步长 $\alpha_k = \dfrac{1}{L}$ 且参数 $\theta_k = \dfrac{2}{k+1}$ 时 $O(1/k^2)$ 次线性收敛.

若采用 Armijo 步长规则, 不难证明该算法依然 $O(1/k^2)$ 次线性收敛.

综上可得, FISTA 加速邻近梯度法在参数 $\theta_k = \dfrac{2}{k+1}$ 时, 固定步长及 Armijo 步长规则下的收敛率皆为 $O(1/k^2)$. □

由上述结论可知, FISTA 算法在固定步长及 Armijo 步长规则下 $O(1/k^2)$ 次线性收敛, 而定理 5.4.4 说明邻近梯度法在相同条件下 $O(1/k)$ 次线性收敛. 从而可知, 加速算法的收敛速度确实有所增加.

6.2 正则化牛顿法及其加速

本节首先提出全局收敛的正则化牛顿法以克服牛顿法仅仅能保证局部收敛的缺点, 然后给出该算法的加速版本, 并说明加速之后的正则化牛顿法可达到 $O(1/k^3)$ 的全局次线性收敛率, 最后介绍一种自适应正则化牛顿法.

6.2.1 正则化牛顿法

考虑如下无约束优化问题:

$$\min_{x\in\mathbb{R}^n} \quad f(x), \tag{6.19}$$

其中有效域为 $\mathrm{dom} f = \mathbb{R}^n$. 假设该优化问题存在最优解 x^*, 且最优值 $f(x^*)$ 是有限值.

在介绍正则化牛顿法之前, 先对目标函数做一些假设和讨论. 现给定内部非空的闭凸集合 $\mathcal{F} \subseteq \mathbb{R}^n$, 假设迭代法的初始点 $x_0 \in \mathcal{F}$, 且集合 $\mathcal{F}$ 的内部包含如下水平集:

$$\mathcal{L}(f(x_0)) = \{x \in \mathbb{R}^n \mid f(x) \leqslant f(x_0)\}.$$

若目标函数 $f(x)$ 二阶连续可微, 且其 Hessian 矩阵 $\nabla^2 f(x)$ 在集合 $\mathcal{F}$ 上是 L_2-Lipschitz 连续的, 即存在常数 $L_2 > 0$, 使得

$$\|\nabla^2 f(x) - \nabla^2 f(y)\| \leqslant L_2\|y - x\|, \quad \forall x,\ y \in \mathcal{F}, \tag{6.20}$$

则借助积分型泰勒展开式易得对任意的 $x,\ y \in \mathcal{F}$, 满足如下性质:

$$\|\nabla f(y) - \nabla f(x) - \langle \nabla^2 f(x), y - x\rangle\| \leqslant \frac{L_2}{2}\|y - x\|^2, \tag{6.21}$$

$$\left| f(y) - f(x) - \langle \nabla f(x), y - x\rangle - \frac{1}{2}\langle \nabla^2 f(x)(y - x), y - x\rangle \right| \leqslant \frac{L_2}{6}\|y - x\|^3. \tag{6.22}$$

记

$$
\begin{aligned}
\phi_x(y) &= f(x) + \nabla f(x)^{\mathrm{T}}(y-x) + \frac{1}{2}(y-x)^{\mathrm{T}}\nabla^2 f(x)(y-x). \\
g_x(s) &= \phi_x(x+s) + \frac{M}{6}\|s\|^3 \\
&= f(x) + \nabla f(x)^{\mathrm{T}} s + \frac{1}{2}s^{\mathrm{T}}\nabla^2 f(x)s + \frac{M}{6}\|s\|^3,
\end{aligned} \tag{6.23}
$$

其中 $M>0$. 令 $s_M(x)$ 为函数 $g_x(s)$ 在点 $x\in\mathcal{F}$ 处关于 s 的局部极小值点, 即

$$
s_M(x) \in \arg\min_s g_x(s) = \arg\min_s \left\{\phi_x(x+s) + \frac{M}{6}\|s\|^3\right\}. \tag{6.24}
$$

下面介绍三次正则化牛顿法, 简称正则化牛顿法. 该算法是由 Griewank 于 1981 年首次提出的[48], 其基本思想是通过对牛顿法子问题的目标函数 $\phi_{x_k}(x_k+s)$ 增加三次正则项构造新的目标函数 $g_{x_k}(s)$, 使新算法具有跳出"局部坏解"的能力, 从而克服牛顿法的缺点.

在正则化牛顿法中, 将 $s_{M_k}(x_k)$ 作为每次迭代的搜索方向, 因此需要通过求解问题 (6.24) 得到 $s_{M_k}(x_k)$. 下面首先给出局部极小值点 $s_M(x)$ 的相关性质, 然后给出具体求解过程.

引理 6.2.1 若 $s_M(x)$ 为函数 $g_x(s)$ 在点 $x\in\mathcal{F}$ 处关于 s 的局部极小值点, 则对任意的 $x\in\mathcal{L}(f(x_0))\subseteq\mathcal{F}$, 皆有

$$
\nabla f(x)^{\mathrm{T}} s_M(x) \leqslant 0. \tag{6.25}
$$

证明 对于函数 $g_x(s)$, 因为 $s_M(x)$ 为局部极小值点, 故由最优性一阶必要条件定理 (定理 4.1.1) 可得, 对任意的 $x\in\mathcal{F}$, 满足

$$
\nabla f(x) + \nabla^2 f(x)s_M(x) + \frac{M}{2}\|s_M(x)\|s_M(x) = 0. \tag{6.26}
$$

由文献 [86] 中的定理 10 易得

$$
\nabla^2 f(x) + \frac{M}{2}\|s_M(x)\|\boldsymbol{I} \succeq 0. \tag{6.27}
$$

将等式 (6.26) 左右两边分别左乘 $s_M(x)$, 整理可得

$$
\nabla f(x)^{\mathrm{T}} s_M(x) + s_M(x)^{\mathrm{T}}\nabla^2 f(x)s_M(x) + \frac{M}{2}\|s_M(x)\|^3 = 0. \tag{6.28}
$$

结合式 (6.27) 和 (6.28) 易得, 对任意的 $x\in\mathcal{L}(f(x_0))\subseteq\mathcal{F}$, 有

$$
\nabla f(x)^{\mathrm{T}} s_M(x) \leqslant 0.
$$

□

引理 6.2.2 给定点 $x \in \mathcal{F}$, 若 $s_M(x)$ 为函数 $g_x(s)$ 在点 $x \in \mathcal{F}$ 处关于 s 的局部极小值点, 且满足 $x + s_M(x) \in \mathcal{L}(f(x_0))$, 则

$$\|\nabla f(x + s_M(x))\| \leqslant \frac{1}{2}(L_2 + M)\|s_M(x)\|^2. \tag{6.29}$$

证明 由引理 6.2.1 证明中的式 (6.26), 可得

$$\|\nabla f(x) + \nabla^2 f(x) s_M(x)\| = \frac{M}{2}\|s_M(x)\|^2.$$

又因为 Hessian 矩阵 $\nabla^2 f(x)$ 在集合 $\mathcal{F}$ 上是 L_2-Lipschitz 连续的, 故由积分型泰勒展开式可得

$$\begin{aligned}\nabla f(x + s_M(x)) &= \nabla f(x) + \int_0^1 \nabla^2 f(x + t s_M(x)) s_M(x) dt \\ &= \nabla f(x) + \nabla^2 f(x) s_M(x) + \int_0^1 [\nabla^2 f(x + t s_M(x)) - \nabla^2 f(x)] s_M(x) dt,\end{aligned}$$

从而有

$$\begin{aligned}\|\nabla f(x + s_M(x))\| &\leqslant \|\nabla f(x) + \nabla^2 f(x) s_M(x)\| + \frac{L_2}{2}\|s_M(x)\|^2 \\ &= \frac{1}{2}(M + L_2)\|s_M(x)\|^2.\end{aligned}$$

□

现在给出求解问题 (6.24) 获取最优解 $s_M(x)$ 的具体过程. 由于 $s_M(x)$ 为 $\mathcal{F}$ 上的局部极小值点, 故由最优性条件可得式 (6.26), 即

$$\nabla f(x) + \nabla^2 f(x) s_M(x) + \frac{M}{2}\|s_M(x)\| s_M(x) = 0.$$

记 $\sigma = \frac{M}{2}\|s_M(x)\|$, $\boldsymbol{I}$ 为单位矩阵, 则式 (6.26) 等价于

$$[\nabla^2 f(x) + \sigma \boldsymbol{I}] s_M(x) = -\nabla f(x).$$

将 Hessian 矩阵 $\nabla^2 f(x)$ 进行特征值分解, 则有

$$\nabla^2 f(x) = \boldsymbol{U}\boldsymbol{\Lambda}\boldsymbol{U}^{\mathrm{T}},$$

其中 $\boldsymbol{\Lambda}$ 是特征值 $\lambda_1 \geqslant \lambda_2 \geqslant \cdots \geqslant \lambda_n$ 的对角矩阵, $\boldsymbol{U}$ 为正交矩阵.

从而可得

$$\boldsymbol{U}(\boldsymbol{\Lambda} + \sigma \boldsymbol{I})\boldsymbol{U}^{\mathrm{T}} s_M(x) = -\nabla f(x),$$

进而有

$$s_M(x) = -\boldsymbol{U}(\boldsymbol{\Lambda} + \sigma \boldsymbol{I})^{-1}\boldsymbol{U}^{\mathrm{T}} \nabla f(x),$$

并且

$$\|s_M(x)\|^2 = s_M(x)^{\mathrm{T}} s_M(x) = \nabla f(x)^{\mathrm{T}} \boldsymbol{U} (\boldsymbol{\Lambda} + \sigma \boldsymbol{I})^{-2} \boldsymbol{U}^{\mathrm{T}} \nabla f(x).$$

记 $r = \boldsymbol{U}^{\mathrm{T}} \nabla f(x) = (r_1, r_2, \cdots, r_n)^{\mathrm{T}}$, 则上式变为

$$\|s_M(x)\|^2 = r^{\mathrm{T}} (\boldsymbol{\Lambda} + \sigma \boldsymbol{I})^{-2} r = \sum_{i=1}^{n} \frac{r_i^2}{(\lambda_i + \sigma)^2}.$$

又由 $\sigma = \dfrac{M}{2} \|s_M(x)\|$, 可得 $\|s_M(x)\| = \dfrac{2\sigma}{M}$, 故 $\|s_M(x)\|^2 = \dfrac{4\sigma^2}{M^2}$.

通过上述分析可知, 求解问题 (6.24) 可以转化为求解

$$\sum_{i=1}^{n} \frac{r_i^2}{(\lambda_i + \sigma)^2} - \frac{4\sigma^2}{M^2} = 0,$$

即等价于求解如下方程:

$$\theta(\sigma) = \frac{1}{\sqrt{\displaystyle\sum_{i=1}^{n} \frac{r_i^2}{(\lambda_i + \sigma)^2}}} - \frac{M}{2\sigma} = 0. \tag{6.30}$$

易证得 $\theta'(\sigma) > 0$, $\theta''(\sigma) < 0$, 且存在 a, b, 使得 $\theta(a)\theta(b) < 0$, 现取 σ_0 满足 $\theta(\sigma_0) < 0$, 则可借助牛顿法产生二阶收敛的序列 $\{\sigma_k\}$. 由于牛顿法具有很快的收敛速度, 从而可以很快地求得 σ^*, 进而得到 $s_M(x)$.

现在给出求解 $s_M(x)$ 的子算法如下.

算法 6.2.1 子算法 $NI(x, M, \epsilon)$

输入: 最优化问题的目标函数 $f(x)$, 函数 $\theta(\sigma)$, 迭代点 $x \in \mathbb{R}^n$, 参数 M 及 $\epsilon \geqslant 0$.

步骤 1. 给定 σ_0 满足 $\theta(\sigma_0) < 0$, 令 $k = 0$.

步骤 2. 对 Hessian 矩阵 $\nabla^2 f(x)$ 进行特征值分解, 即

$$\nabla^2 f(x) = \boldsymbol{U} \boldsymbol{\Lambda} \boldsymbol{U}^{\mathrm{T}}.$$

步骤 3. 计算 $r = \boldsymbol{U}^{\mathrm{T}} \nabla f(x)$.

步骤 4. 计算 $\theta(\sigma_k)$, $\theta'(\sigma_k)$.

步骤 5. 更新迭代点

$$\sigma_{k+1} = \sigma_k - \frac{\theta(\sigma_k)}{\theta'(\sigma_k)}.$$

步骤 6. 若 $|\sigma_{k+1} - \sigma_k| < \epsilon$, 则 $\sigma^* = \sigma_{k+1}$; 否则, 令 $k = k + 1$, 转到步骤 4.

输出: $s_M(x) = -\boldsymbol{U} (\boldsymbol{\Lambda} + \sigma^* \boldsymbol{I})^{-1} r$.

下面给出求解最优化问题 (6.19) 的正则化牛顿法.

算法 6.2.2 正则化牛顿法

步骤 1. 给定初始点 $x_0 \in \mathcal{F} \subseteq \mathbb{R}^n$, $0 < L_0 \leqslant L_2 \in \mathbb{R}$ 及参数 $\varepsilon \geqslant 0$, 令 $k = 0$.

步骤 2. 针对当前迭代点 x_k, 取 $M_k \in [L_0, 2L_2]$, 调用算法 6.2.1 求解子问题 (6.24), 得 $s_{M_k}(x_k)$.

步骤 3. 更新迭代点

$$x_{k+1} = x_k + s_{M_k}(x_k).$$

步骤 4. 若 $\|x_{k+1} - x_k\| \leqslant \varepsilon$, 则算法终止, 输出 $x^* = x_k$; 否则令 $k = k+1$, 转到步骤 2.

接下来, 令 $m_M(x)$ 为函数 $g_x(s)$ 在点 $x \in \mathcal{F}$ 处关于 s 的局部极小值, 即

$$m_M(x) = \min_s g_x(s) = \min_s \left\{ \phi_x(x+s) + \frac{M}{6}\|s\|^3 \right\}. \tag{6.31}$$

借助式 (6.21) 可得, 当 $M \geqslant L_2$ 时, 有

$$f(x + s_M(x)) \leqslant m_M(x),$$

即

$$f(x_{k+1}) \leqslant m_M(x_k), \tag{6.32}$$

从而有下述引理.

引理 6.2.3 设最优化问题 (6.19) 的目标函数 $f(x)$ 二阶连续可微, 且 Hessian 矩阵 $\nabla^2 f(x)$ 是 L_2-Lipschitz 连续的, 若 $m_M(x)$ 为函数 $g_x(s)$ 在点 $x \in \mathcal{F}$ 处关于 s 的局部极小值, 则对任意的 $x \in \mathcal{L}(f(x_0)) \subseteq \mathcal{F}$, 皆有

$$m_M(x) \leqslant \min_s \left\{ f(x+s) + \frac{M+L_2}{6}\|s\|^3 \right\}, \tag{6.33}$$

$$f(x) - m_M(x) \geqslant \frac{M}{12}\|s\|^3. \tag{6.34}$$

证明 由于 $\nabla^2 f(x)$ 是 L_2-Lipschitz 连续的, 故由式 (6.22) 可得

$$f(x) + \nabla f(x)^{\mathrm{T}} s + \frac{1}{2} s^{\mathrm{T}} \nabla^2 f(x)^{\mathrm{T}} s \leqslant f(x+s) + \frac{L_2}{6}\|s\|^3,$$

从而有

$$g_x(s) = \phi_x(x+s) + \frac{M}{6}\|s\|^3 \leqslant f(x+s) + \frac{L_2+M}{6}\|s\|^3.$$

对上述不等式的两边同时极小化可得

$$m_M(x) \leqslant \min_s \left\{ f(x+s) + \frac{M+L_2}{6}\|s\|^3 \right\}.$$

由 $s_M(x)$, $m_M(x)$ 以及 $g_x(s)$ 的定义, 借助式 (6.25) 与 (6.28) 可得

$$\begin{aligned}f(x)-m_M(x)&=f(x)-\phi_x(x+s_M(x))-\frac{M}{6}\|s_M(x)\|^3\\&=-\nabla f(x)^{\mathrm T}s_M(x)-\frac{1}{2}s_M(x)^{\mathrm T}\nabla^2 f(x)s_M(x)-\frac{M}{6}\|s_M(x)\|^3\\&=-\frac{1}{2}\nabla f(x)^{\mathrm T}s_M(x)+\frac{M}{12}\|s_M(x)\|^3\\&\geqslant\frac{M}{12}\|s_M(x)\|^3.\end{aligned}$$

□

粗略地说, 下述定理意味着, 算法 6.2.2 (正则化牛顿法) 可以逃离大部分非局部极小点的鞍点.

定理 6.2.1　假设 $\overline{x}\in\ \mathrm{int}\ \mathcal{L}(f(x_0))$ 为最优化问题 (6.19) 的一个非退化鞍点, 即

$$\nabla f(\overline{x})=0,\quad \lambda_n(\nabla^2 f(\overline{x}))<0,$$

则存在 ϵ, $\delta>0$, 使得当由算法 6.2.2 (正则化牛顿法) 在取 $L_0=L_2$ 时产生的迭代点 x_k 满足 $x_k\in Q=\{x\mid \|x-\overline{x}\|\leqslant\epsilon,\ f(x)\geqslant f(\overline{x})\}$ 时, 它的下一迭代点满足

$$x_{k+1}\notin Q\quad \text{且}\quad f(x_{k+1})\leqslant f(\overline{x})-\delta.$$

证明　由于 $\overline{x}\in\ \mathrm{int}\ \mathcal{L}(f(x_0))$ 且 $\overline{x}$ 为非退化鞍点, 故存在 $d\in\mathbb{R}^n, \|d\|=1$, 使得

$$d^{\mathrm T}\nabla^2 f(\overline{x})d\ \equiv -\sigma<0,\quad \overline{x}\pm\overline{\tau}d\in\mathcal{L}(f(x_0)),$$

其中 $\overline{\tau}>0$, $\langle d,\bar{x}-x_k\rangle\leqslant 0$, 否则令 $d=-d$ 即可.

记 $\epsilon=\min\left\{\dfrac{\sigma}{4L_2},\ \overline{\tau}\right\}$, 对任意的 $|\tau|\leqslant\overline{\tau}$, 由式 (6.33) 以及式 (6.22) 可得

$$\begin{aligned}f(x_{k+1})&\leqslant m_M(x_k)\\&\leqslant f(\overline{x}+\tau d)+\frac{L_2}{2}\|\overline{x}+\tau d-x_k\|^3\\&\leqslant f(\overline{x})-\frac{1}{2}\sigma\tau^2+\frac{L_2}{6}|\tau|^3+\frac{L_2}{2}[\epsilon^2+2\tau\langle d,\overline{x}-x_k\rangle+\tau^2]^{\frac{3}{2}}.\end{aligned}$$

取 $\tau=\epsilon\leqslant\overline{\tau}$, 则有

$$\begin{aligned}f(x_{k+1})&\leqslant f(\overline{x})-\frac{1}{2}\sigma\tau^2+L_2|\tau|^3\left(\frac{1}{6}+\sqrt{2}\right)\\&\leqslant f(\overline{x})-\frac{1}{2}\sigma\tau^2+\frac{5}{3}L_2|\tau|^3\\&\leqslant f(\overline{x})-\frac{1}{2}\sigma\epsilon^2+\frac{5}{3}L_2\epsilon^2\frac{\sigma}{4L_2}\end{aligned}$$

$$
\begin{aligned}
&= f(\overline{x}) - \frac{1}{2}\sigma\epsilon^2 + \frac{5}{12}\sigma\epsilon^2 \\
&= f(\overline{x}) - \frac{\sigma}{12}\epsilon^2.
\end{aligned}
$$

取 $\delta = \frac{\sigma}{12}\epsilon^2$, 则有

$$
f(x_{k+1}) \leqslant f(\overline{x}) - \delta.
$$

□

通过上述定理显然可得下述结论成立.

推论 6.2.1 算法 6.2.2 (正则化牛顿法) 收敛, 且收敛点 x^* 必是一个没有负特征值的稳定点, 即点 x^* 满足

$$
\nabla f(x^*) = 0, \quad \nabla^2 f(x^*) \succeq 0.
$$

注意该定理中所述的点 x^* 并不一定是优化问题的局部最优解. 例如对优化问题:

$$
\min\{f(x) = x^3 \mid x \in \mathbb{R}\}
$$

来说, 点 $x^* = 0$ 满足

$$
\nabla f(x^*) = 0, \quad \nabla^2 f(x^*) = 0,
$$

但点 x^* 并非上述优化问题的局部最优解.

最后, 针对凸优化问题给出正则化牛顿法有关全局收敛速度的结论.

定理 6.2.2 设最优化问题 (6.19) 的目标函数 $f(x)$ 为二阶连续可微的凸函数, Hessian 矩阵 $\nabla^2 f(x)$ 是 L_2-Lipschitz 连续的, 且水平集 $\mathcal{L}(f(x_0))$ 有界, 即存在 $D > 0$, 使得 $\|\mathcal{L}(f(x_0))\| \leqslant D$. 若取 $M \equiv L_2$, 则算法 6.2.2 (正则化牛顿法) 的迭代点列 $\{x_k\}$ 满足

$$
f(x_k) - f(x^*) \leqslant \frac{9L_2D^3}{(k+4)^2}.
$$

证明 由式 (6.32) 及式 (6.34) 可得, 对任意的 $x \in \mathcal{F}$, 皆有

$$
f(x) - f(x + s_M(x)) \geqslant \frac{M}{12}\|s_M(x)\|^3.
$$

从而可得

$$
f(x_{k+1}) \leqslant f(x_k), \quad \forall k \geqslant 0.
$$

因此, 由水平集 $\mathcal{L}(f(x_0))$ 有界可得, 对任意的 $k \geqslant 0$, 皆有 $\|x_k - x^*\| \leqslant D$ 成立.

由式 (6.32) 及式 (6.33) 可得

$$
f(x_1) \leqslant f(x^*) + \frac{L_2}{3}D^3.
$$

令 $x_k(t) = x^* + (1-t)(x_k - x^*)$, $t \in [0,1]$, 则有

$$
\begin{aligned}
f(x_{k+1}) &\leqslant f(x_k(t)) + \frac{L_2}{3}t^3\|x_k - x^*\|^3 \\
&\leqslant f(x_k) - t[f(x_k) - f(x^*)] + \frac{L_2 D^3}{3}t^3.
\end{aligned}
$$

当

$$
t = \sqrt{\frac{f(x_k) - f(x^*)}{L_2 D^3}} \leqslant \sqrt{\frac{f(x_1) - f(x^*)}{L_2 D^3}} < 1
$$

时, 上式的右端取得极小值.

因此, 对任意的 $k \geqslant 1$, 皆有

$$
f(x_{k+1}) \leqslant f(x_k) - \frac{2}{3}\frac{[f(x_k) - f(x^*)]^{\frac{3}{2}}}{\sqrt{L_2 D^3}}.
$$

令 $\delta_k = f(x_k) - f(x^*)$, 则

$$
\begin{aligned}
\frac{1}{\sqrt{\delta_{k+1}}} - \frac{1}{\sqrt{\delta_k}} &= \frac{\delta_k - \delta_{k+1}}{\sqrt{\delta_k \delta_{k+1}}(\sqrt{\delta_k} + \sqrt{\delta_{k+1}})} \\
&\geqslant \frac{2}{3}\frac{1}{\sqrt{L_2 D^3}}\frac{\delta_k^{\frac{3}{2}}}{\sqrt{\delta_k \delta_{k+1}}(\sqrt{\delta_k} + \sqrt{\delta_{k+1}})} \\
&= \frac{2}{3}\frac{1}{\sqrt{L_2 D^3}}\frac{\delta_k}{\sqrt{\delta_{k+1}}(\sqrt{\delta_k} + \sqrt{\delta_{k+1}})} \\
&\geqslant \frac{2\sqrt{\delta_k}}{3\sqrt{L_2 D^3}(\sqrt{\delta_k} + \sqrt{\delta_{k+1}})} \\
&\geqslant \frac{2\sqrt{\delta_k}}{3\sqrt{L_2 D^3}(\sqrt{\delta_k} + \sqrt{\delta_k})} \\
&= \frac{1}{3\sqrt{L_2 D^3}}.
\end{aligned}
$$

因此, 对任意的 $k \geqslant 1$, 皆满足

$$
\frac{1}{\sqrt{\delta_k}} \geqslant \frac{1}{\sqrt{\delta_1}} + \frac{k-1}{3\sqrt{L_2 D^3}} \geqslant \frac{1}{\sqrt{L_2 D^3}}\left(\sqrt{3} + \frac{k-1}{3}\right) \geqslant \frac{k+4}{3\sqrt{L_2 D^3}},
$$

从而可得

$$
f(x_k) - f(x^*) \leqslant \frac{9L_2 D^3}{(k+4)^2}.
$$

□

6.2.2　加速正则化牛顿法

对于正则化牛顿法, 可以利用估计迭代序列的一种变体来实现加速. 首先, 引入一个定义在 $x \in \mathcal{F} \subseteq \mathbb{R}^n$ 上的线性函数 $l_k(x)$:

$$
l_k(x) = \begin{cases} f(x_1), & k = 1, \\ f(x_1) + \sum\limits_{i=1}^{k-1} a_i[f(x_{i+1}) + \langle \nabla f(x_{i+1}), x - x_{i+1}\rangle], & k \geqslant 2, \end{cases}
$$

其中 $x_i,\ i=1,2,\cdots$ 为算法的迭代点, $a_i\in\mathbb{R}$. 并定义如下估计函数序列:

$$\psi_k(x)=l_k(x)+\frac{N}{6}\|x-x_0\|^3,\quad k=1,2,\cdots,$$

其中 $N\in\mathbb{R}_+$.

其次, 在加速正则化牛顿法的迭代过程中, 上述估计函数可以看作按如下迭代公式进行更新

$$\psi_{k+1}(x)=\psi_k(x)+a_k[f(x_{k+1})+\langle\nabla f(x_{k+1}),x-x_{k+1}\rangle],$$

其中 $a_k=\dfrac{(k+1)(k+2)}{2}$.

为了叙述方便, 将估计函数 $\psi_k(x)$ 的极小值点记为 v_k, 即

$$v_k=\arg\min_{x\in\mathcal{F}}\psi_k(x).$$

下面具体给出加速正则化牛顿法的框架.

算法 6.2.3 加速正则化牛顿法

步骤 1. 给定初始点 $x_0\in\mathcal{F}\subseteq\mathbb{R}^n$, $M=2L_2$, $N=12L_2$ 及参数 $\varepsilon\geqslant 0$.

步骤 2. 针对初始点 x_0 调用算法 6.2.1 求解子问题 (6.24) 得 $s_M(x_0)$, 并计算

$$x_1=x_0+s_M(x_0).$$

步骤 3. 令初始估计函数 $\psi_1(x)=f(x_1)+\dfrac{N}{6}\|x-x_0\|^3$, 且 $k=1$.

步骤 4. 计算

$$\begin{aligned}v_k&=\arg\min_{x\in\mathcal{F}}\ \psi_k(x),\\ y_k&=\frac{k}{k+3}x_k+\frac{3}{k+3}v_k.\end{aligned}$$

步骤 5. 针对 y_k 调用算法 6.2.1 求解子问题 (6.24) 得 $s_M(y_k)$, 并更新迭代点

$$x_{k+1}=y_k+s_M(y_k).$$

步骤 6. 若 $\|x_{k+1}-x_k\|\leqslant\varepsilon$, 则算法终止, 输出 $x^*=x_k$; 否则, 迭代更新估计函数

$$\psi_{k+1}(x)=\psi_k(x)+\frac{(k+1)(k+2)}{2}[f(x_{k+1})+\langle\nabla f(x_{k+1}),x-x_{k+1}\rangle].$$

并令 $k=k+1$, 转到步骤 4.

在介绍算法 6.2.3 (加速正则化牛顿法) 的收敛情况之前, 先给出几个引理.

引理 6.2.4　对于算法 6.2.3 (加速正则化牛顿法), 若 $M = 2L_2$, 则

$$\langle \nabla f(x_{k+1}), y_k - x_{k+1} \rangle \geqslant \sqrt{\frac{2}{3L_2}} \|\nabla f(x_{k+1})\|^{\frac{3}{2}}.$$

证明　由式 (6.21) 及式 (6.26) 可得

$$\begin{aligned}
\frac{1}{4} L_2^2 \|x_{k+1} - y_k\|^4 &= \left[\frac{L_2}{2}\|x_{k+1} - y_k\|^2\right]^2 \\
&\geqslant \|\nabla f(x_{k+1}) - \nabla f(y_k) - \nabla^2 f(y_k)(x_{k+1} - y_k)\|^2 \\
&= \|\nabla f(x_{k+1}) + L_2\|x_{k+1} - y_k\|(x_{k+1} - y_k)\|^2 \\
&= \|\nabla f(x_{k+1})\|^2 + 2L_2\|x_{k+1} - y_k\|\nabla f(x_{k+1})^{\mathrm{T}}(x_{k+1} - y_k) \\
&\quad + L_2^2\|x_{k+1} - y_k\|^4.
\end{aligned}$$

从而有

$$\nabla f(x_{k+1})^{\mathrm{T}}(y_k - x_{k+1}) \geqslant \frac{\|\nabla f(x_{k+1})\|^2}{2L_2\|x_{k+1} - y_k\|} + \frac{3L_2}{8}\|x_{k+1} - y_k\|^3. \tag{6.35}$$

由式 (6.21) 和式 (6.26) 可得

$$\begin{aligned}
&\|\nabla f(x_{k+1})\| \\
&= \|\nabla f(x_{k+1}) - \nabla f(y_k) - \nabla^2 f(y_k)(x_{k+1} - y_k) - L_2\|x_{k+1} - y_k\|(x_{k+1} - y_k)\| \\
&\leqslant \|\nabla f(x_{k+1}) - \nabla f(y_k) - \nabla^2 f(y_k)(x_{k+1} - y_k)\| + L_2\|x_{k+1} - y_k\|^2 \\
&\leqslant \frac{3}{2} L_2 \|x_{k+1} - y_k\|^2.
\end{aligned} \tag{6.36}$$

对式 (6.35) 右端关于 $\gamma = \|x_{k+1} - y_k\|$ 求导, 可得

$$-\frac{\|\nabla f(x_{k+1})\|^2}{2L_2\gamma^2} + \frac{9}{8}L_2\gamma^2 \geqslant -\frac{9L_2^2\gamma^4}{4 \cdot 2L_2\gamma^2} + \frac{9}{8}L_2\gamma^2 = 0.$$

由于式 (6.35) 右端为关于 $\gamma \geqslant 0$ 的凸函数, 故当 $\gamma = \sqrt{\frac{2\|\nabla f(x_{k+1})\|}{3L_2}}$ 时该式右端取得最小值, 将此时 γ 的值代入式 (6.35) 的右端即可得到

$$\langle \nabla f(x_{k+1}), y_k - x_{k+1} \rangle \geqslant \sqrt{\frac{2}{3L_2}} \|\nabla f(x_{k+1})\|^{\frac{3}{2}}.$$

□

引理 6.2.5　任取 $h \in \mathbb{R}^n$, 皆有

$$\langle \nabla f(x_{k+1}),\ h \rangle + \frac{N}{12}\|h\|^3 + \frac{4}{3\sqrt{N}}\|\nabla f(x_{k+1})\|^{\frac{3}{2}} \geqslant 0. \tag{6.37}$$

证明 设 h^* 为不等式 (6.37) 左边的极小值点, 则有

$$\nabla f(x_{k+1}) + \frac{N}{4}\|h^*\|h^* = 0,$$

即

$$\nabla f(x_{k+1}) = -\frac{N}{4}\|h^*\|h^*.$$

将等式两边同时与 h^* 作内积, 可得

$$\langle \nabla f(x_{k+1}), h^* \rangle = -\frac{N}{4}\|h^*\|^3,$$

将上述两个等式代入到不等式 (6.37) 的左边, 可以得到

$$-\frac{N}{4}\|h^*\|^3 + \frac{N}{12}\|h^*\|^3 + \frac{4}{3\sqrt{N}}\left(\frac{N}{4}\right)^{\frac{3}{2}}\|h^*\|^3 = 0.$$

命题得证. □

引理 6.2.6 若令 $d(x) = \frac{1}{3}\|x\|^3$, $x \in \mathbb{R}^n$, 则对任意的 s, $t \in \mathbb{R}^n$ 皆满足

$$d(s) - d(t) - \langle \nabla d(t), s - t \rangle \geqslant \frac{1}{6}\|s - t\|^3.$$

证明 由 $d(x)$ 的定义可得, 其梯度 $\nabla d(x) = \|x\|x$, 进而有

$$\begin{aligned}\langle \nabla d(s) - \nabla d(t), s - t \rangle &= \langle \|s\|s - \|t\|t, s - t \rangle \\ &= \|s\|^3 + \|t\|^3 - \langle s, t \rangle(\|s\| + \|t\|).\end{aligned}$$

又因为

$$\frac{1}{2}\|s - t\|^3 = \frac{1}{2}[\|s\|^2 + \|t\|^2 - 2\langle s, t \rangle]^{\frac{3}{2}},$$

故要证

$$\langle \nabla d(s) - \nabla d(t), s - t \rangle \geqslant \frac{1}{2}\|s - t\|^3,$$

即证

$$\|s\|^3 + \|t\|^3 - \langle s, t \rangle(\|s\| + \|t\|) \geqslant \frac{1}{2}[\|s\|^2 + \|t\|^2 - 2\langle s, t \rangle]^{\frac{3}{2}},$$

现令 $\tau = \frac{\|t\|}{\|s\|}$, $\alpha = \frac{\langle s, t \rangle}{\|s\|\|t\|}$, 则只需证

$$1 + \tau^3 \geqslant \alpha\tau(1 + \tau) + \frac{1}{2}(1 + \tau^2 - 2\alpha\tau)^{\frac{3}{2}}. \tag{6.38}$$

由于不等式 (6.38) 的右端关于 $\alpha \in [-1, 1]$ 是凸的, 且 $\tau \geqslant 0$, 故仅需证 $\alpha = \pm 1$ 时不等式成立即可.

当 $\alpha=-1$ 时, 有

$$\frac{1+\tau^3+\tau(1+\tau)}{(1+\tau)^3}=\frac{\tau^2+1}{(1+\tau)^2}\geqslant\frac{1}{2}.$$

当 $\alpha=1$ 时, 有

$$\frac{1+\tau^3-\tau(1+\tau)}{|1-\tau|^3}=\frac{\tau+1}{|1-\tau|}\geqslant\frac{1}{2}.$$

故不等式 (6.38) 在 $\alpha=\pm1$ 时皆成立.

从而得证

$$\langle\nabla d(s)-\nabla d(t),s-t\rangle\geqslant\frac{1}{2}\|s-t\|^3.$$

进而有

$$\begin{aligned}
&d(s)-d(t)-\langle\nabla d(t),s-t\rangle\\
=&\int_0^1\frac{1}{\theta}\langle\nabla d(t+\theta(s-t))-\nabla d(t),\theta(s-t)\rangle d\theta\\
\geqslant&\int_0^1\frac{1}{2\theta}\|\theta(s-t)\|^3d\theta\\
=&\frac{1}{6}\|s-t\|^3.
\end{aligned}$$

□

现在通过下述两个引理说明加速正则化牛顿法满足两个重要不等式.

引理 6.2.7　若最优化问题 (6.19) 的目标函数 $f(x)$ 为凸函数, 则对任意的 $k\geqslant1$, 算法 6.2.3 (加速正则化牛顿法) 的迭代点 x_k 满足

$$A_kf(x_k)\leqslant\psi_k^*=\min_{x\in\mathcal{F}}\psi_k(x),\tag{6.39}$$

其中 $A_k=\dfrac{k(k+1)(k+2)}{6}$.

证明　由算法可知, 当 $k=1$ 时, 有

$$x_1=x_0+s_M(x_0),\quad l_1(x)=f(x_1),\quad A_1=1,$$

将其代入关系式 (6.39), 满足

$$A_1f(x_1)=f(x_1)\leqslant\psi_1^*=\min_{x\in\mathcal{F}}\left\{f(x_1)+\frac{N}{6}\|x-x_0\|^3\right\}.$$

因此 $k=1$ 关系式 (6.39) 显然成立.

假设 $k\geqslant1$ 时关系式 (6.39) 成立, 下证 $k+1$ 时也成立.

由于估计函数 $\psi_k(x)$ 是由线性函数 $l_k(x)$ 加上一个三次项构成的, 故借助 $d(x)$ 的定义, 可将其表示为

$$\psi_k(x) = l_k(x) + \frac{N}{2}d(x - x_0).$$

对于算法产生的 $v_k = \arg\min_{x\in\mathcal{F}} \psi_k(x)$, 由引理 6.2.6 可得, 对任意的 $x \in \mathcal{F}$ 满足

$$\begin{aligned}
\psi_k(x) - \psi_k(v_k) &= l_k(x) - l_k(v_k) + \frac{N}{2}[d(x - x_0) - d(v_k - x_0)] \\
&\geqslant \nabla l_k(v_k)^{\mathrm{T}}(x - v_k) + \frac{N}{2}\nabla d(v_k - x_0)^{\mathrm{T}}(x - v_k) + \frac{N}{12}\|x - v_k\|^3 \\
&= \left[\nabla l_k(v_k) + \frac{N}{2}\nabla d(v_k - x_0)\right]^{\mathrm{T}}(x - v_k) + \frac{N}{12}\|x - v_k\|^3. \\
&= \nabla \psi_k(v_k)^{\mathrm{T}}(x - v_k) + \frac{N}{12}\|x - v_k\|^3. \\
&= \frac{N}{12}\|x - v_k\|^3.
\end{aligned}$$

从而可得

$$\begin{aligned}
\psi_k(x) &\geqslant \psi_k(v_k) + \frac{N}{12}\|x - v_k\|^3 \\
&= \psi_k^* + \frac{N}{12}\|x - v_k\|^3 \\
&\geqslant A_k f(x_k) + \frac{N}{12}\|x - v_k\|^3.
\end{aligned}$$

进而有

$$\begin{aligned}
\psi_{k+1}^* &= \min_{x\in\mathcal{F}}\{\psi_k(x) + a_k[f(x_{k+1}) + \langle\nabla f(x_{k+1}),\ x - x_{k+1}\rangle]\} \\
&\geqslant \min_{x\in\mathcal{F}}\left\{A_k f(x_k) + \frac{N}{12}\|x - v_k\|^3 + a_k[f(x_{k+1}) + \langle\nabla f(x_{k+1}),\ x - x_{k+1}\rangle]\right\} \\
&\geqslant \min_{x\in\mathcal{F}}\left\{(A_k + a_k)f(x_{k+1}) + A_k\langle\nabla f(x_{k+1}),\ x_k - x_{k+1}\rangle\right. \\
&\qquad \left. + a_k\langle\nabla f(x_{k+1}),\ x - x_{k+1}\rangle + \frac{N}{12}\|x - v_k\|^3\right\} \\
&= \min_{x\in\mathcal{F}}\left\{A_{k+1}f(x_{k+1}) + \langle\nabla f(x_{k+1}),\ A_{k+1}y_k - a_k v_k - A_k x_{k+1}\rangle\right. \\
&\qquad \left. + a_k\langle\nabla f(x_{k+1}),\ x - x_{k+1}\rangle + \frac{N}{12}\|x - v_k\|^3\right\} \\
&= \min_{x\in\mathcal{F}}\left\{A_{k+1}f(x_{k+1}) + A_{k+1}\langle\nabla f(x_{k+1}),\ y_k - x_{k+1}\rangle\right. \\
&\qquad \left. + a_k\langle\nabla f(x_{k+1}),\ x - v_k\rangle + \frac{N}{12}\|x - v_k\|^3\right\}
\end{aligned}$$

$$
\begin{aligned}
&\geqslant \min_{x\in\mathcal{F}}\left\{A_{k+1}f(x_{k+1})+A_{k+1}\sqrt{\frac{2}{3L_2}}\|\nabla f(x_{k+1})\|^{\frac{3}{2}}\right.\\
&\quad\left.+a_k\langle\nabla f(x_{k+1}),\ x-v_k\rangle+\frac{N}{12}\|x-v_k\|^3\right\}\\
&\geqslant \min_{x\in\mathcal{F}}\left\{A_{k+1}f(x_{k+1})+\frac{4}{3\sqrt{N}}\|a_k\nabla f(x_{k+1})\|^{\frac{3}{2}}\right.\\
&\quad\left.+a_k\langle\nabla f(x_{k+1}),\ x-v_k\rangle+\frac{N}{12}\|x-v_k\|^3\right\}\\
&\geqslant A_{k+1}f(x_{k+1}).
\end{aligned}
$$

因此当 $k+1$ 时关系式也成立, 命题得证. □

引理 6.2.8 若最优化问题 (6.19) 的目标函数 $f(x)$ 为凸函数, 则算法 6.2.3 (加速正则化牛顿法) 在取 $M=2L_2$ 的迭代过程中, 对任意的 $k\geqslant 1$, 任取 $x\in\mathcal{F}\subseteq\mathbb{R}^n$, 皆满足

$$
\psi_k(x)\leqslant A_kf(x)+\frac{3L_2+N}{6}\|x-x_0\|^3, \tag{6.40}
$$

其中 $A_k=\dfrac{k(k+1)(k+2)}{6}$.

证明 由于 $M=2L_2$, 故借助式 (6.32) 及式 (6.33) 可得

$$
\begin{aligned}
\psi_1(x)&=f(x_1)+\frac{N}{6}\|x-x_0\|^3\\
&\leqslant \min_y\left\{\phi_{x_0}(y)+\frac{L_2}{3}\|y-x_0\|^3\right\}+\frac{N}{6}\|x-x_0\|^3\\
&\leqslant \min_y\left\{f(y)+\frac{L_2}{2}\|y-x_0\|^3+\frac{N}{6}\|x-x_0\|^3\right\}\\
&\leqslant A_1f(x)+\frac{3L_2+N}{6}\|x-x_0\|^3,
\end{aligned}
$$

因此 $k=1$ 关系式 (6.40) 成立.

假设 k 时命题成立, 下证 $k+1$ 时命题也成立.

对任意的 $x\in\mathcal{F}$, 皆有

$$
\begin{aligned}
\psi_{k+1}(x)&\leqslant A_kf(x)+\frac{3L_2+N}{6}\|x-x_0\|^3+a_k[f(x_{k+1})+\langle\nabla f(x_{k+1}),\ x-x_{k+1}\rangle]\\
&\leqslant (A_k+a_k)f(x)+\frac{3L_2+N}{6}\|x-x_0\|^3\\
&=A_{k+1}f(x)+\frac{3L_2+N}{6}\|x-x_0\|^3.
\end{aligned}
$$

从而命题得证. □

最后, 通过下述结论说明, 当 $A_k=\dfrac{k(k+1)(k+2)}{6}$, $N=12L_2$ 时, 加速正则化

牛顿法 $O(1/k^3)$ 次线性收敛.

定理 6.2.3 设 x^* 为最优化问题 (6.19) 的最优解. 若目标函数 $f(x)$ 为二阶连续可微的凸函数, 且 Hessian 矩阵 $\nabla^2 f(x)$ 是 L_2-Lipschitz 连续的, 则算法 6.2.3 (加速正则化牛顿法) 在取 $M = 2L_2$ 时所得的迭代点列 $\{x_k\}$ 满足

$$f(x_k) - f(x^*) \leqslant \frac{15L_2\|x_0 - x^*\|^3}{k(k+1)(k+2)}, \quad \forall k \geqslant 1. \tag{6.41}$$

证明 依次利用关系式 (6.39), (6.40), 我们可以得到

$$A_k f(x_k) \leqslant \psi_k^* \leqslant A_k f(x^*) + \frac{3L_2 + N}{6}\|x_0 - x^*\|^3.$$

将 $A_k = \dfrac{k(k+1)(k+2)}{6}$, $N = 12L_2$ 代入上式, 则定理得证. □

比较正则化牛顿法 (算法 6.2.2) 及其加速版算法 (算法 6.2.3), 从计算复杂性来看, 二者迭代的计算量差不多. 算法 6.2.3 增加了一个 v_k 的计算, 然而由 ψ_k 的形式可知该计算十分容易, 因此主要的计算量与算法 6.2.2 相当. 对收敛速度而言, 前者具有 $O(1/k^2)$ 次线性收敛率, 而后者可达到 $O(1/k^3)$, 可见加速的作用效果明显. 算法 6.2.3 的一大缺点是需要事先知道 Lipschitz 常数 L_2, 接下来介绍不需要事先知道 L_2 的自适应调节参数的正则化牛顿法.

6.2.3 自适应正则化牛顿法

正则化牛顿法通常需要知晓 Lipschitz 常数, 然而该常数一般很难估计. 为了避免估计 Lipschitz 常数的麻烦, 本节介绍一种自适应正则化算法. 对于该算法, 我们仅给出该算法的基本框架, 有关算法的详细内容参见文献 [23,24].

为了叙述方便, 记

$$m_k(s) = f(x_k) + \langle \nabla f(x_k),\ s\rangle + \frac{1}{2}\langle \nabla^2 f(x_k)s,\ s\rangle + \frac{\sigma_k}{3}\|s\|^3. \tag{6.42}$$

求解最优化问题 (6.19) 的自适应正则化牛顿法如下.

算法 6.2.4 自适应正则化牛顿法

步骤 1. 给定初始点 $x_0 \in \mathbb{R}^n$, $\sigma_0 > 0$ 及参数 $\gamma_2 > \gamma_1 > 1$, $1 > \eta_2 > \eta_1 > 0$, 令 $k = 0$.

步骤 2. 计算 s_k, 使其满足

$$m_k(s_k) \leqslant m_k(s_k^C), \tag{6.43}$$

其中, Cauchy 点 s_k^C 计算如下:

$$s_k^C = -\alpha_k^C \nabla f(x_k), \tag{6.44}$$

且 $\alpha_k^C = \arg\min_{\alpha \in \mathbb{R}_+} m_k(-\alpha \nabla f(x_k))$.

步骤 3. 计算 $f(x_k + s_k)$ 及

$$\rho_k = \frac{f(x_k) - f(x_k + s_k)}{f(x_k) - m_k(s_k)}. \tag{6.45}$$

步骤 4. 更新迭代点

$$x_{k+1} = \begin{cases} x_k + s_k, & \rho_k > \eta_1, \\ x_k, & \text{否则}. \end{cases}$$

步骤 5. 更新 σ_k

$$\sigma_{k+1} \in \begin{cases} [0,\ \sigma_k], & \rho_k > \eta_2, & \text{（超成功迭代）} \\ [\sigma_k,\ \gamma_1\sigma_k], & \eta_1 \leqslant \rho_k \leqslant \eta_2, & \text{（成功迭代）} \\ [\gamma_1\sigma_k,\ \gamma_2\sigma_k], & \text{否则} & \text{（不成功迭代）} \end{cases}$$

步骤 6. 若满足停机准则, 算法停止; 否则, 令 $k = k + 1$, 转到步骤 2.

上述步骤 6 中的停机准则可以根据实际问题进行选取.

6.3 张量方法及正则化加速

本节首先讨论加速正则化张量方法, 该方法作为加速正则化牛顿法的推广可以达到 $O(1/k^4)$ 的全局收敛率. 然后介绍切比雪夫–哈雷方法, 其单步迭代计算量与牛顿法差不多, 却具有三阶局部收敛性.

6.3.1 加速正则化张量方法

本小节的主要结果来自文献 [25] 和 [89]. 考虑如下无约束优化问题:

$$\min_{x \in \mathbb{R}^n} \quad f(x), \tag{6.46}$$

其中有效域为 $\mathrm{dom} f = \mathbb{R}^n$. 假设该优化问题存在最优解 x^*, 且最优值 $f(x^*)$ 是有限值.

在介绍加速正则化张量方法之前, 先对目标函数做一些假设和讨论. 现给定内部非空的闭凸集合 $\mathcal{F} \subseteq \mathbb{R}^n$, 假设迭代法的初始点 $x_0 \in \mathcal{F}$, 且集合 $\mathcal{F}$ 的内部包含如下水平集:

$$\mathcal{L}(f(x_0)) = \{x \in \mathbb{R}^n \mid f(x) \leqslant f(x_0)\}.$$

若目标函数 $f(x)$ 三阶连续可微, 且张量函数 $\nabla^3 f(x)$ 在集合 $\mathcal{F}$ 上是 L_3-Lipschitz 连续的, 即存在常数 $L_3 > 0$, 使得

$$\|\nabla^3 f(x) - \nabla^3 f(y)\| \leqslant L_3 \|y - x\|, \quad \forall x, y \in \mathcal{F}. \tag{6.47}$$

为讲述加速正则化张量方法, 我们先介绍张量方法和正则化张量方法.

首先, 介绍张量方法, 引进

$$\begin{aligned}
&\nabla^3 f(x)u=\left(\sum_{k=1}^{n}\frac{\partial^3 f(x)}{\partial x_i\partial x_j\partial x_k}u_k\right)\in\mathbb{R}^{n\times n},\\
&\nabla^3 f(x)u^2=\nabla^3 f(x)uu\in\mathbb{R}^n,\\
&\nabla^3 f(x)u^3=u^{\mathrm{T}}\nabla^3 f(x)u^2\in\mathbb{R},\\
&\nabla^3 f(x)uv=(\nabla^3 f(x)u)v\in\mathbb{R}^n,\\
&\nabla^2 f(x)u^2=u^{\mathrm{T}}\nabla^2 f(x)u\in\mathbb{R},
\end{aligned}$$

其中 $u,\ v\in\mathbb{R}^n$ 且 $i,j,k\in[n]$. 还记

$$\Phi_x(y)=f(x)+\nabla f(x)^{\mathrm{T}}(y-x)+\frac{1}{2!}\nabla^2 f(x)(y-x)^2+\frac{1}{3!}\nabla^3 f(x)(y-x)^3.$$

基于函数 $\Phi_x(y)$, 可得用以求解最优化问题 (6.46) 的**张量方法**的迭代公式如下:

$$x_{k+1}=\arg\min_y \Phi_{x_k}(y). \tag{6.48}$$

该算法在一定条件下具有三阶局部收敛性.

其次, 介绍正则化张量方法, 记

$$\begin{aligned}
h_x(s)&=\Phi_x(x+s)+\frac{M}{8}\|s\|^4\\
&=f(x)+\nabla f(x)^{\mathrm{T}}s+\frac{1}{2}s^{\mathrm{T}}\nabla^2 f(x)s+\frac{1}{3!}s^{\mathrm{T}}\nabla^3 f(x)s^2+\frac{M}{8}\|s\|^4.
\end{aligned}\tag{6.49}$$

令 $T_M(x)$ 为函数 $h_x(s)$ 在点 $x\in\mathcal{F}$ 处关于 s 的局部极小值点, 即

$$T_M(x)\in\arg\min_s h_x(s)=\arg\min_s\left\{\Phi_x(x+s)+\frac{M}{8}\|s\|^4\right\}. \tag{6.50}$$

基于上式可得, 用以求解最优化问题 (6.46) 的**正则化张量方法**的迭代公式如下:

$$x_{k+1}=x_k+T_M(x_k).$$

最后我们给出加速正则化张量方法及其收敛情况.

算法 6.3.1　加速正则化张量方法

步骤 1. 给定初始点 $x_0\in\mathcal{F}\subseteq\mathbb{R}^n$, $M>L_3$ 及参数 $\epsilon>0$.

步骤 2. 令 $C=\frac{3}{2}\sqrt{2(M^2-L_3^2)}$, $C'=\left(\frac{M^2-L_3^2}{8M^2}\right)^{\frac{3}{2}}$, 借助式 (6.50) 计算

$$x_1=x_0+T_M(x_0).$$

步骤 3. 令初始估计函数 $\Psi_1(x) = f(x_1) + \frac{C}{24}\|x - x_0\|^4$, 且 $k = 1$.

步骤 4. 计算

$$v_k = \arg\min_{x\in\mathbb{R}^n} \Psi_k(x),$$

$$y_k = \left(\frac{k}{k+1}\right)^4 x_k + \left[1 - \left(\frac{k}{k+1}\right)^4\right] v_k.$$

步骤 5. 更新迭代点

$$x_{k+1} = x_k + T_M(y_k).$$

步骤 6. 若 $\|x_{k+1} - x_k\| \leqslant \varepsilon$, 则算法终止, 输出 $x^* = x_k$; 否则, 迭代更新估计函数

$$\Psi_{k+1}(x) = \Psi_k(x) + \frac{C'}{4^4}[(k+1)^4 - k^4][\nabla f(x_{k+1}) + \langle \nabla f(x_{k+1}),\ x - x_{k+1}\rangle].$$

并令 $k = k + 1$, 转到步骤 4.

下面仅给出加速正则化张量方法的收敛性结论, 具体证明过程可参看文献 [89] 中定理 3 的证明.

定理 6.3.1 设 x^* 为最优化问题 (6.46) 的最优解. 若目标函数 $f(x)$ 为三阶连续可微的凸函数, 且张量函数 $\nabla^3 f(x)$ 是 L_3-Lipschitz 连续的, 则算法 6.3.1 (加速正则化张量方法) 的迭代点列 $\{x_k\}$ 满足

$$f(x_k) - f(x^*) \leqslant \frac{3M + L_3 + C}{24C'}\left(\frac{4}{k}\right)^4 \|x_0 - x^*\|^4, \quad k \geqslant 1. \tag{6.51}$$

通过上述定理可知加速正则化张量方法具有 $O(1/k^4)$ 的快速次线性收敛速度, 这是它的一大优点; 执行算法需要事先知道 Lipschitz 常数 L_3, 这是它的一个弊端. 除此之外, 算法还需要计算含有张量的项, 看起来十分复杂, 但所幸的是, 自动微分技术的应用可以很好地解决这一问题, 使得该快速全局收敛算法有了很好的应用前景.

6.3.2 切比雪夫–哈雷方法

我们将介绍切比雪夫–哈雷方法, 它具有三阶的局部收敛速度, 但单步迭代的计算量却和牛顿法的差不多.

同样考虑如下无约束优化问题:

$$\min_{x\in\mathbb{R}^n} \quad f(x), \tag{6.52}$$

其中有效域为 $\mathrm{dom}f = \mathbb{R}^n$. 假设该优化问题存在最优解 x^*, 且最优值 $f(x^*)$ 是有限值.

若目标函数 $f(x)$ 在优化问题 (6.52) 的局部最优解 x^* 的邻域内三阶连续可微, 且 Hessian 矩阵 $\nabla^2 f(x^*)$ 为对称正定矩阵, 则最优化问题 (6.52) 可以借助切比雪夫–哈雷方法求解.

在正式给出切比雪夫–哈雷方法之前, 先介绍一些相关知识.

首先, 切比雪夫–哈雷方法是哈雷类方法的一种, 其迭代公式如下:

$$x_{k+1} = x_k + s_k^1 + s_k^2, \tag{6.53}$$

其中 s_k^1 与 s_k^2 分别为下述牛顿方程与哈雷方程的解.

牛顿方程

$$\nabla^2 f(x_k) s_k^1 = -\nabla f(x_k). \tag{6.54}$$

哈雷方程

$$\nabla^2 f(x_k) s_k^2 = -\frac{1}{2}\nabla^3 f(x_k) s_k^1 s_k^1. \tag{6.55}$$

其次, 牛顿方法和哈雷类方法皆为经典的高阶方法, 它们分别具有二阶和三阶局部收敛速率. 理论上认为, 在相同条件下, 高阶收敛算法与低阶算法相比应该需要较少的迭代次数或较快的速度. 然而, 高阶方法每步迭代可能需要更高的计算成本, 从而制约了它们的应用, 事实上, 高阶方法的主要困难在于高阶导数项的计算.

再次, 在与计算函数本身大致相当的计算量下自动微分技术可以保证将用户所需多元函数的导数信息在机器误差精度下输出相应的梯度、Hessian 矩阵项或更高阶的导数项, 这是传统微分方法无法实现的. 这项技术早在 20 世纪五六十年代就已提出, 后来随着计算机软硬件技术的发展才迅速发展起来并应用到大气海洋预测预报等领域.

最后, 我们将自动微分算法简略地描述如下 (详见 [126], [129]): 算法 AD1, AD2 以及 AD3 分别用来计算函数 $f(x)$ 的梯度 $\nabla f(x)$, Hessian 矩阵 $\nabla^2 f(x)\dot{x}$ 以及三阶张量项 $\nabla^3 f(x)\dot{x}\dot{x}$.

算法 AD1

步骤 1. 给定 $x \in \mathbb{R}^n$.

步骤 2. 借用通常计算程序计算 $f(x)$.

步骤 3. 利用逆向模式计算 $\nabla f(x)$.

算法 AD2

步骤 1. 给定 $x, \dot{x}_1, \cdots, \dot{x}_m \in \mathbb{R}^n$.

步骤 2. 利用算法 AD1 计算 $\nabla f(x)$.

步骤 3. 利用正向模式计算 $\nabla^2 f(x)\dot{x}_i$, $i = 1, \cdots, m$.

算法 AD3

步骤 1. 给定 x, $\dot{x} \in \mathbb{R}^n$.

步骤 2. 利用算法 AD2 计算 $\nabla^2 f(x)\dot{x}$.

步骤 3. 利用正向模式计算 $\nabla^3 f(x)\dot{x}\dot{x}$.

关于自动微分算法的理论及计算复杂性分析在此略, 详情可以参见文献 [129]. 现在给出求解最优化问题 (6.52) 的切比雪夫–哈雷算法的迭代框架.

算法 6.3.2 切比雪夫–哈雷算法

步骤 1. 给定初始点 $x_0 \in \mathbb{R}^n$ 及参数 $\epsilon \geqslant 0$, 令 $k = 0$.

步骤 2. 调用自动微分算法 AD1 计算梯度 $\nabla f(x_k)$.

步骤 3. 若 $\|\nabla f(x_k)\| \leqslant \epsilon$, 则算法终止, 输出 $x^* = x_k$; 否则进入下一步.

步骤 4. 令 $\dot{x_i} = e_i$, $i \in [n]$ (e_i 为 $\mathbb{R}^n$ 中的第 i 笛卡儿基向量), 并调用自动微分算法 AD2 计算 Hessian 矩阵 $\nabla^2 f(x_k)$.

步骤 4.1. 对 Hessian 矩阵作 Cholesky 分解, 即 $\nabla^2 f(x_k) = \boldsymbol{L}_k \boldsymbol{D}_k \boldsymbol{L}_k^{\mathrm{T}}$.

步骤 4.2. 解线性方程组 (6.54) 得 s_k^1.

步骤 5. 调用自动微分算法 AD3 计算三阶张量项 $\nabla^3 f(x_k) s_k^1 s_k^1$, 其中 $x = x_k, \dot{x} = s_k^1$.

步骤 6. 在步骤 4.1 的 Cholesky 分解的基础上, 解线性方程组 (6.55) 得 s_k^2.

步骤 7. 更新迭代点

$$x_{k+1} = x_k + s_k^1 + s_k^2,$$

令 $k = k + 1$, 转到步骤 2.

接下来给出切比雪夫–哈雷算法的收敛性分析.

定理 6.3.2 若最优化问题 (6.52) 的目标函数 $f(x)$ 在局部最优解 x^* 的邻域内三阶连续可微, 且 Hessian 矩阵 $\nabla^2 f(x^*)$ 为对称正定矩阵, 则存在 $\delta \in (0, 1)$, 使得算法 6.3.2(切比雪夫–哈雷算法) 的迭代点 x_k 在满足 $\|x_k - x^*\| \leqslant \delta$ 时, 有

$$\|x_{k+1} - x^*\| \leqslant C\|x_k - x^*\|^3,$$

其中 $C > 0$ 为常数.

证明 因为函数 $f(x)$ 在 x^* 的邻域内三阶连续可微, 故有

$$\nabla f(x^*) - \nabla f(x_k) = \nabla^2 f(x_k)(x^* - x_k) + \frac{1}{2}\nabla^3 f(x_k)(x^* - x_k)(x^* - x_k) + O(\|x_k - x^*\|^3). \tag{6.56}$$

由 $\nabla f(x^*) = 0$ 可以得

$$\nabla f(x_k) = O(\|x_k - x^*\|). \tag{6.57}$$

接下来, 由

$$0 = \nabla f(x^*) = \nabla f(x_k) + \nabla^2 f(x_k)(x^* - x_k) + O(\|x^* - x_k\|^2),$$

得

$$\nabla f(x_k) + \nabla^2 f(x_k)(x^* - x_k) = O(\|x^* - x_k\|^2).$$

因为 x_k 充分接近于 x^*, 根据函数 $f(x)$ 满足在 x^* 的邻域内三阶连续可微, 且 Hessian 矩阵 $\nabla^2 f(x^*)$ 为对称正定矩阵, 从而可得

$$\nabla^2 f^{-1}(x_k) = O(1).$$

这表明

$$\nabla^2 f^{-1}(x_k)[\nabla f(x_k) + \nabla^2 f(x_k)(x^* - x_k)] = O(\|x^* - x_k\|^2),$$

即

$$x^* - x_k + \nabla^2 f^{-1}(x_k)\nabla f(x_k) = O(\|x^* - x_k\|^2). \tag{6.58}$$

最后, 由式 (6.56)—(6.58) 结合可得

$$\begin{aligned}
\|x_{k+1} - x^*\| &= \|x_k + s_k^1 + s_k^2 - x^*\| \\
&= \Big\| x_k - \nabla^2 f^{-1}(x_k)\nabla f(x_k) - \frac{1}{2}\nabla^2 f^{-1}(x_k)\nabla^3 f(x_k) \\
&\quad \times [-\nabla^2 f^{-1}(x_k)\nabla f(x_k)]^2 - x^* \Big\| \\
&= \Big\| \nabla^2 f^{-1}(x_k)[\nabla^2 f(x_k)(x_k - x^*) - \nabla f(x_k)] \\
&\quad - \frac{1}{2}\nabla^2 f^{-1}(x_k)\nabla^3 f(x_k)[-\nabla^2 f^{-1}(x_k)\nabla f(x_k)]^2 \Big\| \\
&= \Big\| \nabla^2 f^{-1}(x_k)\left[\frac{1}{2}\nabla^3 f(x_k)(x^* - x_k)^2 + O(\|x^* - x_k\|^3)\right] \\
&\quad - \frac{1}{2}\nabla^2 f^{-1}(x_k)\nabla^3 f(x_k)[-\nabla^2 f^{-1}(x_k)\nabla f(x_k)]^2 \Big\| \\
&= \Big\| \frac{1}{2}\nabla^2 f^{-1}(x_k)\nabla^3 f(x_k)\{(x^* - x_k)^2 \\
&\quad - [\nabla^2 f^{-1}(x_k)\nabla f(x_k)]^2\} + O(\|x^* - x_k\|^3) \Big\| \\
&= \Big\| \frac{1}{2}\nabla^2 f^{-1}(x_k)\nabla^3 f(x_k)[x^* - x_k - \nabla^2 f^{-1}(x_k)\nabla f(x_k)]^{\mathrm{T}} \\
&\quad \times [x^* - x_k + \nabla^2 f^{-1}(x_k)\nabla f(x_k)] + O(\|x^* - x_k\|^3) \Big\|
\end{aligned}$$

$$
\begin{aligned}
&\leqslant \left\| \frac{1}{2}\nabla^2 f^{-1}(x_k)\nabla^3 f(x_k) \right\| \|x^* - x_k - \nabla^2 f^{-1}(x_k)\nabla f(x_k)\| \\
&\quad \times \|x^* - x_k + \nabla^2 f^{-1}(x_k)\nabla f(x_k)\| + O(\|x^* - x_k\|^3) \\
&\leqslant C_1\|x^* - x_k\| C_2\|x^* - x_k\|^2 + C_3\|x^* - x_k\|^3 \\
&= C\|x^* - x_k\|^3,
\end{aligned}
$$

其中 $C = C_1C_2 + C_3$, C_1, C_2, C_3 均为正常数. □

下述结论说明切比雪夫–哈雷方法与牛顿法的计算量差不多, 证明过程可参见文献 [126], 此处略.

定理 6.3.3 若最优化问题 (6.52) 的目标函数 $f(x)$ 在局部最优解 x^* 的邻域内三阶连续可微, 且 Hessian 矩阵 $\nabla^2 f(x^*)$ 为对称正定矩阵, 则在牛顿方程与哈雷方程分别通过直接法求解的前提下, 当 $n \gg 1$ 时, 算法 6.3.2(切比雪夫–哈雷算法) 与牛顿法的单步计算成本之比满足

$$
1 < R = \frac{\text{flops(One Halley step)}}{\text{flops(One Newton step)}} \approx 1,
$$

其中 flops(One Halley step) 表示切比雪夫–哈雷算法的单步计算成本, flops(One Newton step) 表示牛顿法的单步计算成本.

最后, 我们给出一个**正则化切比雪夫–哈雷方法**的迭代框架 [130]:

令当前迭代点为 x_k, 确定正则化系数 M_1, $M_2 > 0$, 通过求解下面两个方程, 依次求得 s_1, s.

$$
\left(\nabla^2 f(x_k) + \frac{M_1}{6}\|s_1\|^2 I\right)s_1 = -\nabla f(x_k),
$$

$$
\left(\nabla^2 f(x_k) + \frac{M_2}{6}\|s\|^2 I\right)s = -\nabla f(x_k) - \frac{1}{2}\nabla^3 f(x_k)s_1s_1.
$$

然后更新迭代点

$$
x_{k+1} = x_k + s.
$$

上述方法同文献 [89] 中第 5 节给出的正则化张量方法具有类似的理论结果, 但只需要与正则化牛顿法差不多的计算量.

第 7 章　在线凸优化算法

一般的优化问题目标是事先确定的, 可以通过设计求解算法得到最优决策. 然而, 有时候问题的目标在决策之后才会出现, 这就需要借助 “边走边学” 的思想进行求解. “边走边学” 是指随着事态的发展及人们经验的累积, 在存在未来不可知信息的情况下仍要针对当下做出决策, 而且每次决策后随着事态的进一步发展将反馈出之前决策的好坏, 此时的优化实际上是一个过程, 被称为在线优化. 它最初源于机器学习, 且结合了博弈论、统计学习和凸优化理论的思想和方法. 本章首先介绍在线优化的基本知识, 然后给出几个经典的在线凸优化算法.

7.1　在线优化概述

本节首先介绍在线优化的模型及算法框架, 然后讨论在线凸优化的几个应用实例.

7.1.1　在线优化模型

在线优化是一个过程, 在该过程中面临一系列的决策问题. 在决策之前给定决策集 K 及损失函数集 F, 决策者在第 t 次做决策 $x_t \in K$ 时, 并不知道每个决策相应的影响和作用, 但决策一旦做出便随即知晓, 即知道了第 t 次决策的损失函数 $f_t(x) \in F$, 以及相应的决策损失为 $f_t(x_t)$. 决策者的目标是使总的决策损失最小或者说是使 T 步后总的决策损失与事后最佳固定决策 (使得 T 个已知的损失函数 $f_t(x)$, $t \in [T]$ 之和取得最小值的决策) 相应的总损失差值最小.

为了使在线优化框架有意义, 需要如下限制条件:

(1) 决策损失有界, 不妨假设损失位于某个有界区域.

(2) 决策集存在某种程度的界限及 (或) 结构, 比如决策集为有界闭凸集.

本章讨论的在线凸优化的决策集 $K \subseteq \mathbb{R}^n$ 为凸集. 损失函数 $f(x): K \to \mathbb{R}$ 为定义在凸集 K 上的有界凸函数, 并令 F 为有界凸损失函数的全体构成的集合. 在线决策者在第 t 步做出决策 $x_t \in K$ 后, 将随即得到凸损失函数 $f_t(x) \in F$, 且相应的决策损失为 $f_t(x_t)$. 特别地, 在做出决策之前关于损失函数 $f_t(x)$ 的任何信息决策者未知. 整个决策过程可以看作一个结构化的重复博弈.

现在给出在线优化算法的一般迭代框架.

算法 7.1.1 在线优化算法

输入：决策集 K, 有界损失函数集 F, 总迭代步数 T.

步骤 1. 给定 $t=1$.

步骤 2. 确定第 t 步的决策 $x_t \in K$, 并随即得到决策损失函数 $f_t(x) \in F$, 以及相应的决策损失 $f_t(x_t)$.

步骤 3. 令 $t=t+1$, 若 $t>T$ 算法停止; 否则, 返回步骤 2.

7.1.2 在线凸优化的应用

在线凸优化具有广泛的应用, 例如, 专家建议、垃圾邮件过滤、组合投资等诸多不同领域的问题都可以建立特殊情况下的在线凸优化模型. 下面简要介绍三个应用实例.

1. 专家建议预测

预测理论中的 “专家建议预测”, 要求决策者从 n 个专家给出的建议中作出决策. 每次决策做出随即产生损失 0 或 1. 该过程如此往复, 并且在每次迭代中, 采用不同专家的建议所产生的损失是任意的. 决策者的目标是尽量做到与事后做的最优决策一样好.

对于该问题可以建立在线凸优化模型, 具体地, 决策集为 n 个元素 (专家建议) 的分布构成的集合, 即 n 维单纯形

$$K=\Delta_n=\left\{x=(x(1),x(2),\cdots,x(n))\in\mathbb{R}^n \;\middle|\; \sum_{i=1}^{n}x(i)=1\right\},$$

其中 $x(i)$ 表示 n 维向量 x 的第 i 个元素, 也可以看作第 i 位专家的建议所占的权重. 决策者在第 t 步的决策为 $x_t=(x_t(1),x_t(2),\cdots,x_t(n))\in K$, 第 i 位专家在第 t 步的建议所产生的损失记为 $f_t(i)\in\{0,1\}$, 令 $f_t=(f_t(1),f_t(2),\cdots,f_t(n))$ 为 n 位专家的建议产生的损失构成的向量. 第 t 步的损失函数 $\bar{f}_t(x)$ 定义为根据分布 x 选择专家建议所产生的期望损失. 具体地, 第 t 步的损失 $\bar{f}_t(x_t)$ 由线性函数 $\bar{f}_t(x_t)=f_t^{\mathrm{T}}x_t$ 确定.

因此专家建议预测为特殊的在线凸优化, 决策集为单纯形, 损失函数为线性函数.

2. 在线垃圾邮件过滤

在线垃圾邮件过滤系统是将每封进入系统的电子邮件分类为垃圾邮件或有效邮件. 该系统必须处理对抗生成数据, 并随着输入的变化而动态变化, 从而考虑用在线凸优化建模.

首先根据词条将电子邮件表示为向量, 每封邮件都对应一个向量 $a \in \mathbb{R}^d$, 其中 d 表示字典中单词的数量. 并且向量 a 的元素由 0 和 1 构成, 邮件中出现的单词向量中的相应位置记为 1, 否则记为 0.

为了预测一封邮件是否为垃圾邮件, 我们需要学习一个过滤器 $x \in \mathbb{R}^d$. 通常 $\|x\|$ 的界 r 是事先确定的, 这是一个非常重要的参数. 一份邮件 $a \in \mathbb{R}^d$ 通过过滤器 $x \in \mathbb{R}^d$ 的分类结果由二者内积的符号 $\hat{y} = \operatorname{sign}(a^{\mathrm{T}}x)$ 来确定, 其中 $+1$ 表示有效邮件, -1 表示垃圾邮件.

对于该问题可以建立在线凸优化模型, 具体地, 决策集为 $\{x \in \mathbb{R}^d \mid \|x\| \leqslant r\}$. 损失函数由进入系统的邮件流及其标签所确定, 这些标签系统可能已知或部分已知, 也可能完全未知. 令 (a, y) 为一份邮件及其相应标签, 经过过滤器后相应的损失函数为 $f(x) = l(\hat{y}, y)$, 其中 $\hat{y}$ 为过滤器 x 下的标签, y 为真实标签, l 为凸损失函数, 比如平方损失函数 $l(\hat{y}, y) = (\hat{y} - y)^2$.

3. 组合投资

现在考虑一个通用的对股票市场不做任何统计假设的组合投资模型, 在每步迭代 $t \in [T]$, 决策者在他的 n 个资产中选择一个分配 $x_t \in \Delta_n$. 对手独立选择针对此资产的市场收益, 也就是向量 $r_t \in \mathbb{R}^n$, 其中 $r_t(i)$ 为第 i 项资产在第 t 次到 $t+1$ 次迭代之间的价格比率, 且严格大于零. 投资者财富在第 t 步与 $t+1$ 步之间的比率为 $r_t^{\mathrm{T}} x_t$, 该设置下的收益定义为财富比率的对数 $\log(r_t^{\mathrm{T}} x_t)$, 相应的损失可理解为 $-\log(r_t^{\mathrm{T}} x_t)$, 投资者根据价格变化调整交易, 目的是想获取最大的收益, 亦可理解为最小化损失.

7.2 在线算法示例

本节首先介绍一个最简单的在线决策问题, 然后针对该问题给出加权占优算法及其相关性质. 接下来讨论该算法的随机版本, 最后介绍以非负实数作为损失的 Hedge 算法.

考虑最简单的在线决策问题, 决策者在每步迭代 $t \in [T]$ 面临两个决策选择 A 或 B, 并且每次决策时有 N 位 "专家" 各自给出建议帮助决策者做决策. 当决策者确定其决策后随即得到决策损失. 决策者的目标是使总决策损失最小.

若决策损失取离散值, 比如将两个决策中正确决策下的损失记为 0, 另一个记为 1, 则决策过程中总的错误决策数量即为整个决策过程的总损失. 为解决该情况下的在线决策问题, 将先后介绍确定型及随机型的加权占优算法.

若决策损失取连续值, 比如将每个决策相应的损失用非负实数表示, 针对该情况下的在线决策问题, 将给出 Hegde 算法.

7.2.1 加权占优算法

针对决策损失取 0 或 1 的最简单的在线决策问题, 首先考虑一个确定型的在线决策算法 —— 加权占优算法. 该算法的中心思想是: 对每位专家的建议赋权, 若某位专家的决策建议在当前迭代步是错误的, 则在下一迭代步减小其权重. 而决策者在每次做决策时都选择总权重最大的决策.

该算法的具体描述如下.

算法 7.2.1 加权占优算法

输入: 决策集 $K=\{A,B\}$, 损失函数集 $F=\{f(x)=0 \text{ 或 } 1 \mid x\in K\}$, 专家人数 N, 总迭代步数 T, 专家权重更新参数 $\epsilon\in(0,1)$.

步骤 1. 给定各位专家的初始权重 $W_1(i)=1,\ i\in[N]$, 令 $t=1$.

步骤 2. 请各位专家给出第 t 步的决策建议, 记集合 $S_t(A)\subseteq[N]$ 和 $S_t(B)\subseteq[N]$ 分别表示第 t 步建议选择决策 $A\in K$ 和 $B\in K$ 的专家构成的集合.

步骤 3. 计算第 t 步每个决策所占的专家权重之和:

$W_t(A)=\sum\limits_{i\in S_t(A)} W_t(i)$ 表示建议选择决策 $A\in K$ 的所有专家的权重之和;

$W_t(B)=\sum\limits_{i\in S_t(B)} W_t(i)$ 表示建议选择决策 $B\in K$ 的所有专家的权重之和.

步骤 4. 确定第 t 步的决策:

$$x_t=\begin{cases} A, & W_t(A)\geqslant W_t(B), \\ B, & W_t(A)<W_t(B), \end{cases}$$

随即得到 F 中的一个损失函数 $f_t(x)$, 从而可知决策损失 $f_t(x_t)$.

步骤 5. 若 $f_t(x_t)=0$, 则表示决策正确; 若 $f_t(x_t)=1$, 则表示决策错误.

据此迭代更新专家权重: 对 $i\in[N]$, 令

$$W_{t+1}(i)=\begin{cases} W_t(i), & \text{若专家 } i \text{ 决策建议正确}, \\ W_t(i)(1-\epsilon), & \text{若专家 } i \text{ 决策建议错误}. \end{cases}$$

步骤 6. 令 $t=t+1$, 若 $t>T$, 算法停止; 否则, 返回步骤 2.

对于上述加权占优算法, 正确决策下的损失记为 0, 错误决策下的损失记为 1, 则算法的总迭代损失, 即算法总的错误决策个数, “约为” 最佳专家决策错误个数的两倍, 且该专家决策错误个数越少, 算法越好, 而其他专家的决策对算法效果影响不大.

定理 7.2.1 给定求解最简单在线决策问题的算法 7.2.1 (加权占优算法), 令 M_t 为该算法迭代到 t 步为止总的错误决策个数, 令 $M_t(i)$ 为算法迭代到 t 步为止专家 i 总的错误决策个数, 则对于任意的专家 $i \in [N]$, 皆有

$$M_T \leqslant 2(1+\epsilon)M_T(i) + \frac{2}{\epsilon}\log N. \tag{7.1}$$

证明 对于任意迭代步 $t \in [T]$, 令 Φ_t 为该迭代步中所有专家权重之和, 即 $\Phi_t = \sum_{i=1}^{N} W_t(i)$, 由初始步每位专家权重皆为 1 得 $\Phi_1 = N$. 由权重更新规则易得 $\Phi_{t+1} \leqslant \Phi_t$.

若加权占优算法中第 t 次迭代的决策是错误的, 则有

$$\Phi_{t+1} \leqslant \Phi_t\left(1-\frac{\epsilon}{2}\right),$$

事实上, 加权占优算法决策错误说明至少有一半专家的决策建议是错误的, 从而至少有一半的专家权重会被更新, 故有

$$\Phi_{t+1} \leqslant \frac{1}{2}\Phi_t(1-\epsilon) + \frac{1}{2}\Phi_t = \Phi_t\left(1-\frac{\epsilon}{2}\right).$$

由此可知, 若算法迭代到 T 步为止总的错误决策数量为 M_T, 则有

$$\Phi_T \leqslant \Phi_1\left(1-\frac{\epsilon}{2}\right)^{M_T} = N\left(1-\frac{\epsilon}{2}\right)^{M_T}.$$

另一方面, 由专家权重更新规则可知, 对于到 T 步为止总的错误决策数量为 $M_T(i)$ 的任意专家 i, 其第 T 步的权重为

$$W_T(i) = (1-\epsilon)^{M_T(i)}.$$

因为 $W_T(i)$ 的值总是比 Φ_T 小, 所以

$$(1-\epsilon)^{M_T(i)} = W_T(i) \leqslant \Phi_T \leqslant N\left(1-\frac{\epsilon}{2}\right)^{M_T}.$$

对上式两边取对数可得

$$M_T(i)\log(1-\epsilon) \leqslant \log N + M_T\log\left(1-\frac{\epsilon}{2}\right).$$

又由泰勒展开式可得

$$-x-x^2 \leqslant \log(1-x) \leqslant -x, \quad \forall 0<x<\frac{1}{2},$$

从而有

$$-M_T(i)(\epsilon+\epsilon^2) \leqslant \log N - M_T\frac{\epsilon}{2},$$

即

$$M_T \leqslant 2(1+\epsilon)M_T(i) + \frac{2}{\epsilon}\log N,$$

进而结论得证. □

不等式(7.1)的右端依赖于参数ϵ的取值. 当$\epsilon \in (0,1)$时, 它在$\epsilon^* = \sqrt{\log N / M_T(i)}$处达到最小值, 从而使不等式 (7.1) 的右端取到最小上界. 特别地, 对于最佳决策专家 i^*, 在最优参数 ϵ^* 的取值下满足

$$M_T \leqslant 2M_T(i^*) + 4\sqrt{M_T(i^*)\log N}.$$

由于事先我们并不知道哪位专家的决策最佳, 因此最优解 ϵ^* 下的最优值事前并不知道. 但是, 我们稍后将看到, 即使没有这个先验知识, 也可以得到类似的上界.

7.2.2 随机加权占优算法

同样针对决策损失取 0 或 1 的最简单的在线决策问题, 现在考虑随机加权占优算法. 该算法与加权占优算法的不同之处在于: 在任意迭代步 t 做决策时, 不再是根据各位专家建议的加权和做出最终决策, 而是以 $p_t(i) = W_t(i) \Big/ \sum\limits_{j=1}^{N} W_t(j)$ 的概率听取专家 i 的决策建议, 并遵从其建议进行决策.

该算法的具体描述如下.

算法 7.2.2 随机加权占优算法

输入: 决策集 $K = \{A, B\}$, 损失函数集 $F = \{f(x) = 0 \text{ 或 } 1 \mid x \in K\}$, 专家人数 N, 总迭代步数 T, 专家权重更新参数 $\epsilon \in (0,1)$.

步骤 1. 给定各位专家的初始权重 $W_1(i) = 1,\ i \in [N]$, 令 $t = 1$.

步骤 2. 请各位专家给出第 t 步的决策建议:

$$S_t = \{S_t(1), S_t(2), \cdots, S_t(N)\},$$

其中 $S_t(i) = A$ 或 B 表示专家 i 的决策建议, $i \in [N]$.

步骤 3. 确定第 t 步的专家建议采用概率:

$$p_t(i) = \frac{W_t(i)}{\sum\limits_{j=1}^{N} W_t(j)}, \quad i \in [N].$$

步骤 4. 依概率 $p_t(i)$ 采纳专家 i 的建议. (确切地说, 第 t 步的决策 x_t 在 $p_t(i)$ 的概率下与专家 i 的决策建议 $S_t(i)$ 一致.) 并随即得到损失函数 $f_t(x) \in F$, 从而可知决策损失 $f_t(x_t)$.

步骤 5. 若 $f_t(x_t) = 0$, 则表示决策正确; 若 $f_t(x_t) = 1$, 则表示决策错误.

据此迭代更新专家权重: 对 $i \in [N]$, 令

$$W_{t+1}(i) = \begin{cases} W_t(i), & \text{若专家 } i \text{ 决策建议正确}, \\ W_t(i)(1-\epsilon), & \text{若专家 } i \text{ 决策建议错误}. \end{cases}$$

步骤 6. 令 $t=t+1$, 若 $t>T$ 算法停止; 否则, 返回步骤 2.

对于上述随机加权占优算法, 依然将正确决策下的损失记为 0, 错误决策下的损失记为 1, 从而算法的总迭代损失的期望值, 即算法总的错误决策数量的期望值, 满足下述结论.

定理 7.2.2 给定求解最简单在线决策问题的算法 7.2.2 (随机加权占优算法), 令 M_t 为该算法迭代到 t 步为止总的错误决策数量, 令 $M_t(i)$ 为算法迭代到 t 步为止专家 i 总的错误决策数量, 则对于任意的专家 $i \in [N]$, 皆有

$$E[M_T] \leqslant (1+\epsilon)M_T(i) + \frac{1}{\epsilon}\log N. \tag{7.2}$$

证明 与加权占优算法的证明类似, 对于任意迭代步 $t \in [T]$, 令 $\Phi_t = \sum_{i=1}^{N} W_t(i)$, 且 $\Phi_1 = N$. 令 $\hat{m}_t = M_t - M_{t-1}$ 为指示变量, 若随机加权占优算法在迭代步 t 决策错误, 则其值为 1, 否则为 0.

为了简单, 针对算法中专家权重的更新规则, 类似引入变量 $m_t(i)$, $i \in [N]$, 当专家 i 在第 t 步决策错误时, 令 $m_t(i) = 1$, 否则为 0. 则有

$$W_{t+1}(i) = W_t(i)[1 - m_t(i)\epsilon],$$

从而有

$$\begin{aligned} \Phi_{t+1} &= \sum_{i=1}^{N} W_t(i)[1-\epsilon m_t(i)] \\ &= \Phi_t\Big(1 - \epsilon\sum_{i=1}^{N} p_t(i)m_t(i)\Big) \\ &= \Phi_t(1-\epsilon E[\hat{m}_t]) \\ &\leqslant \Phi_t e^{-\epsilon E[\hat{m}_t]}, \end{aligned}$$

其中最后一个不等式成立是因为 $1+x \leqslant e^x$.

另一方面, 由专家权重更新规则可知, 对于到 T 步为止总的错误决策数量为 $M_T(i)$ 的任意专家 i, 其第 T 步的权重为

$$W_T(i) = (1-\epsilon)^{M_T(i)}.$$

因为 $W_T(i)$ 的值总是比 Φ_T 小, 所以

$$(1-\epsilon)^{M_T(i)} = W_T(i) \leqslant \Phi_T \leqslant Ne^{-\epsilon E[M_T]}.$$

对上述不等式两边取对数可得

$$M_T(i)\log(1-\epsilon) \leqslant \log N - \epsilon E[M_T].$$

又由泰勒展开式可得

$$-x-x^2 \leqslant \log(1-x) \leqslant -x, \quad \forall 0<x<\frac{1}{2},$$

从而有

$$-M_T(i)(\epsilon+\epsilon^2) \leqslant \log N - \epsilon E[M_T],$$

即

$$E[M_T] \leqslant (1+\epsilon)M_T(i) + \frac{1}{\epsilon}\log N,$$

进而结论得证. □

随机加权占优算法能够保证决策者跟随专家建议使期望决策损失接近最佳专家相应的决策损失.

7.2.3 Hedge 算法

针对最简单的在线决策问题, 加权占优算法及随机加权占优算法都是借助错误决策数量来判定专家表现的, 即采用离散数值 0, 1 作为损失. 实际上, 也可以通过非负实数 $l_t(i) \in \mathbb{R}_+$ 来衡量专家 i 的表现. 下面具体给出使用非负实数 $l_t(i)$ 作损失的算法——Hedge 算法.

算法 7.2.3　Hedge 算法

输入：决策集 K, 损失函数集 F, 专家人数 N, 总迭代步数 T, 专家权重更新参数 $\epsilon \in (0,1)$.

步骤 1. 给定各位专家的初始权重 $W_1(i)=1$, $i\in[N]$, 令 $t=1$.

步骤 2. 请各位专家给出第 t 步的决策建议:

$$S_t = \{S_t(1), S_t(2), \cdots, S_t(N)\},$$

其中 $S_t(i)\in K$ 表示专家 i 的决策建议,$i\in[N]$.

步骤 3. 确定第 t 步的专家建议采用概率:

$$p_t(i) = \frac{W_t(i)}{\sum\limits_{j=1}^{N} W_t(j)}, \quad i\in[N].$$

步骤 4. 依概率 $p_t(i)$ 采纳专家 i 的建议. (确切地说, 第 t 步的决策 x_t 在 $p_t(i)$ 的概率下与专家 i 的决策建议 $S_t(i)$ 一致.) 并随即得到损失函数 $f_t(x) \in F$, 从而可知决策损失 $f_t(x_t) = l_t(i)$.

步骤 5. 迭代更新专家权重:

$$W_{t+1}(i) = W_t(i)e^{-\epsilon l_t(i)}.$$

其中 $l_t(i)$ 表示第 t 步专家 i 的决策损失.

步骤 6. 令 $t = t+1$, 若 $t > T$ 算法停止; 否则, 返回步骤 2.

该算法在第 t 步的期望损失为

$$E[f_t(x_t)] = \sum_{i=1}^{N} p_t(i)l_t(i) = p_t^{\mathrm{T}} l_t,$$

其中 $p_t = (p_t(1), p_t(2), \cdots, p_t(N))^{\mathrm{T}}$, $l_t = (l_t(1), l_t(2), \cdots, l_t(N))^{\mathrm{T}}$, $p_t(i)$ 表示第 t 步决策 x_t 跟随专家 i 选择 $S_t(i)$ 的概率, $l_t(i)$ 表示第 t 步专家 i 的决策损失.

定理 7.2.3 对于算法 7.2.3 (Hedge 算法), 记 l_t^2 为平方损失的 N 维向量, 即 $l_t^2 = (l_t^2(1), l_t^2(2), \cdots, l_t^2(N))^{\mathrm{T}}$, $l_t^2(i) = l_t(i)^2$, $i \in [N]$. 令 $\epsilon > 0$, 并假设所有损失值 $l_t(i)$, $i \in [N]$ 非负, 则对于任意专家 $i \in [N]$, 皆有

$$\sum_{t=1}^{T} E[f_t(x_t)] \leqslant \sum_{t=1}^{T} l_t(i) + \epsilon \sum_{t=1}^{\mathrm{T}} p_t^{\mathrm{T}} l_t^2 + \frac{1}{\epsilon}\log N.$$

证明 对于任意迭代步 $t \in [T]$, 令 $\Phi_t = \sum_{i=1}^{N} W_t(i)$, 且 $\Phi_1 = N$. 由算法中专家权重的更新规则可得

$$\begin{aligned}
\Phi_{t+1} &= \sum_{i=1}^{N} W_t(i)e^{-\epsilon l_t(i)} \\
&= \Phi_t \sum_{i=1}^{N} p_t(i)e^{-\epsilon l_t(i)} \\
&\leqslant \Phi_t \sum_{i=1}^{N} p_t(i)[1 - \epsilon l_t(i) + \epsilon^2 l_t(i)^2] \\
&= \Phi_t(1 - \epsilon p_t^{\mathrm{T}} l_t + \epsilon^2 p_t^{\mathrm{T}} l_t^2) \\
&\leqslant \Phi_t e^{-\epsilon p_t^{\mathrm{T}} l_t + \epsilon^2 p_t^{\mathrm{T}} l_t^2},
\end{aligned}$$

从而有

$$\Phi_T \leqslant N e^{-\epsilon \sum\limits_{t=1}^{T} p_t^{\mathrm{T}} l_t + \epsilon^2 \sum\limits_{t=1}^{T} p_t^{\mathrm{T}} l_t^2}.$$

另一方面, 根据专家权重更新规则可知, 对于专家 i 有

$$W_T(i) = e^{-\epsilon \sum\limits_{t=1}^{T} l_t(i)}.$$

由于 $W_T(i)$ 的值总比 Φ_T 小, 因此有

$$e^{-\epsilon \sum\limits_{t=1}^{T} l_t(i)} = W_T(i) \leqslant \Phi_T \leqslant N e^{-\epsilon \sum\limits_{t=1}^{T} p_t^{\mathrm{T}} l_t + \epsilon^2 \sum\limits_{t=1}^{T} p_t^{\mathrm{T}} l_t^2}.$$

对上式两边取对数可得

$$-\epsilon \sum_{t=1}^{T} l_t(i) \leqslant \log N - \epsilon \sum_{t=1}^{T} p_t^{\mathrm{T}} l_t + \epsilon^2 \sum_{t=1}^{T} p_t^{\mathrm{T}} l_t^2,$$

即

$$\sum_{t=1}^{T} p_t^{\mathrm{T}} l_t \leqslant \sum_{t=1}^{T} l_t(i) + \epsilon \sum_{t=1}^{T} p_t^{\mathrm{T}} l_t^2 + \frac{1}{\epsilon} \log N,$$

进而结论得证. □

7.3　一阶在线凸优化算法

本节主要考虑在线凸优化问题, 即决策集 K 为凸集, F 为有界凸函数构成的集合的在线优化问题. 针对此类问题, 将先后介绍两个在线求解算法——在线投影梯度法与投影随机梯度法.

7.3.1　在线投影梯度法

在线投影梯度法最早由 Zinkevich 于 2003 年提出[134], 其基本思想是: 对于迭代步 t, 给出决策 x_t 后, 根据当前的损失函数 $f_t(x)$ 的梯度信息确定下一次的决策. 具体地, 先从当前决策 x_t 沿负梯度方向走一定距离 α_t 得到点 y_t, 再从该点向决策集 K 做投影得到下一决策 x_{t+1}. 此算法与求解一般的最优化问题的投影梯度法的不同之处在于当前步的损失函数 $f_{t+1}(x)$ 未知, 只能根据前一次的损失函数 $f_t(x)$ 做出决策 x_{t+1}.

现在给出在线投影梯度法的一般框架.

算法 7.3.1　在线投影梯度法

输入：凸决策集 K, 有界凸损失函数集 F, 总迭代步数 T, 步长 $\{\alpha_t\}$, $t \in [T]$.

步骤 1. 确定初始决策 $x_1 \in K$, 并令 $t = 1$.

步骤 2. 计算第 t 步决策 x_t 产生的决策损失 $f_t(x_t)$, 其中损失函数 $f_t(x) \in F$.

步骤 3. 更新迭代点

$$y_t = x_t - \alpha_t \nabla f_t(x_t),$$
$$x_{t+1} = P_K(y_t),$$

其中 $P_K(\cdot)$ 为决策集 K 的投影算子.

步骤 4. 令 $t = t+1$, 若 $t > T$ 算法停止; 否则, 返回步骤 2.

与离线优化不同, 在线优化问题事先无法确定目标函数, 这给相应算法的评价与研究带来困难. 因此, 为了度量在线优化算法, 借鉴博弈论, 引入 "遗憾值" 的概念, 即, 将最坏情况下算法每一步在线决策所招致的损失之和与 "事后最佳固定决策" 所产生的总损失之间的差值称为决策者或算法的遗憾值. 需要注意的是, 此时所指的事后最佳固定决策为

$$x^* = \arg\min_{x \in K} \sum_{t=1}^{T} f_t(x).$$

事实上, 一方面, 这一过程可以看作一个结构化的重复博弈过程; 另一方面, 当前步 t 的决策 x_t $(1, 2, \cdots, t-1)$ 是通过综合优化过去所有决策步的损失函数得到的. 因此, 这样进行下去, 每步的 "事后最佳固定决策" 在某种意义下是 "趋于相同" 的.

定义 7.3.1 给定在线优化算法 $\mathcal{A}$, 决策集 K, 损失函数集 F, 总的迭代步数 T, 该算法 T 步之后的**遗憾值** $\text{regret}_T(\mathcal{A})$ 定义如下:

$$\text{regret}_T(\mathcal{A}) = \sup_{f_t(x) \in F} \left\{ \sum_{t=1}^{T} f_t(x_t) - \min_{x \in K} \sum_{t=1}^{T} f_t(x) \right\}, \tag{7.3}$$

其中 $x_t \in K$ 为算法 $\mathcal{A}$ 第 t 步的决策, $f_t(x_t)$ 为第 t 步决策 x_t 相应的损失.

通常关心算法在最坏情况下所能达到的遗憾值的上界. 若算法的遗憾值是关于总迭代次数 T 的次线性函数, 则认为算法表现良好. 因为此时算法的平均遗憾值随着总迭代次数的增多而趋于零.

此后, 在不致引起混乱的前提下, 将算法 $\mathcal{A}$ 迭代 T 步后的遗憾值简记为 regret_T.

针对上述在线投影梯度法, 假设迭代过程中产生的所有损失函数 $f_t(x)$, $t \in [T]$ 皆是 L-Lipschitz 连续的, 即

$$|f_t(x) - f_t(y)| \leqslant L\|x - y\|, \quad \forall x, y \in K,$$

则有 $\|\nabla f_t(x)\| \leqslant L$. 并记 D 为凸决策集 K 的直径的上界, 即

$$\|x - y\| \leqslant D, \quad \forall x, y \in K.$$

通过下述定理说明在线投影梯度法的遗憾值的上界与损失函数 $f_t(x)$, $t \in [T]$ 的 Lipschitz 常数 L 及决策集 K 直径的上界 D 密切相关.

定理 7.3.1 对于算法 7.3.1 (在线投影梯度法), 若损失函数 $f_t(x)$, $t \in [T]$ 皆为凸函数, 且是 L-Lipschitz 连续的, 则取步长 $\alpha_t = D/L\sqrt{t}$, $t \in [T]$ 时, 对任意的 $T \geqslant 1$, 皆有

$$\text{regret}_T \leqslant \frac{3}{2} LD\sqrt{T},$$

其中 D 为决策集 K 直径的上界.

证明 令 $x^* = \arg\min_{x \in K} \sum_{t=1}^{T} f_t(x)$, 由函数 $f_t(x)$ 为凸函数可得

$$f_t(x_t) - f_t(x^*) \leqslant \nabla f_t(x_t)^{\mathrm{T}}(x_t - x^*). \tag{7.4}$$

根据 x_{t+1} 的更新规则及投影的性质可得

$$\begin{aligned}
\|x_{t+1} - x^*\|^2 &= \|P_K(x_t - \alpha_t \nabla f_t(x_t)) - x^*\|^2 \\
&\leqslant \|(x_t - \alpha_t \nabla f_t(x_t)) - x^*\|^2 \\
&= \|x_t - x^*\|^2 + \alpha_t^2 \|\nabla f_t(x_t)\|^2 - 2\alpha_t \nabla f_t(x_t)^{\mathrm{T}}(x_t - x^*).
\end{aligned}$$

从而可得

$$2\nabla f_t(x_t)^{\mathrm{T}}(x_t - x^*) \leqslant \frac{1}{\alpha_t}[\|x_t - x^*\|^2 - \|x_{t+1} - x^*\|^2] + \alpha_t L^2. \tag{7.5}$$

结合式 (7.4) 和 (7.5) 得

$$2[f_t(x_t) - f_t(x^*)] \leqslant \frac{1}{\alpha_t}[\|x_t - x^*\|^2 - \|x_{t+1} - x^*\|^2] + \alpha_t L^2.$$

令步长 $\alpha_t = D/L\sqrt{t}$, 并对上述不等式分别取 $t = 1, 2, \cdots, T$, 再将不等式左右两边分别相加可得

$$\begin{aligned}
& 2\sum_{t=1}^{T} [f_t(x_t) - f_t(x^*)] \\
\leqslant & \sum_{t=1}^{T-1} \frac{1}{\alpha_t}[\|x_t - x^*\|^2 - \|x_{t+1} - x^*\|^2] + \frac{1}{\alpha_T}\|x_T - x^*\|^2 + \sum_{t=1}^{T} \alpha_t L^2 \\
= & \frac{1}{\alpha_1}\|x_1 - x^*\|^2 + \sum_{t=2}^{T} \|x_t - x^*\|^2 \left(\frac{1}{\alpha_t} - \frac{1}{\alpha_{t-1}}\right) + \sum_{t=1}^{T} \alpha_t L^2 \\
\leqslant & \frac{1}{\alpha_1} D^2 + \sum_{t=2}^{T} \left(\frac{1}{\alpha_t} - \frac{1}{\alpha_{t-1}}\right) D^2 + \sum_{t=1}^{T} \alpha_t L^2 \\
= & \frac{1}{\alpha_T} D^2 + \sum_{t=1}^{T} \alpha_t L^2 \\
\leqslant & 3LD\sqrt{T}.
\end{aligned}$$

最后一个不等式是由 $\alpha_t = D/L\sqrt{t}$ 及 $\sum_{t=1}^{T} 1/\sqrt{t} \leqslant 2\sqrt{T}$ 所得. 事实上,

$$\sum_{t=1}^{T} \frac{1}{\sqrt{t}} \leqslant \int_{1}^{T+1} \frac{1}{\sqrt{x}} dx = 2(\sqrt{T+1}-1) \leqslant 2\sqrt{T}.$$

从而有

$$\sum_{t=1}^{T} f_t(x_t) - \min_{x \in K} \sum_{t=1}^{T} f_t(x) \leqslant \frac{3}{2} LD\sqrt{T},$$

继而结论得证. □

下述结论进一步说明若损失函数皆为强凸函数, 则在适当步长下可以得到遗憾值更紧的上界.

定理 7.3.2 对于算法 7.3.1 (在线投影梯度法), 若损失函数 $f_t(x)$, $t \in [T]$ 皆为模 c 强凸函数, 且是 L-Lipschitz 连续的, 则取步长 $\alpha_t = 1/ct$, $t \in [T]$ 时, 对任意的 $T \geqslant 1$, 皆有

$$\text{regret}_T \leqslant \frac{L^2}{2c}(1 + \log T).$$

证明 令 $x^* = \arg\min_{x \in K} \sum_{t=1}^{T} f_t(x)$, 由函数 $f_t(x)$ 为模 c 强凸函数可得

$$2[f_t(x_t) - f_t(x^*)] \leqslant 2\nabla f_t(x_t)^{\mathrm{T}}(x_t - x^*) - c\|x^* - x_t\|^2.$$

与定理 7.3.1 的证明类似, 首先可得 (7.5), 即

$$2\nabla f_t(x_t)^{\mathrm{T}}(x_t - x^*) \leqslant \frac{1}{\alpha_t}[\|x_t - x^*\|^2 - \|x_{t+1} - x^*\|^2] + \alpha_t L^2.$$

进而有

$$2[f_t(x_t) - f_t(x^*)] \leqslant \frac{1}{\alpha_t}[\|x_t - x^*\|^2 - \|x_{t+1} - x^*\|^2] + \alpha_t L^2 - c\|x_t - x^*\|^2.$$

然后取 $\alpha_t = 1/ct$, 则易得

$$\begin{aligned}
&2\sum_{t=1}^{T}[f_t(x_t) - f_t(x^*)] \\
&\leqslant \|x_1 - x^*\|^2\left(\frac{1}{\alpha_1} - c\right) + \sum_{t=2}^{T}\|x_t - x^*\|^2\left(\frac{1}{\alpha_t} - \frac{1}{\alpha_{t-1}} - c\right) + L^2\sum_{t=1}^{T}\alpha_t \\
&= 0 + L^2\sum_{t=1}^{T}\frac{1}{ct}
\end{aligned}$$

$$\leqslant \frac{L^2}{c}(1+\log T),$$

从而有

$$\sum_{t=1}^{T} f_t(x_t) - \min_{x\in K}\sum_{t=1}^{T} f_t(x) \leqslant \frac{L^2}{2c}(1+\log T),$$

继而结论得证. □

7.3.2　投影随机梯度法

随机优化可看作在线优化的特例. 针对一般的凸优化的问题, 即在凸的有效域 K 上, 极小化目标凸函数 $f(x)$:

$$\min_{x\in K} \quad f(x).$$

显然梯度 $\nabla f(x)$ 可以直接确定, 然而, 在随机凸优化问题下无法获取梯度的确切信息, 但是可以访问带有噪声的梯度谕示 $\widetilde{\nabla}_x$, 其中 $\widetilde{\nabla}_x$ 满足

$$E[\widetilde{\nabla}_x] = \nabla f(x), \quad E[\|\widetilde{\nabla}_x\|^2] \leqslant L^2.$$

也就是说, 给定决策集中的一个点, 噪声梯度谕示将返回一个随机向量, 且该向量的期望为当前点的梯度, 范数平方的期望不超过 L^2.

现在给出求解随机凸优化问题的投影随机梯度法的基本框架.

算法 7.3.2　投影随机梯度法

输入：凸决策集 K, 总迭代步数 T, 步长序列 $\{\alpha_t\}$, $t\in[T]$.

步骤 1. 确定初始决策 $x_1 \in K$, 并令 $t=1$.

步骤 2. 确定第 t 步决策 x_t 的噪声梯度 $\widetilde{\nabla}_{x_t}$.

(可将第 t 步决策 x_t 相应的决策损失函数视为 $f_t(x_t) = \langle\widetilde{\nabla}_{x_t}, x_t\rangle$.)

步骤 3. 更新迭代点

$$\begin{aligned} y_t &= x_t - \alpha_t \widetilde{\nabla}_{x_t}, \\ x_{t+1} &= P_K(y_t), \end{aligned}$$

其中 $P_K(\cdot)$ 为决策集 K 的投影算子.

步骤 4. 令 $t=t+1$, 若 $t>T$ 算法停止; 否则, 返回步骤 2.

接下来将说明在线凸优化算法遗憾值的界可以转化为随机凸优化算法的收敛率. 先回顾在线投影梯度法的遗憾值的界如下:

$$\text{regret}_T \leqslant \frac{3}{2}LD\sqrt{T},$$

其中 L 为损失函数 $f_t(x)$, $t\in[T]$ 的 Lipschitz 常数, D 为决策集 K 直径的上界, T 为算法总的迭代次数.

定理 7.3.3 对于算法 7.3.2 (投影随机梯度法), 若取步长 $\alpha_t = D/L\sqrt{t}$, $t \in [T]$, 则对任意的 $T \geqslant 1$, 皆有

$$E[f(\overline{x}_T)] \leqslant \min_{x\in K} f(x) + \frac{3LD}{2\sqrt{T}},$$

其中 $\overline{x}_T = \frac{1}{T}\sum\limits_{t=1}^{T} x_t$, D 为决策集 K 直径的上界, L 满足 $E[\|\widetilde{\nabla}_x\|^2] \leqslant L^2$.

证明 令 $x^* = \arg\min\limits_{x\in K} \sum\limits_{t=1}^{T} f_t(x)$, 由在线投影梯度法的遗憾值保证, 损失函数的凸性以及 $\widetilde{\nabla}_{x_t}$ 的定义可得

$$\begin{aligned}
E[f(\overline{x}_T)] - f(x^*) &= E\Big[f\Big(\frac{1}{T}\sum_{t=1}^{T} x_t\Big)\Big] - f(x^*) \\
&\leqslant E\Big[\frac{1}{T}\sum_{t=1}^{T} f(x_t)\Big] - f(x^*) \\
&= \frac{1}{T}E\Big[\sum_{t=1}^{T}[f(x_t) - f(x^*)]\Big] \\
&\leqslant \frac{1}{T}E\Big[\sum_{t=1}^{T}\langle \nabla f(x_t), x_t - x^*\rangle\Big] \\
&= \frac{1}{T}E\Big[\sum_{t=1}^{T}\langle \widetilde{\nabla}_{x_t}, x_t - x^*\rangle\Big] \\
&= \frac{1}{T}E\Big[\sum_{t=1}^{T} f_t(x_t) - f_t(x^*)\Big] \\
&\leqslant \frac{\mathrm{regret}_T}{T} \\
&\leqslant \frac{3LD}{2\sqrt{T}}.
\end{aligned}$$

□

需要注意的是, 由于投影随机梯度法中定义的损失函数 $f_t(x)$ 取决于决策变量 $x_t \in K$ 的选择, 因此在上述结论的证明中, 可以直接使用在线投影梯度法遗憾值界的结论.

7.4 在线拟牛顿法

本节首先介绍在线组合投资问题, 然后给出指数凹函数的定义及相关性质, 最后讨论一类超一阶在线方法——在线拟牛顿法, 并用它求解在线组合投资问题.

主流金融理论将股票价格变化看作一个几何布朗运动 (Geometric Brownian Motion, GBM). 该模型假设股票价格本质上是随机波动的, 并将时间离散成相等时

段, 考虑每个时段股票的价格. 现将时段 $t+1$ 上的股票价格的对数记为 l_{t+1}, 该值由时段 t 上的股票价格对数与一个具有特定均值和方差的高斯随机变量的和确定, 即

$$l_{t+1} \sim l_t + \mathcal{N}(\mu, \sigma).$$

GBM 模型为组合投资选择提供了特定的算法, 即只要给定一组随时间变化的股票价格均值和方差, 并了解各股票间的相互关系, 就可以确定组合投资模型, 使得在特定风险 (方差) 下达到最大期望收益 (均值). 其中最根本的问题是获取这组股票的均值和方差, 一般情况下可以从历史数据中对其进行估计. 例如, 从股票的近期表现中获取.

一般组合投资选择理论与上述基于几何布朗运动的组合投资选择理论有很大不同. 其中主要区别在于无须对股票市场做统计假设. 一般组合投资的主要思想与在线凸优化一致, 将每次投资看作一个需要重复决策的场景进行建模, 并将遗憾值作为投资好坏的衡量标准.

如无特别说明, 此后提到的组合投资问题皆为一般组合投资.

现在考虑组合投资的具体场景: 投资者 (决策者) 将其财富对应于 n 份资产的分配情况的全体构成的集合记为决策集 K, 即

$$K = \Delta_n = \left\{ x = (x(1), x(2), \cdots, x(n)) \in \mathbb{R}_+^n \;\middle|\; \sum_{i=1}^{n} x(i) = 1 \right\}.$$

在迭代步 $t \in [T]$ 时, 投资者 (决策者) 选择 $x_t \in \Delta_n$. 对手将独立选择每项资产的市场回报, 即确定向量 $r_t \in \mathbb{R}_+^n$ 使得该向量的每个元素 $r_t(i)$ 对应于第 i 项资产在第 t 次与第 $t+1$ 次迭代之间的价格比. 令 W_t 为第 t 次迭代时, 投资者 (决策者) 的总财富, 在忽略交易成本的条件下有

$$W_{t+1} = W_t \cdot r_t^{\mathrm{T}} x_t.$$

T 次迭代后, 投资者 (决策者) 的总财富为

$$W_T = W_1 \cdot \prod_{t=1}^{T} r_t^{\mathrm{T}} x_t.$$

投资者 (决策者) 的目标是使整体财富收益 $\dfrac{W_T}{W_1}$ 最大化. 为了计算方便, 可以最大化其对数值, 即

$$\log \frac{W_T}{W_1} = \sum_{t=1}^{T} \log r_t^{\mathrm{T}} x_t.$$

将第 t 步决策 x_t 产生的决策收益记为

$$f_t(x_t) = \log(r_t^{\mathrm{T}} x_t).$$

T 次迭代后的遗憾值记为

$$\mathrm{regret}_T = \max_{x\in K} \sum_{t=1}^{T} f_t(x) - \sum_{t=1}^{T} f_t(x_t).$$

由于组合投资问题的决策集 $K = \Delta_n$ 为凸集, 函数 f_t 为凹函数, 且为极大化问题, 故为在线凸优化问题.

通常习惯考虑凸损失函数的遗憾值, 而非像组合投资中那样考虑凹收益函数的遗憾值. 事实上, 二者是等价的, 即可以用极小化凸函数 $-\log(r_t^{\mathrm{T}} x)$ 来替代极大化凹函数 $\log(r_t^{\mathrm{T}} x)$. 因此之后在考虑组合投资问题时, 将凸函数 $f_t(x) = -\log(r_t^{\mathrm{T}} x)$ 作为决策 x_t 相应的损失函数, 并且相应的遗憾值变为

$$\mathrm{regret}_T = \sum_{t=1}^{T} f_t(x_t) - \min_{x\in K} \sum_{t=1}^{T} f_t(x).$$

之前针对在线凸优化问题提出的在线投影梯度法, 在适当的步长规则下, 对于强凸损失函数可以产生与总迭代次数 T 的对数相关的遗憾值界. 然而, 组合投资问题的损失函数 $f_t(x) = -\log(r_t^{\mathrm{T}} x)$ 并非强凸. 但是该函数的 Hessian 矩阵为秩 1 矩阵

$$\nabla^2 f_t(x) = \frac{r_t r_t^{\mathrm{T}}}{(r_t^{\mathrm{T}} x)^2}.$$

并且该 Hessian 矩阵在梯度方向很大. 我们将说明该情况下也可以得到与强凸函数类似的性质. 在此之前, 先给出指数凹函数的定义.

定义 7.4.1 给定函数 $g : K \to \mathbb{R}$:

$$g(x) = e^{-\alpha f(x)},$$

其中 $\alpha \in \mathbb{R}_+$. 若 $g(x)$ 为凹函数, 则称凸函数 $f : \mathbb{R}^n \to \mathbb{R}$:

$$f(x) = -\frac{1}{\alpha} \log g(x)$$

为 α-**指数凹函数**.

引理 7.4.1 二阶可微函数 $f : \mathbb{R}^n \to \mathbb{R}$ 在 $x \in K$ 点处为 α-指数凹函数当且仅当

$$\nabla^2 f(x) \succeq \alpha \nabla f(x) \nabla f(x)^{\mathrm{T}}.$$

证明 函数 f 为 α-指数凹函数当且仅当下述函数为凹函数

$$g(x)=e^{-\alpha f(x)},$$

故有

$$0\succeq\nabla^2 g(x)=-\alpha\nabla f(x)[-\alpha\nabla f(x)^{\mathrm{T}}]e^{-\alpha f(x)}-\alpha\nabla^2 f(x)e^{-\alpha f(x)},$$

从而可得

$$\nabla^2 f(x)\succeq\alpha\nabla f(x)\nabla f(x)^{\mathrm{T}}.$$

□

下面结论说明指数凹函数在梯度方向满足强凸性.

定理 7.4.1 若函数 $f:K\to\mathbb{R}$ 为二阶可微的 α-指数凹函数, L 为函数 f 次梯度的上界 (L 亦为函数 $f(x)$ 的 Lipschitz 常数), D 为决策集 K 直径的上界, 则在 $\gamma\leqslant\dfrac{1}{2}\min\{1/4LD,\alpha\}$ 的条件下, 对任意的 $x,y\in K$ 皆有

$$f(x)\geqslant f(y)+\nabla f(y)^{\mathrm{T}}(x-y)+\frac{\gamma}{2}[\nabla f(y)^{\mathrm{T}}(x-y)]^2.$$

证明 由函数 f 为二阶可微的 α-指数凹函数可得 $e^{-\alpha f(x)}$ 为凹函数, 因为 $2\gamma\leqslant\alpha$, 故由借助引理 7.4.1 可得函数 $h(x)=e^{-2\gamma f(x)}$ 亦为凹函数. 从而有

$$h(x)\leqslant h(y)+\nabla h(y)^{\mathrm{T}}(x-y),$$

其中 $\nabla h(y)=-2\gamma e^{-2\gamma f(y)}\nabla f(y)$, 故

$$e^{(-2\gamma f(x))}\leqslant e^{(-2\gamma f(y))}[1-2\gamma\nabla f(y)^{\mathrm{T}}(x-y)].$$

简化整理可得

$$f(x)\geqslant f(y)-\frac{1}{2\gamma}\log(1-2\gamma\nabla f(y)^{\mathrm{T}}(x-y)).$$

又因为

$$|2\gamma\nabla f(y)^{\mathrm{T}}(x-y)|\leqslant 2\gamma LD\leqslant\frac{1}{4},$$

且对于 $|z|\leqslant\dfrac{1}{4}$, 有下式成立:

$$-\log(1-z)\geqslant z+\frac{1}{4}z^2.$$

故将 $z=2\gamma\nabla f(y)^{\mathrm{T}}(x-y)$ 代入上述不等式可得结论. □

之前介绍了仅考虑损失函数的梯度信息的一阶在线凸优化算法, 现在给出在线拟牛顿法, 该算法不仅要考虑损失函数的梯度, 还要考虑其 Hessian 矩阵的近似. 与在线投影梯度法的最大不同在于迭代点的更新: 首先, 在线拟牛顿法中以

$-\boldsymbol{A}_t^{-1}\nabla f_t(x_t)$ 作为搜索方向, 其中矩阵 $\boldsymbol{A}_t$ 是损失函数的 Hessian 矩阵的某种近似; 其次, 在线拟牛顿法依然需要添加额外的投影步以保证更新点在决策集内, 但是投影算子是基于矩阵 $\boldsymbol{A}_t$ 给出的.

现在给出基于秩一矩阵的在线拟牛顿法的一般框架.

算法 7.4.1 在线拟牛顿法

输入: 凸决策集 K, 有界凸损失函数集 F, 总的迭代步数 T, 参数 $\gamma, \varepsilon > 0$.

步骤 1. 确定初始决策 $x_1 \in K$, 并令 $\boldsymbol{A}_0 = \varepsilon \boldsymbol{I}_n$, $t = 1$.

步骤 2. 计算第 t 步决策 x_t 产生的决策损失 $f_t(x_t)$ 及其梯度 $\nabla f_t(x_t)$, 其中损失函数 $f_t(x) \in F$.

步骤 3. 更新秩一矩阵

$$\boldsymbol{A}_t = \boldsymbol{A}_{t-1} + \nabla f_t(x_t)\nabla f_t(x_t)^{\mathrm{T}}.$$

步骤 4. 更新迭代点

$$\begin{aligned} y_t &= x_t - \frac{1}{\gamma}\boldsymbol{A}_t^{-1}\nabla f_t(x_t), \\ x_{t+1} &= P_K^{\boldsymbol{A}_t}(y_t), \end{aligned}$$

其中 $P_K^{\boldsymbol{A}_t}(\cdot)$ 为决策集 K 在矩阵范数 $\|x\|_{\boldsymbol{A}_t} = \sqrt{x^{\mathrm{T}}\boldsymbol{A}_t x}$ 定义下的投影算子.

步骤 5. 令 $t = t + 1$, 若 $t > T$ 算法停止; 否则, 返回步骤 2.

在线拟牛顿法的优势在于对指数凹损失函数, 依然能达到与强凸损失函数下差不多的遗憾值界. 在给出该结论之前先介绍与遗憾值界相关的另一结论.

引理 7.4.2 对于算法 7.4.1 (在线拟牛顿法), 若损失函数 $f_t(x)$, $t \in [T]$ 皆为凸函数, 且是 L-Lipschitz 连续的, 则在算法参数满足 $\gamma \leqslant \frac{1}{2}\min\left\{\frac{1}{4LD}, \alpha\right\}$ 时, 对任意的 $T \geqslant 1$, 皆有

$$\mathrm{regret}_T \leqslant \left(4LD + \frac{1}{\alpha}\right)\left(\sum_{t=1}^{T}\nabla f_t(x_t)^{\mathrm{T}}\boldsymbol{A}_t^{-1}\nabla f_t(x_t) + 1\right),$$

其中 D 为决策集 K 直径的上界.

证明 令 $x^* = \arg\min\limits_{x\in K}\sum\limits_{t=1}^{T} f_t(x)$, 由定理 7.4.1 得, 对于 $\gamma = \frac{1}{2}\min\left\{\frac{1}{4LD}, \alpha\right\}$ 成立

$$f_t(x_t) - f_t(x^*) \leqslant \nabla f_t(x_t)^{\mathrm{T}}(x_t - x^*) - \frac{\gamma}{2}(x^* - x_t)^{\mathrm{T}}\nabla f_t(x_t)\nabla f_t(x_t)^{\mathrm{T}}(x^* - x_t).$$

根据算法的更新规则可得

$$y_t - x^* = x_t - x^* - \frac{1}{\gamma}\boldsymbol{A}_t^{-1}\nabla f_t(x_t), \tag{7.6}$$

即

$$\boldsymbol{A}_t(y_t - x^*) = \boldsymbol{A}_t(x_t - x^*) - \frac{1}{\gamma}\nabla f_t(x_t). \tag{7.7}$$

将式 (7.6) 与式 (7.7) 左右两边分别作内积可得

$$\begin{aligned}&(y_t - x^*)^{\mathrm{T}}\boldsymbol{A}_t(y_t - x^*)\\&= (x_t - x^*)^{\mathrm{T}}\boldsymbol{A}_t(x_t - x^*) - \frac{2}{\gamma}\nabla f_t(x_t)^{\mathrm{T}}(x_t - x^*) + \frac{1}{\gamma^2}\nabla f_t(x_t)^{\mathrm{T}}\boldsymbol{A}_t^{-1}\nabla f_t(x_t).\end{aligned}$$

由于 x_{t+1} 为 y_t 在矩阵 $\boldsymbol{A}_t$ 范数下的投影, 从而由投影性质可得

$$\begin{aligned}(y_t - x^*)^{\mathrm{T}}\boldsymbol{A}_t(y_t - x^*) &= \|y_t - x^*\|_{\boldsymbol{A}_t}^2\\&\geqslant \|x_{t+1} - x^*\|_{\boldsymbol{A}_t}^2\\&= (x_{t+1} - x^*)^{\mathrm{T}}\boldsymbol{A}_t(x_{t+1} - x^*).\end{aligned}$$

又因为

$$\begin{aligned}\nabla f_t(x_t)^{\mathrm{T}}(x_t - x^*) \leqslant{}& \frac{1}{2\gamma}\nabla f_t(x_t)^{\mathrm{T}}\boldsymbol{A}_t^{-1}\nabla f_t(x_t) + \frac{\gamma}{2}(x_t - x^*)^{\mathrm{T}}\boldsymbol{A}_t(x_t - x^*)\\&- \frac{\gamma}{2}(x_{t+1} - x^*)^{\mathrm{T}}\boldsymbol{A}_t(x_{t+1} - x^*),\end{aligned}$$

对于上述不等式, 分别取 $t = 1, 2, \cdots, T$, 并将所有不等式左右分别相加可得

$$\begin{aligned}&\sum_{t=1}^{T}\nabla f_t(x_t)^{\mathrm{T}}(x_t - x^*)\\&\leqslant \frac{1}{2\gamma}\sum_{t=1}^{T}\nabla f_t(x_t)^{\mathrm{T}}\boldsymbol{A}_t^{-1}\nabla f_t(x_t) + \frac{\gamma}{2}(x_1 - x^*)^{\mathrm{T}}\boldsymbol{A}_1(x_1 - x^*)\\&\quad + \frac{\gamma}{2}\sum_{t=2}^{T}(x_t - x^*)^{\mathrm{T}}(\boldsymbol{A}_t - \boldsymbol{A}_{t-1})(x_t - x^*)\\&\quad - \frac{\gamma}{2}(x_{T+1} - x^*)^{\mathrm{T}}\boldsymbol{A}_T(x_{T+1} - x^*)\\&\leqslant \frac{1}{2\gamma}\sum_{t=1}^{T}\nabla f_t(x_t)^{\mathrm{T}}\boldsymbol{A}_t^{-1}\nabla f_t(x_t)\\&\quad + \frac{\gamma}{2}\sum_{t=1}^{T}(x_t - x^*)^{\mathrm{T}}\nabla f_t(x_t)\nabla f_t(x_t)^{\mathrm{T}}(x_t - x^*)\\&\quad + \frac{\gamma}{2}(x_1 - x^*)^{\mathrm{T}}(\boldsymbol{A}_1 - \nabla f_1(x_1)\nabla f_1(x_1)^{\mathrm{T}})(x_1 - x^*).\end{aligned}$$

上述最后一个不等式成立是因为 $\boldsymbol{A}_t - \boldsymbol{A}_{t-1} = \nabla f_t(x_t)\nabla f_t(x_t)^{\mathrm{T}}$, 且矩阵 $\boldsymbol{A}_T$ 为对称正定矩阵. 进而有

$$\begin{aligned}&\sum_{t=1}^{T}\left[\nabla f_t(x_t)^{\mathrm{T}}(x_t - x^*) - \frac{\gamma}{2}(x^* - x_t)^{\mathrm{T}}\nabla f_t(x_t)\nabla f_t(x_t)^{\mathrm{T}}(x^* - x_t)\right]\\ \leqslant\ & \frac{1}{2\gamma}\sum_{t=1}^{T}\nabla f_t(x_t)^{\mathrm{T}}\boldsymbol{A}_t^{-1}\nabla f_t(x_t) + \frac{\gamma}{2}(x_1 - x^*)^{\mathrm{T}}(\boldsymbol{A}_1 - \nabla f_1(x_1)\nabla f_1(x_1)^{\mathrm{T}})(x_1 - x^*).\end{aligned}$$

由算法的参数设置可得 $\boldsymbol{A}_1 - \nabla f_1(x_1)\nabla f_1(x_1)^{\mathrm{T}} = \varepsilon\boldsymbol{I}_n$, $\varepsilon = 1/\gamma^2 D^2$, 且 $\|x_1 - x^*\|^2 \leqslant D^2$, 从而有

$$\begin{aligned}\mathrm{regret}_T &\leqslant \sum_{t=1}^{T}\left[\nabla f_t(x_t)^{\mathrm{T}}(x_t - x^*) - \frac{\gamma}{2}(x^* - x_t)^{\mathrm{T}}\nabla f_t(x_t)\nabla f_t(x_t)^{\mathrm{T}}(x^* - x_t)\right]\\ &\leqslant \frac{1}{2\gamma}\sum_{t=1}^{T}\nabla f_t(x_t)^{\mathrm{T}}\boldsymbol{A}_t^{-1}\nabla f_t(x_t) + \frac{\gamma}{2}D^2\varepsilon\\ &= \frac{1}{2\gamma}\sum_{t=1}^{T}\nabla f_t(x_t)^{\mathrm{T}}\boldsymbol{A}_t^{-1}\nabla f_t(x_t) + \frac{1}{2\gamma}\\ &= \frac{1}{2\gamma}\left(\sum_{t=1}^{T}\nabla f_t(x_t)^{\mathrm{T}}\boldsymbol{A}_t^{-1}\nabla f_t(x_t) + 1\right).\end{aligned}$$

由于参数 $\gamma \leqslant \frac{1}{2}\min\left\{\frac{1}{4LD}, \alpha\right\}$, 且通常考虑遗憾值最紧的界, 因此仅考虑 $\gamma = \frac{1}{2}\min\left\{\frac{1}{4LD}, \alpha\right\}$ 即可. 由 $\gamma = \frac{1}{2}\min\left\{\frac{1}{4LD}, \alpha\right\}$ 可知, $\frac{1}{\gamma} = \max\left\{8LD, \frac{2}{\alpha}\right\} \leqslant 8LD + \frac{2}{\alpha}$, 从而得 $\frac{1}{2\gamma} \leqslant 4LD + \frac{1}{\alpha}$, 从而结论得证. □

现在给出在线拟牛顿法在损失函数为指数凹函数的情况下的遗憾值保证.

定理 7.4.2 对于算法 7.4.1 (在线拟牛顿法), 若损失函数 $f_t(x)$, $t \in [T]$ 皆为 α-指数凹函数, 且是 L-Lipschitz 连续的, 则算法参数满足 $\gamma = \frac{1}{2}\min\left\{\frac{1}{4LD}, \alpha\right\}$, $\varepsilon = 1/\gamma^2 D^2$ 时, 对任意的 $T > 4$, 皆有

$$\mathrm{regret}_T \leqslant 2\left(4LD + \frac{1}{\alpha}\right)n\log T,$$

其中 D 为决策集 K 直径的上界.

证明 首先给出 $\sum_{t=1}^{T}\nabla f_t(x_t)^{\mathrm{T}}\boldsymbol{A}_t^{-1}\nabla f_t(x_t)$ 的上界, 由于

$$\nabla f_t(x_t)^{\mathrm{T}}\boldsymbol{A}_t^{-1}\nabla f_t(x_t) = \langle\boldsymbol{A}_t^{-1}, \nabla f_t(x_t)\nabla f_t(x_t)^{\mathrm{T}}\rangle = \langle\boldsymbol{A}_t^{-1}, \boldsymbol{A}_t - \boldsymbol{A}_{t-1}\rangle,$$

其中对于矩阵 $\boldsymbol{A}, \boldsymbol{B} \in \mathbb{R}^{n\times n}$, 有

$$\langle \boldsymbol{A},\ \boldsymbol{B}\rangle = \sum_{i=1}^{n}\sum_{j=1}^{n} a_{ij}b_{ij} = \operatorname{tr}(\boldsymbol{A}\boldsymbol{B}^{\mathrm{T}}).$$

借助例 1.4.11 可知, 对于正定矩阵 $\boldsymbol{A}, \boldsymbol{B}$, 有

$$\langle \boldsymbol{A}^{-1}, \boldsymbol{A} - \boldsymbol{B}\rangle \leqslant \log\frac{|\boldsymbol{A}|}{|\boldsymbol{B}|},$$

其中 $|\boldsymbol{A}|$ 为矩阵 $\boldsymbol{A}$ 的行列式. 由此可得

$$\begin{aligned}
\sum_{t=1}^{T}\nabla f_t(x_t)^{\mathrm{T}}\boldsymbol{A}_t^{-1}\nabla f_t(x_t) &= \sum_{t=1}^{T}\langle \boldsymbol{A}_t^{-1}, \nabla f_t(x_t)\nabla f_t(x_t)^{\mathrm{T}}\rangle \\
&= \sum_{t=1}^{T}\langle \boldsymbol{A}_t^{-1}, \boldsymbol{A}_t - \boldsymbol{A}_{t-1}\rangle \\
&\leqslant \sum_{t=1}^{T}\log\frac{|\boldsymbol{A}_t|}{|\boldsymbol{A}_{t-1}|} \\
&= \log\frac{|\boldsymbol{A}_T|}{|\boldsymbol{A}_0|}.
\end{aligned}$$

由于 $\boldsymbol{A}_T = \sum_{t=1}^{T}\nabla f_t(x_t)\nabla f_t(x_t)^{\mathrm{T}} + \varepsilon \boldsymbol{I}_n$, 且 $\boldsymbol{A}_T$ 的最大特征值至多为 $TL^2+\varepsilon$, 故 $|\boldsymbol{A}_T| \leqslant (TL^2+\varepsilon)^n$. 因为参数 $\varepsilon = 1/\gamma^2D^2$, $\gamma = \frac{1}{2}\min\left\{\frac{1}{4LD}, \alpha\right\}$ 且 $T > 4$, 故有

$$\begin{aligned}
&\sum_{t=1}^{T}\nabla f_t(x_t)^{\mathrm{T}}\boldsymbol{A}_t^{-1}\nabla f_t(x_t) \\
={}& \log\left(\frac{TL^2+\varepsilon}{\varepsilon}\right)^n = n\log(TL^2\gamma^2D^2+1) \leqslant n\log\left(\frac{T}{64}+1\right) \leqslant n\log T.
\end{aligned}$$

借助引理 7.4.2 可得

$$\mathrm{regret}_T \leqslant \left(4LD + \frac{1}{\alpha}\right)(n\log T + 1),$$

又因为 $n \geqslant 1$, $T > 4$, 故 $n\log T \geqslant 1$, 从而有

$$\mathrm{regret}_T \leqslant \left(4LD + \frac{1}{\alpha}\right)(n\log T + 1) \leqslant 2\left(4LD + \frac{1}{\alpha}\right)n\log T. \qquad \square$$

7.5 正则化在线凸优化算法

本节介绍正则化函数与 Bregman 散度的概念, 并讨论正则化跟随先导者 (Regularized Follow the Leader, RFTL) 算法及其相关结论.

在遗憾值极小化的在线凸优化问题中, 对于在线决策者而言, 最直接的办法是在任意决策步 $t+1$ 都采用前 t 步的事后最佳决策, 即

$$x_{t+1}=\arg\min_{x\in K}\sum_{\tau=1}^{t}f_\tau(x).$$

该策略在经济学和机器学习中常常用到, 被称为跟随先导者 (Follow the Leader, FTL). 然而, 该策略在最坏的情况下会失败. 如下面的例子所示: 令 $K\in[-1,1]$, $f_1(x)=\dfrac{1}{2}x$, 对于 $\tau=2,3,\cdots,T$, f_τ 依次交替取 $-x$ 和 x, 则

$$\sum_{\tau=1}^{t}f_\tau(x)=\begin{cases}\dfrac{1}{2}x, & t\text{ 为奇数},\\ -\dfrac{1}{2}x, & t\text{ 为偶数}.\end{cases}$$

FTL 策略对于 x_t 的取值将在 $x_t=-1$ 与 $x_t=1$ 之间来回变换, 但在最坏的情况下每次总是做出错误的选择. 由此可见 FTL 策略并不稳定, 从而考虑修改 FTL 策略, 使其不会经常改变决策, 以减小遗憾值. 此类修正称为 "正则化". 相应的算法称为正则化跟随先导者. 首先将介绍正则化函数的概念.

7.5.1 正则化函数与 Bregman 散度

正则化函数 $r:K\to\mathbb{R}$, 一般为强凸函数且 L-Lipschitz 连续, 现假设正则化函数在决策集 K 上二阶可微, 且对 K 的任意内点 x, 满足 Hessian 矩阵 $\nabla^2r(x)\succ 0$. 基于正则化函数 r, 可以定义新的决策集 K 的直径 D_r:

$$D_r=\sqrt{\max_{x,y\in K}\{r(x)-r(y)\}}.$$

由正定矩阵 $\boldsymbol{A}$ 定义的范数为

$$\|x\|_{\boldsymbol{A}}=\sqrt{x^{\mathrm{T}}\boldsymbol{A}x},$$

其对偶范数为

$$\|x\|_{\boldsymbol{A}}^*=\|x\|_{\boldsymbol{A}^{-1}}.$$

由 Cauchy-Schwarz 不等式可得, $\langle x,y\rangle\leqslant\|x\|_{\boldsymbol{A}}\|y\|_{\boldsymbol{A}}^*$.

之后将常用到基于正则化函数 $r(x)$ 的 Hessian 矩阵 $\nabla^2 r(x)$ 的矩阵范数. 为了简单, 记

$$\|x\|_y = \|x\|_{\nabla^2 r(y)}, \qquad \|x\|_y^* = \|x\|_{\nabla^{-2} r(y)}.$$

在线凸优化算法的分析中, 经常需要对正则化函数进行一阶泰勒展开. 基于函数在 x 点处的值与其一阶泰勒展开式的值之间的关系可以定义 Bregman 散度.

定义 7.5.1　给定函数 $r(x)$, 其 **Bregman 散度**定义如下:

$$B_r(x\|y) = r(x) - r(y) - \nabla r(y)^{\mathrm{T}}(x-y).$$

若函数二次可微, 则

$$B_r(x\|y) = \frac{1}{2}\|x-y\|_z^2 := \frac{1}{2}\|x-y\|_{x,y}^2,$$

其中 $z \in [x,y]$, 即 $z=(1-\alpha)x+\alpha y$, $\alpha \in [0,1]$; “:=” 表示定义.

在线凸优化算法中, 通常将两个连续决策 x_t 与 x_{t+1} 之间的 Bregman 散度记为

$$B_r(x_t\|x_{t+1}) = \frac{1}{2}\|x_t - x_{t+1}\|_{x_t,x_{t+1}}^2 := \frac{1}{2}\|x_t - x_{t+1}\|_t^2.$$

7.5.2　RFTL 算法

之前介绍的 FTL 策略, 在相邻迭代步之间存在巨大差异时预测结果相当不稳定, 因此考虑通过添加正则项, 来提高算法的稳定性.

首先, 由于在线凸优化中的损失函数 $f_t(x)$, $t \in [T]$ 皆为凸函数, 故有

$$f_t(x^*) \geqslant f_t(x_t) + \nabla f_t(x_t)^{\mathrm{T}}(x^* - x_t),$$

即

$$f_t(x_t) - f_t(x^*) \leqslant \nabla f_t(x_t)^{\mathrm{T}}(x_t - x^*).$$

进而在线凸优化算法遗憾值的界可以由下式给出:

$$\sum_{t=1}^{T}[f_t(x_t) - f_t(x^*)] \leqslant \sum_{t=1}^{T}\nabla f_t(x_t)^{\mathrm{T}}(x_t - x^*). \tag{7.8}$$

回顾 FTL 策略如下:

$$x_{t+1} = \arg\min_{x\in K}\sum_{\tau=1}^{t} f_\tau(x),$$

若将上式中的损失函数 $f_t(x)$ 在 x_t 点处进行一阶泰勒展开, 则相应策略变为

$$x_{t+1} = \arg\min_{x\in K}\sum_{\tau=1}^{t}\nabla f_\tau(x_\tau)^{\mathrm{T}}x.$$

在此策略下增加二阶可微强凸且 L-Lipschitz 连续的正则化函数 $r(x)$ 作为正则项可得如下 RFTL 算法.

算法 7.5.1 RFTL 算法

输入：紧凸决策集 K, 有界凸损失函数集 F, 正则化函数 $r(x)$, 总的迭代步数 T, 参数 $\alpha > 0$.

步骤 1. 确定初始决策 $x_1 = \arg\min\limits_{x \in K}\{r(x)\}$, 并令 $t = 1$.

步骤 2. 计算第 t 步决策 x_t 产生的决策损失 $f_t(x_t)$ 及其梯度 $\nabla f_t(x_t)$, 其中损失函数 $f_t(x) \in F$.

步骤 3. 更新迭代点

$$x_{t+1} = \arg\min_{x \in K}\left\{\alpha \sum_{\tau=1}^{t} \nabla f_\tau(x_\tau)^{\mathrm{T}} x + r(x)\right\}.$$

步骤 4. 令 $t = t + 1$, 若 $t > T$ 算法停止; 否则, 返回步骤 2.

在给出该算法遗憾值的界之前先给出遗憾值稳定预测的结论如下.

定理 7.5.1 对于算法 7.5.1 (RFTL 算法), 若损失函数 $f_t(x)$, $t \in [T]$ 为凸函数, 正则化函数 $r(x)$ 为二阶可微强凸函数, 则取参数 $\alpha > 0$ 时, 对任意的 $T > 1$, 皆有

$$\text{regret}_T \leqslant \sum_{t=1}^{T} \nabla f_t(x_t)^{\mathrm{T}}(x_t - x_{t+1}) + \frac{1}{\alpha} D_r^2,$$

其中 D_r 是基于正则化函数 $r(x)$ 定义的决策集 K 的直径.

证明 令

$$g_0(x) = \frac{1}{\alpha} r(x), \quad g_t(x) = \nabla f_t(x_t)^{\mathrm{T}} x.$$

由式 (7.8) 可知, 求得 $\sum\limits_{t=1}^{T}[g_t(x_t) - g_t(u)]$, $\forall u \in K$ 的上界即可.

先借助归纳法证明

$$\sum_{t=0}^{T} g_t(u) \geqslant \sum_{t=0}^{T} g_t(x_{t+1}).$$

事实上, 由定义可得 $x_1 = \arg\min\limits_{x \in K}\{r(x)\}$, 因此对任意的 u, 有 $g_0(u) \geqslant g_0(x_1)$.

假设对于 $T = k$, 有

$$\sum_{t=0}^{k} g_t(u) \geqslant \sum_{t=0}^{k} g_t(x_{t+1}).$$

因为

$$x_{k+2} = \arg\min_{x \in K}\left\{\sum_{t=0}^{k+1} g_t(x)\right\},$$

所以

$$\begin{aligned}\sum_{t=0}^{k+1} g_t(u) &\geqslant \sum_{t=0}^{k+1} g_t(x_{k+2}) \\ &= \sum_{t=0}^{k} g_t(x_{k+2}) + g_{k+1}(x_{k+2}) \\ &\geqslant \sum_{t=0}^{k} g_t(x_{k+1}) + g_{k+1}(x_{k+2}) \\ &\geqslant \sum_{t=0}^{k+1} g_t(x_{t+1}).\end{aligned}$$

从而可得

$$\begin{aligned}\sum_{t=1}^{T}[g_t(x_t) - g_t(u)] &\leqslant \sum_{t=1}^{T}[g_t(x_t) - g_t(x_{t+1})] + [g_0(u) - g_0(x_1)] \\ &= \sum_{t=1}^{T}[g_t(x_t) - g_t(x_{t+1})] + \frac{1}{\alpha}[r(u) - r(x_1)] \\ &\leqslant \sum_{t=1}^{T}\nabla f_t(x_t)^{\mathrm{T}}(x_t - x_{t+1}) + \frac{1}{\alpha}D_r^2,\end{aligned}$$

继而结论得证. □

下面给出 RFTL 算法遗憾值的界.

定理 7.5.2　对于算法 7.5.1(RFTL 算法), 若损失函数 $f_t(x)$, $t \in [T]$ 为凸函数, 正则化函数 $r(x)$ 为二阶可微强凸函数, 则取参数 $\alpha > 0$ 时, 对任意的 $T > 1$, 皆有

$$\mathrm{regret}_T \leqslant 2\alpha\sum_{t=1}^{T}\|\nabla f_t(x_t)\|_t^{*2} + \frac{1}{\alpha}[r(u) - r(x_1)], \quad \forall u \in K.$$

进一步, 若对任意的 $t \in [T]$, 存在 $L_r > 0$, 使得 $\|\nabla f_t(x_t)\|_t^* \leqslant L_r$, 则取参数 $\alpha = \sqrt{D_r^2/2TL_r^2}$ 时, 有

$$\mathrm{regret}_T \leqslant 2D_rL_r\sqrt{2T},$$

其中 D_r 是基于正则化函数 $r(x)$ 定义的决策集 K 的直径.

证明　令

$$\Phi_t(x) = \left\{\alpha\sum_{\tau=1}^{t}\nabla f_\tau(x_\tau)^{\mathrm{T}}x + r(x)\right\},$$

借助函数 $\Phi_t(x)$ 的 Bregman 散度的定义可得

$$\Phi_t(x_t) = \Phi_t(x_{t+1}) + (x_t - x_{t+1})^{\mathrm{T}}\nabla\Phi_t(x_{t+1}) + B_{\Phi_t}(x_t\|x_{t+1})$$

$$
\begin{aligned}
&\geqslant \Phi_t(x_{t+1}) + B_{\Phi_t}(x_t \| x_{t+1}) \\
&= \Phi_t(x_{t+1}) + B_r(x_t \| x_{t+1}),
\end{aligned}
$$

上述不等号成立是因为 $x_{t+1} = \arg\min\limits_{x \in K} \Phi_t(x)$，最后一个等式成立是由于函数 $\nabla f_\tau(x_\tau)^{\mathrm{T}} x$ 为线性的，故不影响 Bregman 散度. 因此

$$
\begin{aligned}
B_r(x_t \| x_{t+1}) &\leqslant \Phi_t(x_t) - \Phi_t(x_{t+1}) \\
&= [\Phi_{t-1}(x_t) - \Phi_{t-1}(x_{t+1})] + \alpha \nabla f_t(x_t)^{\mathrm{T}}(x_t - x_{t+1}) \\
&\leqslant \alpha \nabla f_t(x_t)^{\mathrm{T}}(x_t - x_{t+1}),
\end{aligned}
$$

上述不等式中最后一个不等号成立是因为 $x_t = \arg\min\limits_{x \in K} \Phi_{t-1}(x)$.

对于二次可微的正则化函数 $r(x)$，由 Bregman 散度的定义得

$$
B_r(x_t \| x_{t+1}) = \frac{1}{2} \| x_t - x_{t+1} \|_t^2.
$$

从而由 Cauchy-Schwarz 不等式得

$$
\begin{aligned}
\nabla f_t(x_t)^{\mathrm{T}}(x_t - x_{t+1}) &\leqslant \|\nabla f_t(x_t)\|_t^* \|x_t - x_{t+1}\|_t \\
&= \|\nabla f_t(x_t)\|_t^* \sqrt{2 B_r(x_t \| x_{t+1})} \\
&\leqslant \|\nabla f_t(x_t)\|_t^* \sqrt{2\alpha \nabla f_t(x_t)^{\mathrm{T}}(x_t - x_{t+1})},
\end{aligned}
$$

即

$$
\nabla f_t(x_t)^{\mathrm{T}}(x_t - x_{t+1}) \leqslant 2\alpha \|\nabla f_t(x_t)\|_t^{*2}.
$$

从而由定理 7.5.1 可得

$$
\operatorname{regret}_T \leqslant 2\alpha \sum_{t=1}^{T} \|\nabla f_t(x_t)\|_t^{*2} + \frac{1}{\alpha}[r(u) - r(x_1)].
$$

进一步，由于对任意的 t，皆有 $\|\nabla f_t(x_t)\|_t^* \leqslant L_r$，故

$$
\begin{aligned}
\operatorname{regret}_T &\leqslant 2\alpha \sum_{t=1}^{T} \|\nabla f_t(x_t)\|_t^{*2} + \frac{1}{\alpha}[r(u) - r(x_1)] \\
&\leqslant 2\alpha T L_r^2 + \frac{1}{\alpha} D_r^2.
\end{aligned}
$$

当正则参数 $\alpha = \sqrt{D_r^2 / 2TL_r^2}$ 时，上述不等式右端可以取到关于 α 的极小值点，即遗憾值的上确界 $2D_r L_r \sqrt{2T}$，从而可得

$$
\operatorname{regret}_T \leqslant 2D_r L_r \sqrt{2T}. \qquad \square
$$

表 7.5.1 详细总结了上述几节提到的在线凸优化算法在 L-Lipschitz 连续且同时满足其他性质的损失函数下的遗憾值的上界.

表 7.5.1　在线凸优化算法遗憾值的上界

损失函数	凸函数	模 c 强凸函数	α-指数凹函数
相应算法	算法 7.3.1 算法 7.3.2 算法 7.5.1	算法 7.3.1	算法 7.4.1
遗憾值	$O(\sqrt{T})$	$O\left(\frac{1}{c}\log T\right)$	$O\left(\frac{n}{\alpha}\log T\right)$

表 7.5.1 中 $O(\cdot)$ 的定义如下: 若 $f(T)=O(g(T))$, 则表示存在常数 $C>0$, 以及自然数 T_0, 使得当 $T\geqslant T_0$ 时有 $f(T)\leqslant Cg(T)$, 并称 $f(T)$ 当 T 充分大时有界, 且 $g(T)$ 为一个上界.

参考文献

[1] Abernethy J, Lee C, Sinha A, et al. Online linear optimization via smoothing//Conference on Learning Theory, 2014: 807-823.

[2] Abernethy J, Lee C, Tewari A. Perturbation techniques in online learning and optimization//Hazan T, Papandreou G, Tarlow D. Perturbations, Optimization, and Statistics. Cambridge: The MIT Press, 2016: 233.

[3] Agarwal A, Hazan E, Kale S, et al. Algorithms for portfolio management based on the newton method. Proceedings of the 23rd International Conference on Machine Learning, 2006: 9-16.

[4] Awerbuch B, Kleinberg R. Online linear optimization and adaptive routing. Journal of Computer and System Sciences, 2008, 74(1): 97-114.

[5] Bartholomew-Biggs M, Brown S, Christianson B, et al. Automatic differentiation of algorithms. Journal of Computational and Applied Mathematics, 2000, 124(1/2): 171-190.

[6] Beck A, Teboulle M. A fast iterative shrinkage-thresholding algorithm for linear inverse problems. SIAM Journal on Imaging Sciences, 2009, 2(1): 183-202.

[7] Ben-Tal A, Nemirovski A. Lectures on Modern Convex Optimization Analysis, Algorithms, and Engineering Applications. Philadelphia: SIAM, 2001.

[8] Bertsekas D P. Convex Optimization Theory. Belmont: Athena Scientific, 2009.

[9] Bertsekas D P, Scientific A. Convex Optimization Algorithms. Belmont: Athena Scientific, 2015.

[10] Bischof C H. Automatic differentiation, tangent linear models, and (pseudo) adjoints//High Performance Computing in the Geosciences. Dordrecht: Springer, 1995: 59-80.

[11] Bischof C H, Bücker H M, Lang B. Automatic differentiation for computational finance//Computational Methods in Decision-Making, Economics and Finance. Boston: Springer, 2002: 297-310.

[12] Blumensath T, Davies M E. Iterative thresholding for sparse approximations. Journal of Fourier Analysis and Applications, 2008, 14(5/6): 629-654.

[13] Boikanyo O A, Moroanu G. Inexact Halpern-type proximal point algorithm. Journal of Global Optimization, 2011, 51(1): 11-26.

[14] Borwein J, Lewis A S. Convex Analysis and Nonlinear Optimization: Theory and Examples. Berlin: Springer Science and Business Media, 2010.

[15] Boyd S, Vandenberghe L. Convex Optimization. Cambridge: Cambridge University Press, 2004.

[16] Brent R P. Some efficient algorithms for solving systems of nonlinear equations. SIAM Journal on Numerical Analysis, 1973, 10(2): 327-344.

[17] Broyden C G. Quasi-Newton methods and their application to function minimisation. Mathematics of Computation, 1967, 21(99): 368-381.

[18] Broyden C G. The convergence of a class of double-rank minimization algorithms 1. general considerations. IMA Journal of Applied Mathematics, 1970, 6(1): 76-90.

[19] Bubeck S, Cesa-Bianchi N. Regret analysis of stochastic and nonstochastic multi-armed bandit problems. Foundations and Trends in Machine Learning, 2012, 5(1): 1-122.

[20] Buckley A G. A combined conjugate-gradient quasi-Newton minimization algorithm. Mathematical Programming, 1978, 15(1): 200-210.

[21] Buckley A, LeNir A. QN-like variable storage conjugate gradients. Mathematical Programming, 1983, 27(2): 155-175.

[22] Calamai P H, Moré J J.Projected gradient methods for linearly constrained problems. Mathematical Programming, 1987, 39: 93-116.

[23] Cartis C, Gould N I M, Toint P L. Adaptive cubic regularisation methods for unconstrained optimization. Part I: Motivation, convergence and numerical results. Mathematical Programming, 2011, 127(2): 245-295.

[24] Cartis C, Gould N I M, Toint P L. Adaptive cubic regularisation methods for unconstrained optimization. Part II: Worst-case function and derivative-evaluation complexity. Mathematical Programming, 2011, 130(2): 295-319.

[25] Cartis C, Gould N I M, Toint P L. Improved second-order evaluation complexity for unconstrained nonlinear optimization using high-order regularized models. arXiv: 1708.04044, 2017.

[26] Cauchy A. Méthode générale pour la résolution des systéms d'équation simulatnées. Comptes Rendus de L'Académie Des Sciences, 1847, 25: 536-538.

[27] Cesa-Bianchi N, Conconi A, Gentile C. On the generalization ability of on-line learning algorithms. IEEE Transactions on Information Theory, 2004, 50(9): 2050-2057.

[28] Cesa-Bianchi N, Gentile C. Improved risk tail bounds for on-line algorithms. IEEE Transactions on Information Theory, 2008, 54(1): 386-390.

[29] 陈宝林. 最优化理论与算法. 北京：清华大学出版社, 2005.

[30] Dani V, Kakade S M, Hayes T P. The price of bandit information for online optimization//Leen T K, Muller K R, Solla S A. Advances in Neural Information Processing Systems. Cambridge: The MIT Press, 2008: 345-352.

[31] Davidon W C. Variable metric method for minimization. SIAM Journal on Optimization, 1991, 1(1): 1-17.

[32] Davidon W C. Variance algorithm for minimization. The Computer Journal, 1968, 10(4): 406-410.

[33] Dekel O, Tewari A, Arora R. Online bandit learning against an adaptive adversary: From regret to policy regret. Proceedings of the 29th International Conference on Machine Learning, 2012.

[34] Deng N Y, Zhang H B. Theoretical efficiency of a new inexact method of tangent hyperbolas. Optimization Methods and Software, 2004, 19(3/4): 247-265.

[35] Dennis Jr J E, Schnabel R B. Numerical Methods for Unconstrained Optimization and Nonlinear Equations. Philadelphia: SIAM, 1996.

[36] 邓乃扬. 无约束最优化计算方法. 北京：科学出版社, 1982.

[37] Duchi J, Hazan E, Singer Y. Adaptive subgradient methods for online learning and stochastic optimization. Journal of Machine Learning Research, 2011, 12: 2121-2159.

[38] Farkas J. Uber die theorie der einfachen ungleichungen. Journal fur die Reine und Angewandte Mathematik, 1902, 124: 1-27.

[39] Fiacco A V, McCormick G P. Nonlinear Programming: Sequential Unconstrained Minimization Techniques. New York: John Wiley, 1968.

[40] Flaxman A, Kalai A T, McMahan H B. Online convex optimization in the bandit setting: Gradient descent without a gradient. Proceedings of the 16th Annual ACM-SIAM Symposium on Discrete Algorithms, 2005: 385-394.

[41] Fletcher R, Powell M J D. A rapidly convergent descent method for minimization. The Computer Journal, 1963, 6(2): 163-168.

[42] Fletcher R. A new approach to variable metric algorithms. The Computer Journal, 1970, 13(3): 317-322.

[43] Fukushima M. 非线性最优化基础. 林贵华, 译. 北京: 科学出版社, 2011.

[44] Gafni E M, Bertsekas D P. Two-metric projection methods for constrained optimization. SIAM Journal on Control and Optimization, 1984, 22: 936-964.

[45] Gill P E, Murray W. Conjugate-gradient methods for large-scale nonlinear optimization. Technical Report SOL-79-15. Department of Operations Research. Stanford University. Stanford. California, 1979.

[46] Goldfarb D. A family of variable-metric methods derived by variational means. Mathematics of Computation, 1970, 24(109): 23-26.

[47] Grapiglia G N, Nesterov Y. Accelerated regularized Newton methods for minimizing composite convex functions. SIAM Journal on Optimization, 2019, 29(1): 77-99.

[48] Griewank A. The modification of Newton's method for unconstrained optimization by bounding cubic terms. Technical Report NA/12 (1981), Department of Applied Mathematics and Theoretical Physics, University of Cambridge, United Kingdom, 1981.

[49] Griewank A, Walther A. Evaluating Derivatives: Principles and Techniques of

Algorithmic Differentiation. 2nd ed. Society for Industrial and Applied Mathematic, 2008.

[50] Grippo L, Lampariello F, Lucidi S. A nonmonotone line search technique for Newton's method. SIAM Journal on Numerical Analysis, 1986, 23(4): 707-716.

[51] 郭大钧, 黄春朝, 梁方豪, 韦忠礼. 实变函数与泛函分析. 济南：山东大学出版社, 2005: 222-223.

[52] Gutierrez J M, Hernández M A. An acceleration of Newton's method: Super-Halley method. Applied Mathematics and Computation, 2001, 117(2/3): 223-239.

[53] Gundersen G, Steihaug T. On large-scale unconstrained optimization problems and higher order methods. Optimization Methods and Software, 2010, 25(3): 337-358.

[54] Han S P. Superlinearly convergent variable metric algorithms for general nonlinear programming problems. Mathematical Programming, 1976, 11(1): 263-282.

[55] Han S P. A globally convergent method for nonlinear programming. Journal of Optimization Theory and Applications, 1977, 22(3): 297-309.

[56] Hazan E. Efficient algorithms for online convex optimization and their applications. PhD thesis, Princeton University, 2006: AAI3223851.

[57] Hazan E, Kale S. On stochastic and worst-case models for investing//Leen T K, Muller K R, Solla S A. Advances in Neural Information Processing Systems. Cambridge: The MIT Press, 2009: 709-717.

[58] Hazan E, Kale S. Beyond the regret minimization barrier: An optimal algorithm for stochastic strongly-convex optimization. Proceedings of the 24th Annual Conference on Learning Theory, 2011: 421-436.

[59] Hazan E. A survey: The convex optimization approach to regret minimization//Sra S, Nowozin S, Wright S J. Optimization for Machine Learning. Cambridge: The MIT Press, 2011: 287-302.

[60] Hazan E. Introduction to online convex optimization. Foundations and Trends in Optimization, 2016, 2(3/4): 157-325.

[61] Hestenes M R. Multiplier and gradient methods. Journal of Optimization Theory and Applications, 1969, 4(5): 303-320.

[62] Huang Y Y, Dong Y D. New properties of forward-backward splitting and a practical proximal-descent algorithm. Applied Mathematics and Computation, 2014, 237: 60-68.

[63] Jackson R, McCormick G. The poliyadic structure of factorable functions tensors with applications to high-order minimization techniques. Journal of Optimization Theory and Applications, 1986, 51(1): 63-94.

[64] Ji S, Ye J. An accelerated gradient method for trace norm minimization. Proceedings of the 26th annual international conference on machine learning, 2009: 457-464.

[65] Jiang B, Lin T, Zhang S. A unified adaptive tensor approximation scheme to accel-

erate composite convex optimization. arXiv:1811.02427, 2018.

[66] Kalaba R, Tishler A. A generalized Newton algorithm using higher-order derivatives. Journal of Optimization Theory and Applications, 1983, 39(1): 1-17.

[67] Kalai A, Vempala S. Efficient algorithms for online decision problems. Journal of Computer and System Sciences, 2005, 71(3): 291-307.

[68] Kuhn H W, Tucker A W. Nonlinear programming. Proceedings of the Second Berkeley Symposium on Mathematical Statistics and Probability. Berkeley: University of California Press, 1951: 481-492.

[69] Lee J D, Sun Y, Saunders M A. Proximal Newton-type methods for convex optimization. Proceedings of the 25th International Conference on Neural Information Processing Systems-Volume 1. New York: Curran Associates Inc., 2012: 827-835.

[70] Levy A V, Montalvo A. The tunneling algorithm for the global minimization of functions. SIAM Journal on Scientific and Statistical Computing, 1985, 6(1): 15-29.

[71] 李董辉, 童小娇, 万中. 数值最优化算法与理论. 北京: 科学出版社, 2010.

[72] 李力. 凸优化应用讲义. 北京: 清华大学出版社, 2015.

[73] 蔺小林, 蒋耀林. 现代数值分析. 北京: 国防工业出版社, 2005.

[74] Liu D C, Nocedal J. On the limited memory BFGS method for large scale optimization. Mathematical Programming, 1989, 45(1/3): 503-528.

[75] Luo Z Q, Tseng P. On the linear convergence of descent methods for convex essentially smooth minimization. SIAM Journal on Control and Optimization, 1992, 30(2): 408-425.

[76] Mangasarian O L, Fromovitz S. The Fritz John necessary optimality conditions in the presence of equality and inequality constraints. Journal of Mathematical Analysis and Applications, 1967, 17(1): 37-47.

[77] McCormick G P. Second order conditions for constrained minima. SIAM Journal on Applied Mathematics, 1967, 15(3): 641-652.

[78] McCormick G P, Tapia R A. The gradient projection method under mild differentiability conditions. SIAM Journal on Control, 1972, 10(1): 93-98.

[79] McMahan H B, Streeter M J. Adaptive bound optimization for online convex optimization. Proceedings of the 23rd Conference on Learning Theory, 2010: 244-256.

[80] Moré J J, Garbow B, Hillstrom K. Testing unconstrained optimization software. ACM Transactions on Mathematical Software, 1981, 7: 17-41.

[81] Murtagh B A, Sargent R W H. A constrained optimization method with quadratic convergence//Fletcher R. Optimization. London: Academic Press, 1969: 215-246.

[82] Necepuerenko M I. On Chebysev's method for functional equations. Uspehi Matem Nauk(NS), 1954, 9(2): 163-170.

[83] Nemirovski A S, Yudin D B. Problem Complexity and Method Efficiency in Optimization. New York: Wiley-Interscience, 1983.

[84] Nesterov Y. A method of solving a convex programming problem with convergence rate $O\left(\frac{1}{k^2}\right)$. Soviet. Math., Dokl., 1983, 27(2): 372-376.

[85] Nesterov Y. Introductory Lectures on Convex Optimization: A Basic Course. Berlin: Springer, 2004.

[86] Nesterov Y, Polyak B T. Cubic regularization of Newton method and its global performance. Mathematical Programming, 2006, 108(1): 177-205.

[87] Nesterov Y. Accelerating the cubic regularization of Newton's method on convex problems. Mathematical Programming, 2008, 112(1): 159-181.

[88] Nesterov Y. Universal gradient methods for convex optimization problems. Mathematical Programming, 2015, 152(1/2): 381-404.

[89] Nesterov Y. Implementable tensor methods in unconstrained convex optimization[J]. Mathematical Programming, 2019. https://doi.org/10.1007/s10107-019-01449-1. DOI: 10.1007/s10107-019-01449-1.

[90] 倪勤. 最优化方法与程序设计. 北京：科学出版社, 2009.

[91] Nocedal J. Updating quasi-Newton matrices with limited storage. Mathematics of Computation, 1980, 35(151): 773-782.

[92] Nocedal J, Wright S. Numerical Optimization. New York: Springer Science and Business Media, 2006.

[93] Orabona F, Crammer K. New adaptive algorithms for online classification. Proceedings of the 24th Annual Conference on Neural Information Processing Systems, 2010: 1840-1848.

[94] Ostrovskii G, Volin Yu, Borisov W. Über die Berechnung von Ableitungen. Wissenschaftliche Zeitschrift der Technischen Hochschule für Chemie, Leuna-Merseburg, 1971, 13(4): 382-384.

[95] Pang J S. A posteriori error bounds for the linearly-constrained variational inequality problem. Mathematics of Operations Research, 1987, 12(3): 474-484.

[96] Powell M J D. On the convergence of the variable metric algorithm. IMA Journal of Applied Mathematics, 1971, 7(1): 21-36.

[97] Powell M J D. Convergence properties of a class of minimization algorithms Nonlinear Programming 2//Mangasarian O L, Meyer R R, Robinson S M. Nonlinear Programming 2. New York: Academic Press, 1975: 1-27.

[98] Powell M J D. Some global convergence properties of a variable metric algorithm for minimization without exact line searches//Cottle R W, Lemke C E. Nonlinear Programming, SIAM-AMS Proceedings, Vol.IX. Philadelphia: SIAM Publications, 1976.

[99] Powell M J D. Algorithms for nonlinear constraints that use Lagrangian functions. Mathematical Programming, 1978, 14(1): 224-248.

[100] Rakhlin A, Shamir O, Sridharan K. Making gradient descent optimal for strongly convex stochastic optimization. Proceedings of the 29th International Conference on International Connference on Machine Learning, 2012: 1571-1578.

[101] Rall L B. Automatic differentiation: Techniques and applications. Lecture Notes in Computer Science, 1981, 22(7): 1548-1555.

[102] Ren-Pu G, Powell M J D. The convergence of variable metric matrices in unconstrained optimization. Mathematical Programming, 1983, 27(2): 123-143.

[103] Rockafellar R T. Convex Analysis. New Jersey: Princeton University Press, 1970.

[104] Shanno D F. Conditioning of quasi-Newton methods for function minimization. Mathematics of Computation, 1970, 24(111): 647-656.

[105] Shanno D F. Conjugate gradient methods with inexact searches. Mathematics of Operations Research, 1978, 3(3): 244-256.

[106] Shalev-Shwartz S. Online Learning: Theory, Algorithms, and Applications. PhD thesis, The Hebrew University of Jerusalem, 2007.

[107] Shalev-Shwartz S. Online learning and online convex optimization. Foundations and Trends in Machine Learning, 2012, 4(2): 107-194.

[108] Shamir O, Zhang T. Stochastic gradient descent for non-smooth optimization: Convergence results and optimal averaging schemes. Proceedings of The 30th International Conference on Machine Learning, 2013: 71-79.

[109] 申培萍. 全局优化方法. 北京：科学出版社, 2007.

[110] 宋士吉, 张玉利, 贾庆山. 非线性规划. 北京：清华大学出版社, 2013.

[111] Su W, Boyd S, Candes E J. A differential equation for modeling Nesterov's accelerated gradient method: Theory and insights. Journal of Machine Learning Research, 2016, 17(1): 5312-5354.

[112] Tseng P. Approximation accuracy, gradient methods, and error bound for structured convex optimization. Mathematical Programming, Series B, 2010, 125(2): 263-295.

[113] Wang C Y, Xiu N H. Convergence of the gradient projection method for generalized convex minimization. Computational Optimization and Applications, 2000, 16(2): 111-120.

[114] 王书宁, 许鋆, 黄晓霖. 凸优化. 北京：清华大学出版社, 2013.

[115] 王宜举, 修乃华. 非线性最优化理论与方法. 北京：科学出版社, 2016.

[116] Wengert R E. A simple automatic derivative evaluation program. Communications of the ACM, 1964, 7(8): 463-464.

[117] Wolfe P. Another variable metric method. IBM working paper, 1968.

[118] 席少霖. 非线性最优化方法. 北京：高等教育出版社, 1992.

[119] Yamamoto T. On the method of tangent hyperbolas in Banach spaces. Journal of Computational and Applied Mathematics, 1988, 21(1): 75-86.

[120] Yamamoto T. Historical developments in convergence analysis for Newton's and

Newton-like methods. Journal of Computational and Applied Mathematics, 2000, 124(1/2): 1-23.

[121] 袁亚湘. 非线性最优化数值方法. 上海：上海科学技术出版社, 1993.

[122] 袁亚湘, 孙文瑜. 最优化理论与方法. 北京：科学出版社, 1997.

[123] 袁亚湘. 非线性优化计算方法. 北京：科学出版社, 2008.

[124] 张立卫, 单锋. 最优化方法. 北京：科学出版社, 2010.

[125] Zhang H B, Cheng Q, Xue Y, Deng N Y. An efficient version on a new improved method of tangent hyperbolas. Lecture Notes in Computer Science, 2007, 4688: 205-214.

[126] Zhang H B. On the Halley class of methods for unconstrained optimization problems. Optimization Methods and Software, 2010, 25(5): 753-762.

[127] Zhang H B, Jiang J J, Luo Z Q. On the linear convergence of a proximal gradient method for a class of nonsmooth convex minimization problems. Journal of Operations Research Society of China, 2013, 1(2): 163-186.

[128] Zhang H B, Wei J, Li M X, et al. On proximal gradient method for the convex problems regularized with the group reproducing kernel norm. Journal of Global Optimization, 2014, 58(1): 169-188.

[129] 张海斌, 高欢. 自动微分方法与最优化. 北京：科学出版社, 2016.

[130] Zhang H B, Wang N, Xiao J Y, Gao H. A Regularized Chebyshev-Halley Method and its Global Convergence. to appear. 2020.

[131] 赵千川. 凸优化理论. 北京：清华大学出版社, 2015.

[132] 赵瑞安, 吴方. 非线性最优化理论与方法. 杭州：浙江科学技术出版社, 1992.

[133] Zhou Z, So A M C. A unified approach to error bounds for structured convex optimization problems. Mathematical Programming: Series A and B, 2017, 165(2): 689-728.

[134] Zinkevich M. Online convex programming and generalized infinitesimal gradient ascent. Proceedings of the 20th International Conference on Machine Learning, 2003: 928-936.

《运筹与管理科学丛书》已出版书目

1. 非线性优化计算方法　袁亚湘　著　2008 年 2 月
2. 博弈论与非线性分析　俞建　著　2008 年 2 月
3. 蚁群优化算法　马良等　著　2008 年 2 月
4. 组合预测方法有效性理论及其应用　陈华友　著　2008 年 2 月
5. 非光滑优化　高岩　著　2008 年 4 月
6. 离散时间排队论　田乃硕　徐秀丽　马占友　著　2008 年 6 月
7. 动态合作博弈　高红伟　〔俄〕彼得罗相　著　2009 年 3 月
8. 锥约束优化——最优性理论与增广 Lagrange 方法　张立卫　著　2010 年 1 月
9. Kernel Function-based Interior-point Algorithms for Conic Optimization　Yanqin Bai　著　2010 年 7 月
10. 整数规划　孙小玲　李端　著　2010 年 11 月
11. 竞争与合作数学模型及供应链管理　葛泽慧　孟志青　胡奇英　著　2011 年 6 月
12. 线性规划计算(上)　潘平奇　著　2012 年 4 月
13. 线性规划计算(下)　潘平奇　著　2012 年 5 月
14. 设施选址问题的近似算法　徐大川　张家伟　著　2013 年 1 月
15. 模糊优化方法与应用　刘彦奎　陈艳菊　刘颖　秦蕊　著　2013 年 3 月
16. 变分分析与优化　张立卫　吴佳　张艺　著　2013 年 6 月
17. 线性锥优化　方述诚　邢文训　著　2013 年 8 月
18. 网络最优化　谢政　著　2014 年 6 月
19. 网上拍卖下的库存管理　刘树人　著　2014 年 8 月
20. 图与网络流理论(第二版)　田丰　张运清　著　2015 年 1 月
21. 组合矩阵的结构指数　柳柏濂　黄宇飞　著　2015 年 1 月
22. 马尔可夫决策过程理论与应用　刘克　曹平　编著　2015 年 2 月
23. 最优化方法　杨庆之　编著　2015 年 3 月
24. A First Course in Graph Theory　Xu Junming　著　2015 年 3 月
25. 广义凸性及其应用　杨新民　戎卫东　著　2016 年 1 月
26. 排队博弈论基础　王金亭　著　2016 年 6 月
27. 不良贷款的回收：数据背后的故事　杨晓光　陈暮紫　陈敏　著　2017 年 6 月

28. 参数可信性优化方法　刘彦奎　白雪洁　杨凯　著　2017 年 12 月
29. 非线性方程组数值方法　范金燕　袁亚湘　著　2018 年 2 月
30. 排序与时序最优化引论　林诒勋　著　2019 年 11 月
31. 最优化问题的稳定性分析　张立卫　殷子然　编著　2020 年 4 月
32. 凸优化理论与算法　张海斌　张凯丽　编著　2020 年 7 月